电力系统与新能源研究

王　辉　郭长娥　程振飞　著

吉林科学技术出版社

图书在版编目（CIP）数据

电力系统与新能源研究 / 王辉，郭长娥，程振飞著
. -- 长春 : 吉林科学技术出版社，2023.7
ISBN 978-7-5744-0777-0

Ⅰ. ①电… Ⅱ. ①王… ②郭… ③程… Ⅲ. ①电力系统—研究②新能源—能源利用—研究 Ⅳ. ①TM7②TK01

中国国家版本馆 CIP 数据核字(2023)第 157369 号

电力系统与新能源研究

著　　王　辉　郭长娥　程振飞
出 版 人　宛　霞
责任编辑　李玉铃
封面设计　南昌德昭文化传媒有限公司
制　　版　南昌德昭文化传媒有限公司
幅面尺寸　185mm×260mm
开　　本　16
字　　数　310 千字
印　　张　14.5
印　　数　1–1500 册
版　　次　2023年7月第1版
印　　次　2024年2月第1次印刷

出　　版　吉林科学技术出版社
发　　行　吉林科学技术出版社
地　　址　长春市福祉大路5788号
邮　　编　130118
发行部电话/传真　0431-81629529 81629530 81629531
81629532 81629533 81629534
储运部电话　0431-86059116
编辑部电话　0431-81629518
印　　刷　三河市嵩川印刷有限公司

书　　号　ISBN 978-7-5744-0777-0
定　　价　90.00元

《电力系统与新能源研究》
编审会

前　言 Preface

随着社会文明的不断进步，人类生存越来越离不开能源的支撑，然而伴随着世界人口的快速增长，传统的能源已经无法满足人类生存的需求，要缓解能源紧缺带来的一系列问题，降低能源消耗，积极应用新能源，利用新能源发电，既能保证能源系统的正常运行，又能满足用户的多样化需求，实现有效的环境保护，促进环境和经济，实现可持续发展，提高能源经济的竞争力。

为了能够有效的解决能源紧张的问题，减少对自然环境的破坏，维护生态的稳定，对清洁、再生、污染小的新能源的需求也随之越来越明显。新能源是指在科学技术上开发和利用的非常规性，绿色能源是未来发展中的主要能源，如：太阳能、风能、海洋能等。是无污染的，取之不尽用之不竭的。为确保电力系统能够在整个现代经济社会建设发展中得到长时间且可持续性的发展，展开有关新型能源在电力系统中的应用研究势在必行。所以，随着我国能源需求的逐渐提高，新能源发电逐渐获得了政府的支持和人们的关注。

电力系统的发展关系到整个国家以及社会的经济发展。随着社会的发展，当前电力系统的发展已经跟不上时代发展的需要，随着煤炭能源不符合绿色节能的要求，新能源的发电方式是当前社会电力系统发展的必然趋势。

本书是电力系统与新能源研究方面的著作，主要研究如何利用新能源发电，本书从新能源与可再生能源的基本概述入手，针对水能发电、风能发电、太阳能发电、光伏发电的应用进行了分析研究；另外对新能源发电的成本与未来市场进行了综合探讨；书中重点说明了各种发电方式的组成和工作原理，同时指出每种发电方式的优势和存在的问题，试图让读者对各种发电方式一目了然，达到可取的一面和有待改进或不可克服的一面。最终选取最佳的发电方式，使之造福于人类。

本书参考了大量的相关文献资料，借鉴、引用了诸多专家、学者和教师的研究成果，其主要来源已在参考文献中列出，如有个别遗漏，恳请作者谅解并及时和我们联系。本书写作得到很多专家学者的支持和帮助，在此深表谢意。由于能力有限，时间仓促，虽极力丰富本书内容，力求著作的完美无瑕，虽经多次修改，仍难免有不妥与遗漏之处，恳请专家和读者指正。

目 录 Catalogue

第一章　新能源与可再生能源

第一节　能源的基本知识

一、能源的基本概念

（一）能源的定义

自然资源（能源）指在一定时期和地点，在一定条件下具有开发价值、能够满足或提高人类当前和未来生存和生活状况的自然因素和条件，包括气候资源、水资源、矿物资源、生物资源和能源等。

能是物质做功的能力，能量是指能的数量，其单位是焦耳（J）。能量是考察物质运动状况的物理量，是物体运动的度量。如物体运动的机械能、分子运动的热能、电子运动的电能、原子振动的电磁辐射能、物质结构改变而释放的化学能、粒子相互作用而释放的核能等。

能量的来源即能源，自然界中能够提供能量的自然资源及由它们加工或转化而得到的产品都统称为能源。也就是说，能源就是能够向人类提供某种形式能量的自然资源，包括所有的燃料、流水、阳光、地热、风等，它们均可通过适当的转换手段使其为人类生产和生活提供所需的能量。例如煤和石油等化石能源燃烧时提供热能，流水和风力可以提供机械能，太阳的辐射可转化为热能或电能等。

能源是能够提供能量的资源，它是人类生存与生活重要的物质基础，包括热能、电能、光能、化学能、机械能等。从某种程度上看，人类社会的发展需要以优质能源为支撑，随着先进能源技术应用的不断加强，人类社会的发展会注入新的活力，在快速建设中不断发展。

能源给人类带来了光和热。从广义上讲，地上的所有能源都来源于太阳。太阳光照耀地球，地面上的水蒸发而上升到大气中，然后变成雨，就形成了河流中的水能。太阳光照耀地球，地面上的空气受热不同，温差形成气流，就形成了风能。化石能源（煤炭、石油、天然气）是远古时代的生物变成的，而没有太阳，就没有生物，因此，化石能源也来源于太阳。海洋能中，一方面是风能形成的波浪能，风能也来源于太阳；另一方面，潮汐能是太阳、地球、月亮共同作用的结果，也与太阳有关。在宇宙大爆炸时，太阳系形成过程中，地球同时形成，而地热能、核能是在地球形成过程中形成的，因此地热能、核能也与太阳有关。因此，不论地球上的哪种能源，都与太阳有关。

能源是整个人类世界发展和经济增长的最基本驱动力，是人类社会赖以生存的最重要的物质基础之一。

根据《能源百科全书》的界定，能源是能够直接或通过转换使人类获得各种形式能量的载能体资源。根据《能源词典（第二版）》的解释，能源是直接或经转换为人类提供所需的能的资源，世界上以各种形式存在的能源都是来源于核裂变、核聚变、放射性源、太阳系中各行星的运行。

上述各种能源的定义有一个共同点：能源是一种呈多种形式的，且可以相互转换能量的源泉。在《能源词典（第二版）》中，世界上的所有能源分为 11 种类型，即风能、电能、核能、水能、氢能、地热能、海洋能、太阳能、生物质能、化石能源（如天然气、石油、煤炭等）、受控核聚变。

（二）能源与自然资源的区别

能源和自然资源的概念外延是交叉关系，即有一些自然资源不属于能源，如铁矿石、铝土等；而有一些自然资源本身也属于能源，如煤、石油、天然气等。另外，还有一些能源不属于自然资源，如核电、水电、火电等。

自然资源必须直接来源于自然界，而且具有自然属性：而能源则不同，它既可以直接来源于自然界，也可以间接来源于自然界，既具有自然属性又具有经济属性。

二、能源的分类

（一）按来源分类

1. 来自太阳辐射的能量

人们现在使用的能源主要来自太阳能，因此太阳有“能源之母”的说法。现在，人们除直接利用太阳的辐射能（宇宙射线及太阳能）外，还大量间接地使用太阳能源，如化石燃料（煤、石油、天然气等），它们是千百万年前绿色植物在阳光照射下经光合作用而长成的根茎和动物遗骸形成有机质，在漫长的地质变迁中形成的。此外，生物质能、水能、风能、海洋能和雷电等也都是由太阳能经过某些方式转换而形成的。

2. 来自地球内部的能量

这里主要指地热能资源及原子能燃料，还包括地震、火山喷发和温泉等自然呈现出的能量。

3. 来自月球和太阳对地球的引力而形成的能量

这里主要指地球和太阳、月球等天体间有规律运动而形成的潮汐能。

（二）按能源转化分类

1. 一次能源

一次能源是在自然界中天然存在、可供直接利用的能源，如煤、石油、天然气、风能、水能和地热能等。

2. 二次能源

二次能源是由一次能源直接或间接加工、转换而来的能源，如水电、火电、煤气、氢气及各种石油提炼制品等。大部分一次能源都转换成容易输送、分配和使用的二次能源，以适应消费者的需要。二次能源经过输送和分配，在各种设备中使用，成为终端能源。

（三）按能源本身的性质分类

1. 含能体能源

含能体能源本身就是可提供能量的物质，如石油、煤、天然气、氢等，它们可以直接储存，便于运输和传输。含能体能源又称载体能源。

2. 过程性能源

过程性能源是指由可提供能量的物质的运动而产生的能源，如水能、风能、潮汐能等，其特点是无法直接储存。

（四）按是否能作为燃料分类

1. 燃料能源

燃料能源是可作为燃料使用的能源，包括矿物燃料（煤炭、石油、天然气）、生物质燃料（薪柴、沼气等）、化工燃料（甲醇、酒精、丙烷以及可燃原料等）和核燃料等四大类。

2. 非燃料能源

非燃料能源是不可作为燃料使用的能源。非燃料能源多数具有机械能，如水能、风能等；有的含有热能，如地热能、海洋热能等；有的含有光能，如太阳能等。

（五）按被利用的程度、生产技术水平和经济效果等分类

1. 常规能源

常规能源是指在科学技术水平不发达时可以直接利用的、被人类长期广泛利用的能源，而且也是当前主要的和应用范围很广的能源，如煤炭、石油、天然气等。常规能源开发利用时间长，技术成熟，能大量生产并广泛使用，如煤炭、石油、天然气、薪柴燃料和水能等。常规能源有时又称传统能源。

2. 新能源

新能源中有些属于古老的能源，但只要采用先进的科学技术就能开发利用；有些能源近 20 年来才被人们开发利用，而且在能源消费结构中所占的比例很小，属于很有发展前途的能源，如太阳能、地热能、潮汐能和生物质能等。核能通常也被看作新能源，尽管核燃料提供的核能在世界一次能源的消费中已占 15%，但从被利用的程度来看还远不能与已有的常规能源相比。另外，核能利用技术是非常复杂的，可控核聚变反应至今未能实现。有不少学者认为，可将核裂变作为常规能源，将核聚变作为新能源。新能源有时又称非常规能源或替代能源。常规能源与新能源是相对而言的；现在的常规能源过去也曾是新能源；今天的新能源将来也会成为常规能源。

（六）按是否可以再生分类

1. 可再生能源

可再生能源是指在自然界中可以循环利用并且还能够不断再生的能源，如太阳能、水能、风能和生物质能等。它们都是可以循环再生且能够反复利用，不会随其本身的转化或人类的利用而日益减少。

2. 不可再生能源

不可再生能源是经过亿万年形成的、短期内无法恢复的能源，如煤、石油、天然气、核燃料等。随着大规模的开采利用，其储量越来越少，总有枯竭之时。

三、能源在社会可持续发展中的作用

（一）可持续发展的概念

比较通俗的提法是：可持续发展是既满足当代人的需求又不危害后代人满足自身需求能力的发展。这一定义强调了可持续发展的时间维，而忽视了其空间维。可持续发展的内涵表现为如下几个方面：

1. “发展”是大前提

是人类永恒的主题，为了实现全球范围的可持续发展，应把发展经济、消除贫困作为首要条件。

2. “协调性”是中心

可持续发展是由于人与环境、资源间的矛盾引出的，因此可持续发展的基本目标是人口、经济、社会、环境、资源的协调发展。

3. “公平性”是关键

其关键问题是资源分配和福利分享，它追求在时间和空间的公平分配，也就是代际公平和代内不同人群、不同区域和国家之间的公平。

4. “科学技术进步”是必要保证

科学技术不但通过不断创造、发明、创新、提供新信息为人类创造财富，而且还可以为可持续发展的综合决策提供依据和手段，加深人类对自然规律的理解，开拓新的可利用的自然资源领域，提高资源的综合利用效率和经济效益，提供保护自然和生态环境的技术。

能源是国民经济的命脉，与人民生活和人类的生存环境休戚相关，在社会可持续发展中起着举足轻重的作用。

（二）能源更迭与社会发展

1. 薪柴时期

古代从人类学会利用“火”开始，就以薪柴、秸秆和动物的排泄物等生物质燃料来烧饭和取暖，同时以人力、畜力和一小部分简单的风力与水力机械作动力，从事生产活动。该时代延续了很长的时间，生产和生活水平极低，社会发展迟缓。

2. 煤炭时期

18 世纪的产业革命，以煤炭取代薪柴作为主要能源，蒸汽机成为生产的主要动力，于是工业得到迅速的发展，劳动生产力有了很大的增长。特别是 19 世纪末，电力开始进入社会的各个领域，电动机代替了蒸汽机，电灯取代了油灯和蜡烛，电力成为工矿企业的主要动力，出现了电话、电影，不但社会生产力有了大幅度的增长，而且人类的生活水平和文化水平也有极大的提高，从根本上改变了人类社会的面貌。这时的电力工业主要是依靠煤炭作为主要燃料。

3. 石油时期

石油资源的发展，开始了能源利用的新时期。特别是20世纪50年代，美国、中东、北非相继发现了巨大的油田和气田，于是西方发达国家很快地从以煤为主要能源转换到以石油和天然气为主要能源。汽车、飞机、内燃机车和远洋客货轮的迅猛发展，不但极大地缩短了地区和国家之间的距离，也大大促进了世界经济的繁荣。近40年来，世界上许多国家依靠石油和天然气，创造了人类历史上空前的物质文明。

进入21世纪，随着可控热核反应的实现，核能将逐渐成为世界能源的主角，一个清洁能源的时代也将随之到来，世界将变得更加繁荣和丰富多彩。

（三）能源与经济发展

能源与人类社会息息相关，能源对经济社会发展的重大作用不亚于粮食、空气、水对人类生存的重要程度，它推动着经济的发展，并对经济发展的规模和速度起到举足轻重的作用。经济和能源发展之间相互依赖，相互依存。一方面，经济发展是以能源为基础的，能源促进了国民经济的发展；另一方面，能源发展是以经济发展为前提的，能源（特别是新能源）与可再生能源的大规模开发和利用要依靠经济的有力支撑。

任何社会生产都需要投入一定的能源生产要素，没有能源就不可能形成现实的生产力。在现代化生产中，各个行业的发展都是与能源密不可分的。工业中各种产品的制造都需要以能源为基础，农业生产的机械化、水利化、化学化和电气化也是和能源消费联系在一起的，交通运输、商业和服务业的发展更是与能源分不开的。

煤炭、石油、天然气以及新能源、可再生能源使用范围的逐渐扩大，不但促进了能源行业的技术进步，而且大大推动了整个社会的经济发展和技术革新。第二次工业革命使人们清楚地认识到，机械化程度的提高归功于电力的使用，从而降低了劳动成本，促进了劳动生产率的提高。因此，能源促进劳动生产率的提高是能源促进技术进步的必然结果。

能源不仅是经济发展不可缺少的燃料和动力，而且能源本身的生产也促进了新产业的诞生和发展。例如，化肥、纤维、橡胶、塑料的制造以及煤炭工业和石油化工等行业的发展不仅促进了能源工业的崛起，创造了一批新兴产业，同时也为其他产业的改造提供了有利的条件。

能源提高了人民的生活水平。反之，随着生活水平的提高，人们对能源的依赖性就越大。民用能源既包括炊事，取暖、卫生等家庭用能，也包括交通、商业、饮食服务业等公共事业用能。所以，民用能源的数量和质量是制约生活水平的主要物质基础之一。

与此同时，人类对于物质生活的追求，促使能源将以更高的效率被利用，用来创造更多的财富。对清洁能源和高效能源的探求促进了新能源及其技术的不断进步。

（四）能源进步与城市化

城市化（也有的学者称之为城镇化、都市化），是由农业为主的传统乡村社会向以工业和服务业为主的现代城市社会逐渐转变的历史发展过程，具体包括人口职业的转变、产业结构的转变、土地及地域空间的变化。合理的城市化可以改善环境，例如：通过合理利用能源、绿化环境、修建水利设施等措施，使得环境向着有利于提高人们生活水平和促进社会发展的方向转变，降低人类活动对环境的压力。

城市化进程与能源进步存在着密切的关系。人们最早生活在简单的村落、村镇，使用着基本的能源种类，例如煤炭、木柴、秸秆等。因为有了高密度能源系统的支撑，例如煤气管网、天然气管网、电力网，才逐渐形成了城市。一个城市能源使用的先进程度，也反映了其城市化的进程，包括我们熟知的纽约、东京、上海、北京等特大城市。能源进步伴随着城市的形成、运行和发展，同时，城市化的开展也会加快能源进步，两者相辅相成。

生产方式和生活方式的改变是城市化建设的结果，同时，人们生活质量的提升和生活方式的转变也刺激了能源消费的进步。由于人们生活水平的提高和小城镇建设的加速进行，更多的农村居民转变为城市居民，生活用能方式不断进步。原始的用能方式以居民直接燃烧一次能源为主，能源利用效率低下，浪费严重。城市化带来的集体能源分配方式，使用经转换后的二次能源，简化了分配方式，同时，也提高了能源利用的整体效率，并为保护生态环境提供了前提保障。

城市化进程是资源技术、人力、资本等要素逐渐聚积的过程。在生活方式上，一部分是对能源商品的直接需求，另一部分通过购买商品和服务转化成为对能源商品的间接需求；而在生产方式中，通过能源初级产品的利用，转化为产品进入人们的生活中，另一部分则通过产业链条的延伸、资源要素的投入，成为对能源产品的间接需求，比如人们日常衣食住行所需的物品、工具，均离不开生产环节使用能源对其的加工。

城市化是经济发展过程中一个重要的经济现象，城市化水平的提高不仅改变了人们的生产、生活方式，而且也改变了区域经济的产业结构，使得产业结构向高效、集约的模式协调发展。从产业结构的变迁历程来说，城市化对能源消费的作用有其自身的特点，第一产业在经济发展的过程中对城市化进程起到了基础的推动作用，但由于产业特性所决定，能源消耗量相对较小，而且随着劳动效率的提高，第一产业的能源消耗量在总体趋势上呈下降趋势。以工业为主的第二产业是推动经济发展的重要支柱，能源消费在城市的高度聚集，要归因于工业化的发展。这一阶段高耗能产业发展较快，钢铁、化工、冶金、建材等行业的高速发展，极大地刺激着能源消费的进步。

四、中国能源可持续发展的对策

为了实现中国能源的可持续发展，应充分运用以下三个方面的手段：加强政府的宏观管理和行政管理；运用市场机制的调节作用；利用经济增长的机遇。

第一，努力改善能源结构。包括优先发展优质，洁净能源，如水能和天然气；在经济发达而又缺能的地区，适当建设核电站；进口一部分石油和天然气。

第二，提高能源利用率，厉行节约。包括：①对一次能源生产，应降低自身能耗；②开发和推广节能的新工艺、新设备和新材料；③发展煤矿、油田、气田，炼油厂、电站的节能技术，提高生产过程中的余热、余压的利用；④加强节能技术改造工作，如限期淘汰低效率，高能耗的设备，更新工业锅炉，风机，水泵、电动机，内燃机等量大面广的机电产品；⑤调整高能耗工业的产品结构；⑥设计和推广节能型的房屋建筑；⑦节约商业用能，推广冷冻食品，冷库储藏的节能新技术。

第三，加速实施洁净煤技术。所谓洁净煤技术，就是旨在减少污染和提高效率的煤炭加工、燃烧、转换和污染控制新技术的总称，是世界煤炭利用的发展方向。这是解决我国能源问题的重要举措。

第四，合理利用石油和天然气，改造石油加工和调整油品结构。禁止直接燃烧原油并逐步压缩商品燃料油的生产。

第五，加快电力发展速度。应根据区域经济的发展规划，建立合理的电源结构，提高水电的比重。

第六，积极开发利用新能源。应积极开发利用太阳能、地热能、风能、生物质能、潮汐能、海洋能等新能源，以补充常规能源的不足。

第七，建立合理的农村能源结构，扭转农村严重缺能的局面。因地制宜地发展小水电，太阳灶、太阳能热水器、风力发电、风力提水、沼气池、地热采暖，地热养殖等是解决我国农村能源的主要举措。

第八，改善城市民用能源结构，提高居民生活质量。大力发展城市煤气，实现集中供热和热电联产是城市能源的发展方向。

第九，重视能源的环境保护。这是能源利用中长期的也是最困难的任务。

第二节　新能源的含义、特点与种类

一、新能源的含义与特点

（一）新能源的含义

一直以来，新能源的概念都模糊不清，众说纷纭，形成了“百家争鸣”的局面。相比于可再生能源，新能源有着与之相通的共性，但二者的具体界定是不同的，在内涵上有根本性差别，自然不能相提并论。可再生能源指的是以一定时空为背景，能够在短时间内再生并为人持续利用的一次性能源，强调的是可再生性；而新能源指的是以新技术为基础，进行开发利用的可再生能源，这种能源是人类未来生活幸福、世界长久发展的重要基础，比如核聚变。

新能源和可再生能源，即借助新技术、新材料，使传统的可再生能源的开发利用实现现代化，用取之不尽的可再生能源逐渐代替污染环境、无法长期利用的化石能源。相比于常规化石能源，新能源和可再生能源注重长期的可持续发展，不会对环境造成破坏，能够让生态环境得到良性循环。

（二）新能源的特点

新能源相对于传统能源，具有污染少、储量大的特点，此特点对于解决当今世界严重的环境污染问题和资源枯竭问题具有非常重要的意义。到2050年，世界经济的可再生能源可以完全满足全球能源的需求。新能源的特点主要包括以下四个方面。

1. 蕴藏丰富、前景广阔

新能源的共同特点是资源蕴藏量丰富、开发利用前景广阔、可以循环使用、无污染或污染小。以太阳能为例，根据太阳产生的核能速率估算，氢的储量足够维持上百亿年，可以说太阳的能量是取之不尽、用之不竭的，每年到达地球表面上的太阳辐射能约相当于130万亿t煤，属于现今世界上可开发的最多的能源。全球风能资源蕴藏量高达27.4亿MW，其中可利用的风能为2000万MW，比地球上可开发利用的水能总量还要大10倍。联合国工业发展组织总干事坎德赫认为，作为减缓气候变化目标的一部分，全球到2030年对可再生能源的依赖水平应增加一倍以上，新目标是到2030年全球可再生能源占能源供应的比例达到30%。

2. 广泛的产业关联性

新能源产业的崛起会引起电力、信息技术、建筑、汽车、材料和通信等多个产业领域的重大变革，并且还会带动一系列相关产业的发展。例如，可以拉动上游产业的发展，如风机制造、光伏组件、多晶硅深加工等一系列加工制造业和资源加工业的发展；可以促进智能电网、电动汽车等一系列输送与用能产品的开发和发展；可以促进节能建筑和带有光伏发电建筑的发展。因此，在我国面临产业结构升级、经济发展方式转型的关键时期，新能源的发展大有作为。

3. 属资金技术密集型和劳动密集型产业

新能源本身需要技术的突破和大量设备投资，是资金技术密集型产业。同时，与传统能源生产主要靠资源消耗不同，新能源设备制造和维护所带动的上下游产业链，有许多是劳动密集型产业。根据联合国环境署的估计，到2030年，全球对可再生能源行业的6300亿美元投资至少将转化为2000万个额外工作岗位。在后危机时代，新能源成为各国争相发展的重点产业，并有可能在新一轮科技革命中扮演重要角色。对于我国而言，新能源具有很大的资源潜力和发展优势。在后危机时代产业创新的新浪潮中，新能源的发展不仅能够支持短期经济增长和创造就业机会，更是促进我国经济增长、结构转型的重要战略性产业。我国应从战略制高点进行部署，密切关注世界新能源发展方向，加快新能源技术研发，加强对新能源产业发展的支持，争取在新一轮产业创新的竞争中赢得竞争优势。

4. 良好的技术进步空间

新能源已成为各国技术创新和投资的重点，也是新一轮国际竞争的焦点。近年来，国际新能源技术不断发展，这包括风电技术、核电、光伏系统、太阳能热电技术、第二代生物技术等国际能源署（International EnergyAgency，IEA）识别的17项关键低碳技术方面均取得了很大的进步。随着新能源技术的产业化应用，新能源产业发展呈现出光明的前景。通过加强自主技术创新和国际合作，我国有望在新能源技术领域实现赶超。

（三）新能源产业

1. 新能源领域范围

新能源产业主要源于新能源的发现和应用，如太阳能、地热能、风能、海洋能、生物质能和核聚变能等。新能源产业是衡量一个国家和地区高新技术发展水平的重要依据，也是新一轮国际竞争的战略制高点。世界发达国家和地区都把发展新能源作为顺应科技潮流、推进产业结构调整的重要举措。

新能源产业包括核电技术产业、风能产业、太阳能产业、智能电网和其他新能源产业等。

2. 发展目标

把握全球能源变革发展趋势和我国产业绿色转型发展要求，着眼生态文明建设和应对气候变化，以绿色低碳技术创新和应用为重点，引导绿色消费，推广绿色产品，大幅提升新能源的应用比例，推动新能源等绿色低碳产业成为支柱产业。

3. 重点任务

（1）推动新能源产业发展

加快发展先进核电、高效光电光热、大型风电、高效储能、分布式能源等，加快构建适应新能源发展的电力体制机制、新型电网和创新支撑体系。核电、风电、太阳能、生物质能等占能源消费总量比例达到8%以上，产业产值规模超过1.5万亿元，有利于打造世界领先的新能源产业。大力发展“互联网+”智慧能源，加快形成适应新能源高比例发展的制度环境。

（2）促进风电优质高效开发利用

大力发展智能电网技术，发展和挖掘系统调峰能力，大幅提升风力发电能力。加快发展高塔长叶片、智能叶片、分散式和海上风电专用技术等，重点发展5MW级以上风电机组、风电场智能化开发与运维、海上风电场施工、风热利用等领域的关键技术与设备，建设风电技术测试与产业监测公共服务平台，实现风电与煤电上网电价基本相当，风电装备技术创新能力达到国际先进水平。

（3）推动太阳能多元化、规模化发展

突破先进晶硅电池及关键设备技术瓶颈，提升薄膜太阳能电池效率，加强钙钛矿、敏化燃料等新型高效低成本太阳能电池技术研发，大力发展太阳能集成应用技术，推动高效低成本太阳能利用新技术和新材料产业化，建设太阳能光电光热产品测试与产业监测公共服务平台，大幅提升创新发展能力。加快实施光伏领跑者计划，优化光热发电站系统集成和配套能力，促进先进太阳能技术产品应用和发电成本快速下降，引领全球太阳能产业发展。

（4）推动核电安全高效发展

采用国际最高安全标准，坚持合作创新，重点发展大型先进压水堆、高温气冷堆、快堆及后处理技术装备，提升关键零部件配套能力，加快示范工程建设。提升核废料回收利用和安全处置能力。整合行业资源，提高系统服务能力，推动核电加快“走出去”。提高国际先进的集技术开发、设计、装备制造、运营服务于一体的核电全产业链发展能力。

（5）积极推动多种形式的新能源综合利用

突破风光互补、先进燃料电池、高效储能与海洋能发电等新能源电力技术瓶颈，加快发展生物质供气供热、生物质与燃煤耦合发电、地热能供热、空气能供热、生物液体燃料、海洋能供热制冷等，开展生物天然气多领域应用和区域示范，推进新能源多产品联产联供技术产业化。加速发展融合储能与微网应用的分布式能源，大力推动多能互补集成优化示范工程建设。建立健全新能源综合开发利用的技术创新、基础设施、运营模式及政策支撑体系。

（6）大力发展“互联网+”智慧能源。

加快研发分布式能源、储能、智能微网等关键技术，构建智能化电力运行监测管理技术平台，建设以可再生能源为主体的“源——网——荷——储——用”协调发展、集成互补的能源互联网，发展能源生产大数据预测、调度与运维技术，建立能源生产运行的监测、管理和调度信息公共服务网络，促进能源产业链上下游信息对接和生产消费智能化，推动融合储能设施、物联网、智能用电设施等硬件及碳交易、互联网金融等衍生服务于一体的绿色能源网络发展，促进用户端智能化用能、能源共享经济和能源自由交易发展，培育基于智慧能源的新业务、新业态，建设新型能源消费生态与产业体系。

二、新能源的种类

联合国的下属机构——联合国开发计划署将新能源和可再生能源分为三大类型：①新可再生能源，比如风能、海洋能、地热能、太阳能、小水电、现代生物质能。②大中型水电。③传统生物质能。

这里把水力发电、太阳能、风能、生物能、地热能、海洋能等都划入新能源和可再生能源的范围。也有一种说法，除常规化石能源、可裂变发电、大中型水力发电外，新能源与可再生能源包括一切可再生能源。

根据当前国际惯例，由于大中型水力发电已经成为常规能源，自然不属于新能源和可再生能源，而风能、地热能、太阳能、现代生物质能、小水电等一次能源，电池、燃料、氢能等二次能源，都属于新能源和可再生能源。当前，世界各国都采用这种方法划分新能源和可再生能源，即排除常规化石能源、核裂变发电、大中型水力发电，包括风能、地热能、太阳能、生物质能、小水电等一次能源以及电池、燃料、氢能等二次能源。

当前，“新能源”意义上的可再生能源包括太阳能、风能、现代生物质能、地热能、海洋能、氢能和燃料电池、小水电等。在发达国家与部分发展中国家，“新能源”意义上的可再生能源获得快速发展，新能源在能源消费中所占比例越来越大。

（一）太阳能

太阳能是指太阳的热辐射能，它是一种可再生能源。通俗来讲，太阳能就是人们在太阳光线中获取的能源，大多通过阳光照射地面的辐射总量进行估量，涵盖了太阳的直射与天空的散射。太阳能有多种转换形式，主要包括光向化学的转换、光向电的转换、光向热的转换，经过转换后，可用于多方面的利用。接收或聚集太阳能使之转换为热能，然后用于生产和生活，这是太阳能热利用的最基本方式。

当前，我国利用太阳能最主要的形式是太阳能热水系统，借助太阳能，将相应装置中的水加热，实现光向热的转换、这些转换的热不仅可用于采暖，还可用于温室、蒸馏、烹饪、干燥、制冷、工农业生产等方面。另外，根据光生伏特效应，制作太阳电池，可实现光向电的转换，便于人们的生产生活。而光向化学的转换尚处于研究试验阶段。

（二）风能

风能是空气流动中产生的动能，它是太阳能的一种转化形式。在阳光直射地球表面时，由于温度不均衡，使得不同的地域的温度、气压等有一定差异，在这种情况下，空气在运动中产生动能。风能是重要的自然资源，具有很多显著优势，比如，无须运输、分布广泛、能够再生、储量丰富、无污染等，但在利用上也存在着一些不可忽视的问题，比如，难以储存、随机性强、能量密度小等。风能的大小取决于风速和空气的密度。在中国西北地区和东南沿海地区的一些岛屿，风能资源非常丰富。利用风力机可将风能用于发电、制热以及风帆助航等。

（三）现代生物质能

生物质能是新能源和可再生能源的重要组成部分，包括在自然界中能够当作能源的植物、人畜排泄物以及城乡有机废物经转化而形成的能源，比如，沼气、薪柴、燃料乙醇、生物柴油、城市有机垃圾、农作物秸秆、工农业有机废水、林业加工废弃物等。从其来源分析，生物质能是绿色植物通过叶绿素将太阳能转化为化学能储存在生物质内部的能量。

生物质能的利用方式主要有直接燃烧、热一化学转换以及生物 —— 化学转换三种不同途径。生物质的直接燃烧在今后相当长的时期内仍将是中国农村生物质能利用的主要方式。生物质的热 —— 化学转换，即在特定温度与条件下，生物质经过液化、催化、热解、碳化、气化，以生产液态燃料、气态燃料、化学物质的技术。生物质的生物 —— 化学转换主要包括生物质 —— 沼气转换、生物质 —— 乙醇转换等。沼气转换是指有机物质在厌氧环境中，通过微生物发酵产生一种以甲烷为主要成分的可燃性混合气体，即沼气。乙醇转换是指利用糖质、淀粉和纤维素等不同原料经发酵制成乙醇。

（四）地热能

地热能是由地壳抽取的天然热能，具有可再生性，源于地球内部的熔岩，以热力形式存在。当前，人们已经利用的地热能可能只是地球地热能总储量的很少一部分，这些地热能大致集中于板块边缘地带，受到地热能的影响，火山、地震较为频繁。当提取地热能的速度小于地热能的补充速度时，地热能便具有可再生性，而由于地热能的提取难度较高，其可再生性也很高。当前，在世界范围内，地热能的开发与利用较为广泛。每年从地球内部传到地面的热能相当于100PW·h。不过，地热能的分布相对来说比较分散，开发难度较大。

地热能的用途有很多，比如，供热、制冷、发电等。按储存形式划分，地热能分为四种类型，即水热型、岩浆型、地压型、干热岩型。其中，水热型包括聚冰型、湿蒸汽型、干蒸汽型。按温度高低划分，地热能分为三大类型，即低温型、中温型、高温型。低温型为89℃及以下，中温型为90℃ ~ 149℃，高温型为150℃及以上。按利用方式划分，地热能分为两大类型，即地热能直接利用、地热能发电。

不同品质的地热能在作用上有较大差异。液体温度为20℃ ~ 50℃的地热能适用于医疗、种植、养殖、洗浴；50℃ ~ 100℃的地热能适用于采暖、温室、工业制冷与干燥、家用热水；100℃ ~ 150℃的地热能适用于采暖、回收盐类、脱水加工、工业干燥、双循环发电；150℃ ~ 200℃的地热能适用于发电、工业制冷与干燥、工业热加工；200℃ ~ 400℃的地热能适用于发电、综合利用等。

（五）海洋能

海洋能是指储藏在海水中的可再生能源，其形态多种多样，比如，海流能、潮流能、波浪能、潮汐能、海水盐度差能、海水温度差能等。从本质上看，海洋能源自太阳辐射或太阳、月球、其他星球的引力，具有储量大这一显著特征。根据粗略统计，世界范围内的海洋能总量约为766亿kW，依靠当前技术，可以开发64亿kW以上，而我国的海洋能可开发约4.6亿kW。

按储存形式划分，海洋能分为热能、机械能、化学能。热能包括海水温差能，机械能包括海流能、潮流能、波浪能、潮汐能，化学能包括海水盐度差能。以这些形式存在的海洋能都能够用于发电。

（六）氢能和燃料电池

氢能是通过氢气与氧气的化学反应而产生的能。随着科学技术的快速发展，作为清洁能源的氢能越来越受到各国政府部门与工厂企业的关注。氢能具有很多优点，比如，燃烧性好、发热值高、损耗低、无毒、无污染、利用率高、运输方便、形态多样等。同时，氢能来源于水，燃烧后又会转变为水。另外，由于氢气与氧气的化学反应不会产生烟尘、二氧化硫、二氧化碳等污染环境的污染物，所以氢能被看作未来最理想的清洁能源，有“未来石油”之称。

国际上的氢能制备原料主要来源于矿物和化石燃料、生物质、水，氢的制取工艺主要有电解制氢、热解制氢、光化制氢、放射能水解制氢、等离子电化学方法制氢和生物方法制氢等。氢能不但清洁干净，利用效率高，且其转换形式多样，也可以制成以其为燃料的燃料电池。在21世纪的今天，氢能是一种重要的二次能源，燃料电池也必将成为一种最具产业竞争力的全新的发电方式。

由于各种主客观原因，氢能、海洋能的开发利用还只是处于一个逐步探索的技术未成熟阶段，其产业化开发也还有很长的路要走。

（七）小水电

水在流动的过程中会产生能量，将这些能量捕获并发电，就会形成水电。而小水电是装机容量较小的水力发电装置或水电站。当前，世界各国并未明确界定小水电的内涵与容量范围，即使在同一国家中，不同的时期也会有不同的标准。但根据联合国的界定，小水电的容量范围有三种，即小型水电站（1001 ~ 12000kW），小小型水电站（101 ~ 1000kW）、微型水电站（100kW 及以下）。

我国国家发展和改革委员会现行规定，小型水电站为5万kW以下，中型水电站为5万 ~ 25万kW，大型水电站为25万kW以上。

从技术和经营层面来看，小水电和大水电技术上没有太大的差异，而国内外跨国公司，尤其是传统跨国能源企业涉足小水电的开发意愿并不强烈。

三、新能源在能源供应中的作用

能源是国民经济和社会发展的重要战略物资，但能源同样是现实中的重要污染来源。我国是一个人口大国，同时又是经济迅速崛起的国家。随着国民经济发展以及加入WTO目标的实现，一个以煤炭为主的能源消费大国，能源工业不仅面临着经济增长及环境保护的双重压力，同时能源安全、国际竞争等问题也日益突出。太阳能、风能、生物质能与水能等新能源和可再生能源由于其清洁、无污染及可持续开发利用等特点，既是未来能源系统的基础，对中国来说又是急需补充的能源。因此在能源、气候，环境问题面临严重挑战的今天，大力发展新能源和可再生能源不仅是适宜、必要的，而且是符合国际发展趋势的。

（一）发展新能源和可再生能源是建立在可持续能源系统的必然选择

煤炭、石油、天然气等传统能源都是资源有限的化石能源，化石能源的大量开发和利用，是造成大气和其他类型环境污染与生态破坏的主要原因之一。如何解决长期的用能问题，以及在开发和利用资源的同时保护人类赖以生存的地球的环境及生态，已经成为全球关注的问题。从世界共同发展角度以及人们对保护环境，保护资源的认识进程来看，开发利用清洁的新能源和可再生能源，是可持续发展的必然选择，并越来越得到人们的认同。既然人类社会的可持续发展必须以能源的可持续发展为基础。那么，什么是可持续发展的能源系统？根据可持续发展的定义和要求，它必须同时满足以下三个条件：一是从资源来说是丰富的、可持续利用的，能够长期支持社会经济发展对于能源的需要；二是在质量上是清洁的、低排放或零排放的，不会对环境构成威胁；三是在技术经济上它是人类社会可以接收的，能带来实际经济效益的。总而言之，一个真正意义上的可持续发展的能源系统应是一个有利于改善和保护人类美好生活，并能促进社会，经济和生态环境协调发展的系统。

到目前为止，石油，天然气和煤炭等化石能源系统仍然是世界经济的三大能源支柱，毫无疑问，这些化石能源在社会进步、物质财富生产方面已为人类作出了不可磨灭的贡献；然而，实践证明，这些能源同时存在着一些难以克服的缺陷，并且日益威胁着人类社会的发展和安全。首先是资源的有限性，专家们的研究和分析，几乎得出一致的结论：这些非再生能源资源的耗尽只是时间问题，是不可避免的。其次是对环境的危害性。化石能源特别是煤炭被称为肮脏的能源。从开采、运输到最终的使用都会带来严重的污染。

（二）发展新能源和可再生能源对维护我国能源安全意义重大

我国目前处于经济高速发展的时期，尤其是在全面建成小康社会的目标指引下，我国的能源建设任重道远。但是，长期以来中国的能源结构以煤为主，这是造成能源效率低下、环境污染的重要原因。优化我国能源结构、改善能源布局已成为我国能源发展的重要目标之一。开发利用清洁的新能源和可再生能源无疑是促进我国能源结构多元化的一条重途径，尤其是在具有丰富可再生能源的地区，可以充分发挥能源优势，如利用西部和东南沿海的风能资源，既可以显著地改善这些地区的能源结构，又可以缓解经济发展给环境带来的压力。

在优化能源结构的过程中，提高优质能源，如石油、天然气在能源消费中的比重是十分必要的，但同时也带来了能源安全问题。可再生能源的开发和利用过程都在国内开展，不会受到外界因素的影响。新能源和可再生能源通过一定的工艺技术，不仅可转换为电力，还可以直接或间接转换为液体燃料，如已乙醇燃料、生物柴油和氢燃料等，可为各种移动设备提供能源。因此开发国内丰富的可再生能源，建立多元化的能源结构，不仅可以满足经济增长对能源的需求，而且有利于丰富能源供应，提高能源供应安全。

（三）发展新能源和可再生能源是减少温室气体排放的一个重要手段

世界各国都已经注意到发展可持续能源有巨大的效益，其中重要一点就是可再生能源的开发利用很少或几乎不会产生对大气环境有危害的气体，这对减少二氧化碳等温室气体的排放是十分有利的。以风电和水电为例，它们的全生命周期内碳排放强度仅为6g/（kW·h）和20g/（kW·h），远远低于燃煤发电的强度275g/（kW·h）。

温室气体减排是全球环境保护和可持续发展的一个主题。我国作为一个经济快速发展的大国，努力降低化石能源在能源消费结构中的比重，尽量减少温室气体的排放，树立良好的国家形象是必要的。水电、核电、新能源和可再生能源是最能有效减少温室气体排放的技术手段，其中新能源和可再生能源又是国际公认的没有破坏环境的清洁能源。因此，从减少温室气体排放，承担减缓气候变化的国际义务出发，应加大可再生能源的开发利用步伐。

第三节　新能源的发展

一、能源结构的变迁发展

在过去的一个多世纪里，人类的能源开发利用方式经历了两次比较大的变迁，即从烧薪柴时代到使用煤炭的时代与从使用煤炭到当前大范围使用石油和天然气的时代。在两次能源消费利用变迁的发展过程中，能源消费结构在不断发生变化，能源消费总量也呈现大幅度跨越式的增长态势。

随着两次能源消费时代的相继到来，社会生产力实现了巨大发展，不仅推动了人类经济社会的进步，而且使人们步入现代文明。同时，随着人类对能源的利用程度逐步提高，尤其是过度使用不可再生的化石资源，能源对自然环境的影响越来越大，对人类经济社会的发展产生了明显的制约作用。

在20世纪的百年中，人类经济、科技和生活水平也发生了翻天覆地的变化，这种社会变化伴随能源消费规模的猛增，与此同时产生了自然资源和能源的短缺、环境和气候的严重恶化。目前，环境恶化、能源短缺已经成为人类需要共同面对的课题与挑战，为了在根源上解决这一问题，世界各国在不断探索新的方法与途径。

追根溯源，想要解决环境恶化、能源短缺问题，转变能源消费方式、促进能源消费利用方式的再次变迁才是根本途径，即从大规模使用石油、煤炭、天然气等不可再生资源到开发利用环保、清洁、可持续循环使用的新能源和可再生能源的变迁。自从20世纪70年代以来，人们越来越重视新能源和可再生能源的开发利用，对新能源和可再生能源的产业化发展有了更为深刻的认知，不仅意识到新能源和可再生能源的巨大潜力，而且清洁环保，可持续利用，代表着能源未来发展的方向，是解决自然资源和能源短缺、进行环境保护、应对全球气候变化问题的最根本途径。

世界各国政府都从本国实际出发，颁布实施了不少鼓励和支持新能源及可再生能源发展的法规、政策，并制定了相应的发展目标、战略以及相关实施措施。

二、世界新能源和可再生能源时代

随着社会生产力的不断提高，人类与整个人类社会对能源的依赖性越来越高。为了满足全球人口增长的大趋势，需要维持并加大石油、煤炭、天然气等常规矿产能源的开采力度，使得其储量日益减少。当前，世界上大部分国家存在能源供应不足的问题，经济发展受到限制。另外，石油、煤炭等化石能源经过消耗后，会产生大量的温室气体，不仅会导致全球变化加剧，而且对整个生态环境的良性循环造成巨大影响。这些问题使得新能源和可再生能源的开发利用在全球范围内升温。

在国际上，新能源和可再生能源已被看作一种替代能源，可以替代用化石燃料资源生产的常规能源。从世界各国既定的发展战略和规划目标来看，新能源和可再生能源的大规模开发利用已经成为世界各国重要的能源发展战略。据此，在世界范围内，新能源和可再生能源的消费利用程度会逐步上升，在世界能源供应中的地位也会越来越高。

从 20 世纪 90 年代开始，经过不断探索，新能源和可再生能源得到快速发展，世界上很多国家都将新能源和可再生能源作为重要的基础性能源政策。根据当前世界各国对新能源和可再生能源的开发利用程度可知，风能、太阳能、生物质能的发展速度最为显著，有着良好的产业前景。在可再生能源发电技术中，风力发电与常规能源是最接近的，因而成为产业化发展势头良好的清洁能源技术，年增长率达到 27%。

当前，世界上越来越多的国家清楚地认识到，社会的良性发展不仅要满足一时的社会需求，而且不可危及后代人的前途与命运。因此，应不断提高能源的利用效率，并在节约能源的基础上尽可能促使高含碳量的能源逐渐被清洁能源取代，这也是中国能源建设必须遵循的最基本原则。

在可预见的未来，新能源和可再生能源产业领域及市场投资额将逐年大幅度增加，随之也将创造非常可观的社会价值、经济价值和工作就业机会。过去一说到发展新能源和可再生能源，人们首先就会联想到环境恶化、气候变化和自然资源匮乏。而当前世界各国考虑的问题已经发生变化，主要包括就业机会、能源安全、经济增长、消费者的支持、能源供应的选择、先进的技术开发等。

三、世界能源的利用现状

（一）能源结构

世界各国的气候、土壤、环境等是有较大差异的，由于资源分布的不均衡，各国的能源结构也是不同的。在发达国家生活的人们有很多便利的条件，可以拥有汽车、热水、暖气等，还可以乘坐飞机、轮船等，而在贫困国家生活的人们只有较为单调的生活方式，不能享有现代化带来的便利与幸福感。

根据国际能源署的能源统计，亚洲、非洲、拉丁美洲等非经济合作发展组织的地区是可燃性可再生能源的主要使用地区。这三个地区使用可燃性可再生能源的总和达到了总数的62.4%，其中很大一部分用于居民区的炊事和供暖。

各个国家和地区在能源生产和消费中各类能源所占比例就称为该国或该地区的能源结构。当前，国家经济、资源、技术发展程度等因素决定着国家的能源结构特点。

从当前的世界范围来看，石油在能源结构中占比最高，但所占比例呈下降趋势；煤炭为第二，所占比例同样在下降；天然气占第三位，所占比例正在稳步上升，有着良好的发展空间与前景。

（二）能源效率

根据联合国欧洲政协经济委员会提出的“能源效率评价和计算方法”，能源系统的总效率由三部分组成，即开采效率、中间环节效率、终端利用效率。其中，开采效率指的是能源储量的采收率，中间环节效率包括加工转换效率与贮运效率，终端利用效率指的是终端用户得到的有用能源量与过程开始时输入的能源量之比。

矿物燃料是工业、运输和民用系统的主要能源。发电原理是通过矿物燃料燃烧后产生的化学热而实现的。由于燃料具有有限性，并且人类社会对能源的依赖性越来越高，使得人们试图在不断地研究中获取新的代替能源。同时，矿物燃料的稀有程度越来越高，从长远来看，工业界必须通过节能来获得自我保护。基于此种情况，必须制止燃料的浪费现象，在工业设计中，能源利用的综合效率应成为重要的评价标准。

“能源效率”和“节能”虽然相关，但不一样。能源效率是指终端用户使用能源得到的有效能源量与消耗的能源量之比。节能是指节省不必要的能耗，例如当你在客厅看电视时还把厨房里的灯开着，无目的耗能就是浪费。避免这种浪费不代表牺牲，是省钱。我们应清楚地认识到，各种能源的开发利用都是需要成本的，比如，电、汽油、天然气、民用燃料油等。这里所指的是能源成本，而不是经济成本。此外，还可设想借助一种新的科学技术，用全新能源取代柴油与汽油，能源效率将会得到显著提升。

想要缓解能源危机，提高能源效率是一条重要途径，但由于发展中国家的资金、设备、技术等相对落后，能源效率显著不足，与发达国家的差距较大。当然，作为发达国家，同样需要重视能源效率的不断提升，通过节约能源，促进能源经济的不断发展。在这种背景下，很多发达国家相继扶持发展中国家，以改善能源效率不足的问题，在互利协作中共谋发展。

（三）能源环境

当前，地球变暖与温室效应正在加剧，时刻威胁人类的生产生活。为此，科学家们一直在寻求地球变暖的原因，比如，为了经济发展而乱砍滥伐，树木覆盖程度的降低导致二氧化碳的比例的提升，同时，草原过度放牧使得植被遭到破坏，地球失去了调节二氧化碳的途径；船舶航行在海洋中时，海面会受到污染，同时，受到原油泄漏的影响，海水难以正常吸收二氧化碳。进入20世纪，世界各国的工业化水平显著提高，使得温室效应成为不得不面对的课题，在人类不断发展的过程中，逐渐将自身限制在更狭小的范围内，长此以往，适合人类居住的土地会越来越少，直至彻底消失。

为了解决气候恶化问题，世界各国已经实现了初步联合，在相互制约中谋求共同发展。

（四）能源安全

能源是人类生存与生活的基础，支撑着国民经济的发展。在国家经济安全方面，能源安全是重要构成，对国家安全、社会稳定、可持续发展具有直接影响。能源安全既包括能源供应安全，也包括治理因能源出现的环境污染，其中，能源供应安全指的是石油、电力、天然气等各种能源在供应上的安全。

能源安全指的是基于可以支付的价格获得的足够的能源供应。由于石油、天然气是重要的国家安全战略物资，也是当前世界范围内主要的一次能源，并且因石油危机导致的国家动荡令人印象深刻，很多国家都建立了面向石油的能源保障体系，注重战略石油储备。据预计，世界石油产量会在未来逐年降低，但消费量会呈增长趋势，很有可能出现供不应求的现象，导致世界石油资源争夺的加剧。

四、新能源在中国的发展

纵观中华人民共和国成立以来的能源工业发展历程，新能源和可再生能源产业作为中国能源工业的一个重要组成部分，也始终与中国经济发展和资源环境密切相关。其主要发展历程可划分为以下几个阶段。

（一）第一阶段——发展起步阶段

中国新能源和可再生能源的储备极为丰富，在开发利用上也有喜人的成果，这为社会主义建设、中华民族的伟大复兴奠定了坚实的物质基础。20 世纪 70 年代开始，中国开始大规模开发利用新能源和可再生能源，受到世界能源危机的警醒，为了更好地解决当前国内存在的生态环境恶化、大气污染、热效率低下、局部能源供应紧张等问题，国务院提出了十六字方针，即“因地制宜，多能互补，综合利用，讲求效益”，极大地促进了新能源和可再生能源的开发利用，但其开发方式相对也是比较粗放的，利用效率相对也是比较低下的。

（二）第二阶段——法律政策导向和科技产业化发展阶段

中国于20世纪末提出了应积极开发利用各种新兴可再生能源，比如，风能、太阳能、生物质能等，通过保护环境，实现国家的可持续发展，这是新能源和可再生能源产业化建设成为政府高度关注对象的重要标志。

为了进一步贯彻落实《中华人民共和国节约能源法》，制订了《新能源和可再生能源产业发展规划》，明确提出了关于新能源和可再生能源发展的中长期目标，为新能源和可再生能源的产业化发展指明了方向。

进入 21 世纪，中国传统的可再生能源的利用总量超过了 3 亿吨标准煤，水电发电量约 3280 亿 kW 时，约占中国全部发电的 17%。包括其他资源的开发利用在内，可再生能源开发利用超过了 1.3 亿吨标准煤，无论是开发总量还是结构比例均排在世界上发展中国家的前列。

（三）第三阶段——法律制度健全和产业化快速发展阶段

21 世纪初，中国新能源和可再生能源开发技术逐步趋于成熟，产业化进程不断取得新进展。后来，相继出台了一系列配套的法规和政策支撑体系，比如，促进新能源和可再生能源产业化发展的投资、税收、电价等政策，并建立了可再生能源电价补贴制度，表明中国新能源和可再生能源发展进入了一个新的里程碑阶段 —— 法律制度健全阶段。

《中国应对气候变化国家方案》的发行，将发展风能、生物质能等新能源和可再生能源作为应对中国气候变化和减排温室气体的重要措施。《中国的能源状况与政策》白皮书，明确提出促进能源多元化实现的发展战略，将新能源和可再生能源的大规模开发利用作为国家能源发展战略的主要部分之一。

（四）第四阶段——产业规模化的发展阶段

根据当前技术发展水平与新能源和可再生能源的资源状况，除水能外，中国能够实现规模化发展的新能源和可再生能源产业涉及风能、太阳能、生物质能。从当前实际来看，生物质能很有可能在未来成为应用最为广泛的新能源和可再生能源产业，在利用方式上，包括发电、供热、制取沼气、生物液体燃料等，其中，生物液体燃料包括生物柴油、燃料乙醇等，可以在一定程度上代替石油。风力发电技术已基本成熟，经济性已接近常规化能源，在未来相当长的一段时间里，将会获得快速发展。太阳能的主要利用方向之一是太阳能一体化建筑，将常规能源作为补充手段，促进全天候供热的实现，并以此为基础，向太阳能供暖与制冷的方向不断探索与发展，另外，太阳能光伏发电的发展前景也是较为宽泛的，但由于发电成本过高的问题尚未解决，使得产业规模化发展受到限制。

中国新能源和可再生资源年可开发潜力到 2050 年将超过 20 亿吨标准煤。届时中国新能源和可再生能源将真正实现产业规模化，并成为中国能源供应结构的一个重要的支柱能源产业。

对于中国而言，新能源和可再生能源产业的技术创新将为国家经济发展注入新的活力、为国家综合竞争力的提高提供保障，同时成为社会发展、国家安全方面的重要内容。随着新兴能源开发利用的技术成熟和产业化程度逐步提高，在中国未来的经济结构中，新能源和可再生能源的重要性将会越来越显著。

五、发展可持续绿色低碳能源

（一）绿色低碳能源

在全球气候变暖和能源日益紧缺的大背景下，合理开发利用低碳能源，已经成为世界发展潮流。推进低碳能源技术的创新，加大低碳经济的投入，是中国应对气候变化的一个根本途径，也是可持续发展、节能减排、建设资源节约与环境友好型社会的内在需要。低碳能源技术全面涵盖了可再生能源利用、新能源技术、化石能源高效利用、温室气体控制和处理及节能技术领域。我国“十四五”规划明确提出，要加快发展方式绿色转型，协同推进经济高质量发展和生态环境高质量保护。

发展绿色低碳能源，是功在当今，意在长远。煤、石油、天然气等传统化石能源经过上亿年的漫长历史积累下来，在历经 200 年工业文明的强力挖掘下，很快将面临枯竭，因此我们必须利用现代科技发展绿色低碳能源，这是解决未来能源问题的一条重要出路。

低碳能源是一种含碳分子量少或无碳原子结构，在利用过程中产生较少或不产生二氧化碳等温室气体的能源，广义上是一种既节能又减排的能源。作为一种清洁能源，低碳能源能大幅度减少二氧化碳对全球性的排放污染。它的基本特征是：可再生，可持续利用；高效且环境适应性好；有可能实现规模化产业应用。

（二）中国发展可持续绿色低碳能源的必要性

1. 可持续绿色低碳能源是世界能源发展的主要方向

2020年，全球一次能源消费总量合计为133.94亿t油当量，其中化石能源为最主要能源。化石能源的高碳性以及大规模的简单低效利用方式，加剧了化石能源的耗竭，刺激能源价格持续上涨，诱发能源危机的可能性不断加大。全球碳项目公布的全球二氧化碳收支评估结果表明，能源产业成为加剧全球气候变化的主要原因，威胁着全球经济社会的可持续发展。因此，为保障长时期的能源安全，保持经济社会的发展活力，世界主要国家和各大经济体都在投入大量资金、科技及社会资源，加快推进能源的清洁化发展利用，努力实现传统能源向低碳、高效清洁能源的转型。高碳能源低碳化、低碳能源无碳化以及能源开发利用过程的高效清洁无害化已经成为世界能源发展的主要方向。

2. 可持续绿色低碳能源是中国发展的内在要求

（1）能源清洁低碳化利用是中国产业结构升级的客观需要

进入21世纪以来，在中国扩大内需的宏观政策带动下，以钢铁、冶金、能源等为代表的重工业得到了迅速发展，工业销售产值不断攀升，重工业占工业总产值的比例也长期保持在60%以上，始终居高不下。这导致中国产业结构整体上呈现“重型化”的特征。但随着中国经济进入新常态，经济增速和需求增速均放缓，以钢铁、水泥、平板玻璃、电解铝、多晶硅等重工业为代表的多个行业产能过剩矛盾日益凸显。

（2）能源清洁低碳化利用是解决环境问题的必然要求

能源消费量的快速增长，带来激增的碳排放总量。作为全球碳排放总量和增量最大的国家，中国面临的碳减排压力日益增大。控制碳排放总量的增长，已经成为能源清洁低碳化利用的重要目标。

中国以煤为主的能源消费结构带来的能源和环境问题日益凸显，要从根本上遏制二氧化碳及其他各种污染物的排放，必须推动能源消费结构的转型，包括大力发展太阳能、风能等可再生能源和天然气等低碳清洁能源，降低对煤炭的过度依赖等。

3. 能源系统可持续发展的迫切需求

中国是世界上煤产量最大的国家，也是世界上少数几个以煤炭为主要能源的国家之一。近年来，人们对大气颗粒物中可吸入颗粒物的浓度越来越关注，随着大气中可吸入颗粒物浓度的增加，其危害也越大。这一方面是因为细小颗粒更容易进入人的肺部；另一方面也因为颗粒越细，其比表面积也越大，吸附的重金属和有毒有害物质也会越多，其毒性也越大。

可见，在我国现有能源结构和技术水平下，能耗的不断提高导致了环境污染的不断加剧，即我国现有的能源系统是不可持续的。由于我国能源消费总量巨大，亟须采取多种措施去发展多种优质的清洁能源。否则，不仅我国无法承受，世界也无法承受。环境污染已经成为制约我国能源乃至国民经济可持续发展的瓶颈。在一次能源以煤为主而且长期不可能大幅变化的现有国情下，如何构建适应我国可持续发展的能源系统已经成为我们所面临的迫切问题。

（三）建立可持续绿色低碳能源系统

2050年我国一次能源的需求量预计将达到50亿t标准煤，这使我国未来能源发展将面临国内常规能源不足，石油供应缺口巨大，城市需要大量清洁能源，以及全球气候变化问题等一系列严峻挑战。由于我国的能源结构所决定的特殊性，虽然进入21世纪，水电、核电以及新能源的占比有所增加，但是我国以煤炭为主的能源结构不会有根本性、革命性的转变。所以说适应我国未来能源发展的主要途径包括能源使用效率的提高、煤炭的清洁高效利用、替代能源的开发及利用、节能技术和先进能源系统的采用等。

1. 中国能源基本资源条件

能源资源主要有煤炭、石油、天然气等化石能源和水能、风能、太阳能、海洋能等清洁能源。全球化石燃料虽然储量大，但随着工业革命以来全世界数百年的过度开发利用，全球能源资源正面临着资源枯竭、污染排放严重等一系列严峻问题。

中国煤炭和水能资源丰富，石油和天然气相对较少。中国是世界上少数几个以煤炭为主要能源的国家之一。根据国际能源机构的统计，2020年，世界煤炭产量约为78.85亿t，中国煤炭产量为39.37亿t，占世界总产量的51%。中国煤炭消费量为28.3亿t标准煤，占世界总量的26%。煤炭在我国能源消费结构中占56.8%，远高于30%的世界平均水平。根据中国的能源资源条件、技术经济发展水平，以及国际能源市场发展趋势，在未来30～50年内，中国以煤炭为主的能源结构不会有大的改变。

2. 提高能源利用效率

能源不仅是我国社会发展中不可缺少的物质基础，也是支持经济快速稳定前进的重要动力。随着我国大力推进经济社会建设，能源由于空前的经济增长被大量消耗，已经呈现出日益枯竭的趋势。能源是影响经济和社会发展的重要因素，能源问题自然而然成为国民经济发展中的热点和难点。

2020年，中国宣布提高国家自主贡献力度，采取更加有力的措施，使二氧化碳排放量力争在2030年前达峰，努力争取2060年实现碳中和。2021年，“碳达峰”和“碳中和”首次被写入政府工作报告，这表明我国在持续为减缓气候变化影响作贡献的基础上，按下了减碳的加速键。为了实现这些能源目标，我们必须充分加强对我国能源利用效率的认识，改变能源生产和能源消费方式，降低能源消耗，减少能源产销差额，降低对外依存度，应用新型能源技术推动太阳能、生物质能等能源的开发利用，构建清洁、安全、高效、可持续的现代能源发展体系，全面提高能源利用效率。

（1）提高能源利用效率是我国经济、社会、生态全面协调发展的必然选择

由于我国经济持续稳定地发展受到我国现有能源资源的制约，所以我们必须放弃主要依靠增加生产要素投入来实现经济增长的高耗能、低效益的粗放型经济增长方式，而采取集约型增长方式，提高能源物质的使用效率，进而摆脱经济快速增长对能源的过度需求，降低经济增长对能源资源的依赖程度。另外，能源利用效率的提高也降低了消耗能源时产生的污染物量，有利于保护生态环境，在提高经济效益的同时增加了社会效益。因此，提高能源利用效率是保持经济增长、社会稳定以及生态环境平衡的必然选择。

（2）提高能源利用效率是我国实现能源自给自足、降低对外依存度的重要方式

我国的能源资源存在分布不均衡、人均能源占有量低、多煤少油等特点，近年来对石油需求的迅猛增长更是加大了我国的能源供给压力。能源利用效率的提高则可以有效减少生产过程中的能源浪费，降低能源的消费需求。因此，提高能源利用效率是保障能源自给自足、降低能源对外依存度的重要方式。

（3）提高能源利用效率，清洁、高效地使用能源有利于生态环境的保护

我国的主要能源消费构成是煤炭，且煤炭利用技术及设备相对落后，加大了对生态环境的污染。煤炭的大量消费不仅导致了煤烟型大气污染，同时造成了大量的温室气体排放。因此，我们必须要首先解决能源使用过程中的效率问题，才能保持在经济持续增长的条件下，减少能源消费和保护生态环境，解决社会发展中的经济、能源、环境问题。综上所述，提高能源利用效率，清洁、高效地使用能源，是解决环境污染问题，保护生态环境的必经之路。

3. 煤炭的清洁、高效、低碳转化利用

（1）煤炭清洁、高效、低碳发展的内涵

煤炭清洁、高效、可持续开发利用，贯穿煤炭开采、加工、利用、转化、综合循环等全产业链，目标是实现煤炭开发利用生态环境友好、全系统安全有保障、全产业高效、全过程低碳减排的新型煤炭工业发展方式。

（2）煤炭清洁、高效、低碳发展的特征

①清洁

通过变革煤炭开发利用方式，推动煤炭由“黑”变“绿”，实现开发、利用、转化过程的近零排放，将高碳的煤炭原料转化为相对低碳的清洁燃料，为高碳能源低碳化利用提供条件，实现污染物及其伴生资源的最大化、资源化利用。

②高效

高效包括煤炭开发、利用、转化全过程中的高效技术及装备，煤炭开发、利用、转化的集成优化高效系统，煤中特殊成分的有效利用，实现资源节约化、集约化发展。

③低碳

低碳指最大化保护利用地下水资源和改善地表生态环境，在开发利用煤炭的同时实现生态环境的友好；最大限度减少二氧化碳排放，缓解温室效应，推进高碳产业低碳发展，持续保障国家能源安全。

（3）煤炭清洁、高效、低碳发展需要实现的四大转变

①由资源驱动型向创新驱动型转变

目前煤转化已从焦炭、电石、煤制化肥产品为主的传统产业开始逐步向以石油替代产品为主的现代煤化工转变。预计未来 40 年，煤转化用煤量将达 400 亿 ~ 500 亿 t。

②由燃料向燃料、原料并重转变

我国煤炭消费约占国内一次能源的 56.8% 和全球煤炭的 54.3%，但我国同时拥有世界上规模最大的水电、风电和在建核电站。新能源、可再生能源与煤炭多联产技术已在我国实现规模应用，技术成熟，实现了成本可控、高效利用。

③由相对粗放开发向集约绿色、互联智能方式转变

这主要包括烟尘、二氧化硫、氮氧化物、汞等多种污染物的联合脱除，在工艺过程中捕捉高浓度二氧化碳用于驱油、驱气和埋藏处理，以及将伴生资源、废弃物或污染物资源化综合循环利用，如对煤炭中的铝、镓、锗、轴、硫等资源实现高效综合利用。

④由传统高排放利用向近零排放的清洁高效方式转变

无论是经过液化还是气化，煤炭转化的终极目标是生产包括电力、燃料和化工产品在内的终端产品，在生产过程中要把污染物和温室气体的排放降至最低，做到近零排放。一方面在转化过程中去除所有的污染物，并实现伴生资源（铝、铀等）、废弃物或污染物资源化高效综合利用；另一方面利用碳捕获、利用和封存技术降低温室气体排放。

（4）煤炭清洁、高效、低碳发展的重要途径

①推进煤炭洗选和提质加工，提高煤炭产品质量

要大力发展高精度煤炭洗选加工工艺，实现煤炭的深度提质和分质分级利用；开发高性能、高可靠性、智能化、大型选煤装备；新建煤矿均应配套建设高效的选煤厂或群矿选煤厂，并将现有煤矿选煤设施迅速升级改造，组织开展井下选煤厂示范工程建设。严格落实《商品煤质量管理暂行办法》，积极推广应用先进的煤炭提质、洁净型煤和高浓度水煤浆技术。

②发展超低排放燃煤发电，加快现役燃煤机组升级改造

逐步提高电煤在我国煤炭消费中的占比，迅速推进煤电节能减排升级改造。根据

水资源、环境容量和生态承载力，在新疆、内蒙古、陕西、山西、宁夏等煤炭资源富集地区，科学推进鄂尔多斯、锡盟、晋北、晋中、晋东、陕北、宁东、哈密、准东等9个以电力外送为主的大型煤电基地建设。认真落实《煤电节能减排升级改造行动计划》各项任务要求，进一步加快完善燃煤电站节能减排改造，全面提升煤电高效清洁利用水平，实现煤电产业的升级。

③改造提升传统煤化工产业，稳步推进现代煤化工产业发展

全面改造提升传统煤化工产业，在煤焦化、煤制合成氨、电石等传统煤化工领域进一步推动“上大压小”，等量替代，加速淘汰落后产能。以规模化、集群化、循环化发展模式，大力发展焦炉煤气、煤焦油、电石尾气等副产品的高质高效利用。通过利用现代煤气化技术促进煤制合成氨升级改造，开展高水平特大型示范工程建设。

适度、合理发展现代煤化工产业，通过示范项目的建设不断完善国内自主先进技术，加强不同技术间的耦合高效集成，大幅提升现代煤化工技术水平和能源转化效率，减少对生态环境的破坏和污染。在示范装置取得成功后，需要结合国民经济和社会发展水平，按照统一规划、合理布局、综合利用的基本原则，全面统筹推进现代煤化工产业发展。

④实施燃煤锅炉提升工程，推广应用高效节能环保型锅炉

新生产以及安装使用的20t/h及以上规模的燃煤锅炉应安装高效脱硫和除尘设施。在供热和燃气管网不能完全覆盖的地区，改用电、新能源或洁净煤作为动力，大规模推广应用高效节能环保型锅炉，区域集中供热通过建设大型高效燃煤锅炉来实现。并且20t/h及以上规模的燃煤锅炉应安装在线检测装置，并与当地的环保部门实行联网监控。

⑤开展煤炭分质分级梯级利用，提高煤炭资源综合利用效率

逐步实现“分质分级、能化结合、集成联产”的新型煤炭利用方式。鼓励煤——化——电——热一体化发展，加强各系统耦合集成。在具备条件的地区推进煤化工与发电、油气化工、钢铁、建材等产业间的耦合发展，实现物质的循环利用和能量的梯级利用，降低生产成本、资源消耗和污染排放。

⑥加大民用散煤清洁化治理力度，减少煤炭分散直接燃烧

扩大城市高污染燃料的禁燃区范围，逐步由城市建成区扩展到近郊，在禁燃区内禁止使用散煤等高污染燃料，逐步实现无煤化目标。大力鼓励推广优质能源替代民用散煤，结合城市化改造和城镇化建设，通过国家政策补偿和实施多类电价等具体措施，逐步加快天然气、电力及可再生能源等清洁能源替代散煤的进程，形成多途径、多通道减少民用散煤。在农村地区全面推广使用生物质成型燃料、沼气、太阳能等清洁能源，减少散煤使用率。

加大先进民用炉具的推广力度。配套先进节能炉具才能更好地利用民用优质散煤、洁净型煤等清洁能源产品。制定民用先进炉具的相关标准，建立民用先进炉具生产企

业目录，推广落实购买先进炉具的地方补贴政策。充分利用各类媒体加大宣传力度，全面调动使用先进炉具的积极性。

⑦推进废弃物资源化利用，减少污染物排放

全面加大煤矸石、煤泥、煤矿瓦斯、矿井水等资源的规模化利用程度。大力推广矸石井下充填技术，推进井下模块式选煤系统开发及其示范工程建设，实现废弃物不出井；支持低热值煤（煤泥、煤矸石）循环流化床燃烧技术及相应设备的研发及应用；鼓励开展煤矿瓦斯防治利用重大技术攻关，实施瓦斯开发利用示范化工程；有条件的矿区要实施保水开采或煤水共采，实现矿井突水控制与水资源保护一体化；加速推进煤炭地下气化示范工程建设，探索适合我国国情的煤炭地下气化发展路线。开发脱硫石膏、粉煤灰大宗量规模化、精细化利用技术，积极推广粉煤灰和脱硫石膏在建筑材料、土壤改良等方面的特殊利用。加快建设与煤共伴生的铝、锗等资源精细化利用示范工程，促进矿区循环经济整体化发展。

（四）可持续绿色低碳能源发展的战略思路

在清晰界定清洁能源的概念并全面剖析其丰富内涵的基础上，结合中国已有的清洁能源发展基础与特点，提出清洁能源发展的总体战略思路为：以保障能源安全为出发点，以保护生态环境为立足点，以深化能源管理体制机制为突破口，加快清洁能源发展与能源清洁利用，加大能源国际合作力度，提高清洁能源科技自主创新能力，有序推进替代能源科学发展，积极推动大基地、大集团、大能源通道建设，有效促进区域、城乡清洁能源的规模化应用与协调发展，提升能源高效智能化应用水平，努力构筑具有中国特色的安全、清洁、高效、协调的现代能源体系，以清洁能源的科学发展支撑经济社会的协调可持续健康发展。

在具体实施这一发展战略的思路上，应该综合考虑我国在 2050 年乃至未来相当长的一段时期内仍将保持以煤炭为主的能源格局，全社会整体能源利用效率和能源装备技术水平仍然相对落后，以及新能源和可再生能源难以快速实现低成本、高经济性与大规模商业化供应的现实特点，因此可以考虑分“两步走”。

第一步，2050 年前，以煤炭的清洁高效转化利用为主，大力推进洁净煤技术的开发与应用，积极发展新能源和可再生能源，并培养相关市场，逐步降低煤炭在能源结构中的占比。力争在无法改变煤炭主导地位的现实基础上，转变煤炭的利用方式，从而有效加快提升全社会的能源清洁化程度。

第二步，依靠技术创新与突破，大规模开发利用新能源和可再生能源，力争大幅度提高其在能源结构中的比例。同时，持续改进优化对传统化石能源的利用方式和利用技术，全面实现清洁能源的总体发展战略思路。

（五）可持续绿色低碳能源发展的总体原则

1. 转换整合化

转换整合化就是要打破不同行业之间的界限，按照系统最优原则对诸如发电、化工、冶金等生产中的物质流和能量流进行充分集成与协同，改变传统的工艺过程，达到系统的能源、环境、经济效益最优的目的。

2. 需求精细化

对终端用户的用能需求进行精细分解，按不同的用能需求、需求的不同层次和动态变化，为能源供应、规划和配置提供指导信息和基础。只有在终端需求精细化的基础上，多样化的供应才能更大程度地满足能源系统的需求，可再生能源才能在能源系统中起到较大的作用。

3. 供给多样化

各种能源都具有自身的特性，需要重点研究的不是各种能源能做什么，而是它们在整个协同能源系统中应该做什么，并尽量用较少的能耗代价满足终端用户精细化的需求。

4. 布局分布化

在可持续的能源系统中，因地制宜地进行分布式布局，集中电网、分布式电网和离网运行相协同，不同种类的能源应当以互补的方式进行协同，提高能源供应安全性。从传统的电网过渡到“智能电网”，进而在大城市发展成“智能能源网”。

5. 调度、控制、管理智能网络化

灵活性、可控性、可靠性、在线静态和动态的优化都是能源系统面临的新挑战。快速发展的信息技术可用于促进新的可持续能源系统的建立，如数据搜集、网络传感、在线监测、数据分析、数据挖掘、数据预测等。特别是针对具有较强随机性和不稳定性的可再生能源，建立起覆盖面广的能源信息平台和多层次优化的网络。充分利用信息技术，在全国、各省市、各地区全面搜集、整合、细分各种需求和供给信息，进行多层次协同优化。迅速发展的云计算将会为其提供有力的技术支撑。

（六）可持续绿色低碳能源发展的战略政策

当今世界，能源格局正在进行深刻调整，新一轮能源革命已经开始。在新能源技术、信息技术和全球碳减排压力的推动下，未来世界的主体能源应当是绿色低碳化的，生产消费模式应当是高度智能化的，天然气和非化石能源有可能成为未来的主体能源。中国政府高度重视并致力于推动能源转型变革，明确提出推动能源生产消费革命是中国能源发展的基本国策，其基本内容可以概括为“四个革命”“一个合作”，即推动能源消费革命、供给革命、技术革命和体制革命，全方位加强国际合作。坚定不移贯彻创新、协调、绿色、开放、共享的新发展理念，坚持稳中求进工作总基调，以推动高质量发展为主题，以深化供给侧结构性改革为主线，以改革创新为根本动力，以满足人民日益增长的美好生活需要为根本目的，统筹发展和安全，加快建设现代化经济体系，加快构建以国内大循环为主体、国内国际双循环相互促进的新发展格局，推进国家治理体系和治理能力现代化，实现经济行稳致远、社会安定和谐，为全面建设社会主义现代化国家开好局、起好步。坚持党的全面领导，坚持和完善党领导经济社会发展的体制机制，坚持和完善中国特色社会主义制度，不断提高贯彻新发展理念、构建新发展格局能力和水平，为实现高质量发展提供根本保证。这是关系我国发展全局的一场深刻变革，能源绿色低碳发展是这场变革不可或缺的组成部分。

第四节　中国的资源消费

一、中国能源消费结构概况

能源消费结构是随着经济发展、社会前进的程度以及在现有的技术水平下能够利用的能源资源量而发生变化的，20 世纪开始之后，随着我国的不断发展，能源扮演的角色愈发重要，我们国家在经济的发展中一直飞速前进，随着工业化和城市化不断向前的发展进程对能源消费形成了刺激，对能源的需求与消耗越来越大，随之而来的在能源结构、效率、安全以及社会发展等方面产生的问题，会与能源资源环境产生矛盾，而这些矛盾所显现的问题会使得优化能源消费结构和产业结构成为必然趋势，政府也在逐渐推行和促进能源消费向清洁、可再生方向发展的政策，使得能源消费结构逐渐发生变化。

二、能源消费与经济增长相互依存关系

能源是国家、社会经济不断向前发展的源泉，是实现现代化进程的重要推动力。能源消费在极大的程度上对社会经济的发展产生了积极的影响，但能源的无节制的消耗也会对经济的增长产生大量的效应，限制其发展。经济的增长可以促进技术的进步与发展，提升能源的利用效率，有利于在新能源的开发上更进一步，但经济的增长势必会消耗更多的能源。所以能源消费与经济增长呈现出了一种相互成就的发展态势。

（一）能源消费对经济增长的影响

能源为社会的可持续发展提供了物质的保障，为生产力的发展提供了源源不断的动力。长时间以来，能源和经济之间的关系都密不可分，所以要使我国的社会和经济能够维系一个稳定的状态和保持一个连续的发展，能源与经济之间的关系显得极其重要。能源的贮存量对国家经济发展具有非常重要的影响，充沛的资源存储量不仅可以对自己国家能源的供应提供保障，也可以将本国的资源对外输出以获取外汇，将所得资金用于推进其他产业的发展。比如中东地区向来以拥有雄厚的石油储藏量著称，他们向其他国家大量出口石油换取丰厚的回报，用这些资金投入到其余产业的发展中，拉动本国的经济。还比如些东南亚地区的国家，拥有着十分巨大的自然资源储量，像马来西亚的橡胶，南非的金矿、钻石等资源，将这些具有优势的资源对外出口，便可以获得资本用来发展本国的经济和社会。

当然，一个国家的经济如何发展并不是由资源存储量单个元素支配的，合理有效的利用自然资源才能促进经济的发展。化石能源在人类历史上一直有着不可动摇地位，即使能源结构在随着时间发生着变化，但其所占能源消费总量的比例依然居高不下，我国能源消耗以煤炭为主，而发达国家的能源消耗主要是石油和天然气，这些化石能源一方面因经济快速增长而使得有限的存量日趋减少，而能源的供应量无法达到经济发展所需要的数量，就会对经济增长产生一些制约的效果；而另一方面带来污染问题也不断凸显，对资源的无节制、低效率的开采和利用会使得能源枯竭，同时也对周围的地表水体和土壤造成污染，影响动、植物的生长，破坏生态环境。而其燃料燃烧时产生的污染物进入大气，最后导致温室效应的产生，危害生态平衡，不利于经济的长期发展。近些年来，世界各国都开始将环境保护放在更加重要的位置，用于解决各类污染问题以及新能源的开发利用的资金投入也会不断增加，这对各国的经济发展也会造成一些的制约作用。

其次，能源安全问题也是会对本国的经济发展目标的实现产生很大的阻碍。我国在加入 WTO 后能源供应相较于能源消耗的速度过于缓慢，而且两者之间的差距随着时间在不断扩大，这是由于加入 WTO 后扩大出口，生产加大消费的能源就会增加，但能源存储量的限制和生产技术的水平，会变成经济增长道路上的障碍因素。这种危机不仅限于中国，因供给受限、需求攀升、库存低位、极端天气等多重因素叠加，全球天然气价格、油价、电价飙涨，其中导致欧洲电价攀升至 10 多年来最高水平，英国出现部分能源供应商倒闭等。都会对其他国的经济发展产生巨大的打击。所以，能源消费对经济增长的影响是推动与制约并存，怎样能在两者之间达到最优性价比是一个需要深入研究的问题。

（二）经济增长对能源消费的影响

相同的，经济发展的状况对能源消费也会从不同层面产生影响。当今社会，人们的生活水平不断提高，经济总量也在不断地增长，而此时对能源的需求量也会随之增长。首先，经济的发展使得能源消耗升高。经济的增长扩大了整个市场，为了同时满足已有的经济活动和新增的生产活动能够正常开展所带来的对能源存储量的需求，需要大量的能源投入作为保障。能源给了经济增长动力，那么加快经济增长的速度就会使得能源的需求量同时增加。能源也是商品，一样避免不了出现供求关系不平衡的问题，如果供不应求时，相应的能源行业就可以得到更大的利润，就会吸引相关人才加入，吸引更多项目，彼时能源市场便会扩张，提供更多的资源来满足需求，这样供求关系便会得到改善。

其次，经济增长能够改变能源消费的结构。各个国家意识到提高能源效率的重要性，随着国民经济的发展，将越来越多的精力和资本用来推进科学技术的发展，对于能源开发利用的理论探讨和技术研究愈来愈多，为能源开采水平和利用效率的提升打好了基础。同时这些发展的推进，更加速了主导能源的更替，使得新能源的开发利用速度不断上升，而新型的技术带来了更加丰富的能源种类，能源的多样性得到了扩展，逐渐衰竭的化石能源将会被新型能源一步一步地代替。从过去的人类以草木为能源到后来的煤炭时期，再到如今的油气时代，这和与日俱进的科学技术脱不了关系。同样的，人们生活水平的提升，日常的消费观念和习惯是会发生质的变化的，人们会对清洁、可再生的能源有更高的需求，在潜移默化中，这些会造成环境污染的传统能源便会被慢慢地替换，从而改变传统的能源消费结构。因此经济发展影响着能源结构发生变化的进程，经济增长会改变能源的品类需求，推进新型能源的发展进程，逐渐加强能源产业更加合理的发展，拥有更加完善的能源结构分布。

最后，经济增长不只是提升了能源数量，还加强了对能源质量上的要求，随着经济的发展，能源的品质愈发重要，我们不能只是追求数值上的增加而忽视质的重要性。高质量能源需要具备相应的特点，例如对环境造成的污染程度要大大降低，同时要能够拥有快捷便利的取用方式。多少年来，化石能源都是世界各国发展经济的基础，而开发能力也随着时间的累积显得更加成熟，然而化石能源在消耗的时候会产生巨大数量污染物质，引发大量的环境破坏问题。目前，根据现有条件，开发新能源还存在着许多问题，例如成本、难以大范围地投入使用，并且应用和推广的难度也十分巨大，在这个问题上，只能通过注入更多的资金和人力来加强研究的力度，当然，经济增长促进了能源质量的提高的真实情况并不会因此受到影响。

三、能源结构和产业结构的关系

近年来，我国一直在工业化和城镇化的道路上不断前进，各方面生产活动对能源的需求都在不断的增大，产业结构和能源结构都在经济发展的进程中有至关重要的地位，二者可以相互推动相互影响。产业的发展需要能源的供给，各类产业对能源有着不同的需求，影响程度也各不相同。第一产业的资源消耗强度水平较低，第二产业主要组成部分是工业，对煤炭，石油的利用水平较高，而第三产业的能耗强度处于中间水平，而且它的发展会间接推动清洁能源的发展，所以产业结构的优化能够促进能源使用效率提高和能源结构升级，要使得产业结构高级化，就需要降低产业对能源的依赖度，表现为产业重心的不断迁移，例如产业的重心由第一产业逐渐偏移向第二产业，再向第三产业转移，这样能源需求量会出现上升后再下降的现象。进入 21 世纪以后，随着市场经济体制的全面发展，我国经济更加发达，对于基础设施建设、能源供应等方面的需求日益迫切，使得制造业，建筑业等一些第二产业快速发展。随着物质生活的满足和对美好生活的进一步追求，人们对交通、通信、文化娱乐及各种服务方面的需求逐步增加，各种高新技术产业不断壮大，第三产业加快发展。

相反地，能源消费结构也会对产业结构有所影响。能源作为一种生产要素直接投入产业生产，它的种类、存储量、价格等都会对产业的产出形成巨大的影响。能源消费的变化引起的各生产要素产生各种不同的组合，会间接影响社会资源的流向发生变化，使得不同产业的发展此起彼落、不同产业的演变更迭交替，最后造成产业结构的改变，我国丰富的煤储量、与石油天然气的匮乏有着巨大的对比，这也决定了煤炭在今天乃至以后相当长的时间内仍然是主要的能源动力，而且煤炭对众多耗能行业，如钢铁、有色金属、石化化工、建材等行业有较大的导向作用，因而煤炭仍会是社会经济发展的十分重要的推动力，短中期内，煤炭在我国能源结构中的主导地位难以发生大规模的变化，但是其消费导致环境污染和生态恶化的问题也是不容忽视的。

近二十多年来，我国各产业发展态势较为迅速，对能源的需求量也是在逐步上升。因此，生态文明建设也对能源系统提出了更高的要求，以满足国家对清洁高效能源日益增长的需求，在政府政策的支持和能源革命的带动下，实现煤炭及相关制品清洁化利用的措施逐步广泛实施，如减少使用煤炭及相关制品，通过技术创新尽量减少原煤在开采、运输和使用流程中排放的污染物，改善煤炭消费所导致的环境污染。所以，我国发布了关于完整准确全面贯彻新发展理念做好碳达峰碳中和工作的意见。在意见中强调了我们要积极进行产业结构的改良，在碳达峰和碳中和的行动中以科技作为基础，对碳中和的实现制定出长远的规划，攻克低碳零碳在技术、材料、装备上的难关，积极发展绿色金融。意见指出，到了 2025 年，绿色低碳循环发展的经济体系要初步地形成，一些重要的产业的能源使用效率高强度增长。意见在绿色转型、优化产业结构、构建安全能源体系、提升各类低碳发展的质量、增强攻克关键科学技术能力、完善各类政策法规等方面进行了细致的规划。

优化产业结构中，意见提出了要限制耗能大、排放量大的项目的发展，在水泥、电解铝等一些高能耗的项目中严格贯彻产能等量或减量置换的思想，并制定在能源方面相应的控制政策，全力推进绿色低碳产业。提升一些新兴行业的发展速度，例如生物技术、高端设备、新能源汽车、信息技术、航空航天等。在加速建立清洁低碳安全高效的能源体系方面，意见中给出了增强对能源消费强度和总消费量的控制，要以节能为首要条件发展能源以及降低碳排放和消费量的要求，制定控制碳排放的政策。例如，新能源汽车和轨道交通降低了对石油的需求，缓解了原油对外依存度较高的压力，对环境保护、气候变化等都具有正面的影响。我国现如今通过大面积建设充电设施等各种措施大力推广新能源汽车，并同时推进轨道交通的发展，提高运输量和运输速度，增强油气在交通领域的替换能力，降低石油的消耗量。国内的能源供求关系不平衡，会推进产业结构的变更与改良。在经济转型时期下，调整产业结构时，要综合能源结构的影响，一味地调整产业结构，而没有相应的能源结构配合，会使转型进程增加很多困难；同样，只注重能源结构的改变，会导致许多项目成本上涨，影响产业的发展，对经济增长也会有不利的作用。

总之，能源消费方式的变化对产业结构的变化有显著影响作用，一方面不可再生能源总量的制约迫使落后产业转型、传统产业升级，推动相关核心产业寻求技术创新，优化各产业发展质量；另一方面资源向可再生能源产业流动，衍生了许多新兴环境友好型产业，随之形成更加优质、绿色的产业生态环境，不断提升产业整体发展的水平。

第二章　水能发电的应用与研究

第一节　水利资源及开发利用概况

一、水力发电的特点与作用

宏观地讲，地球上的水能可划分为2个组成部分：陆地上的水利能和海洋中的海洋能。前者是指河川径流相对于某一基准面具有的势能以及流动过程中转换成的动能；后者则包括潮汐能、海洋波浪能、海洋流能、海水温差等。水力发电通常是指把天然水流所具有的水能聚集起来，去推动水轮机，带动发电机，发出电能。

水力发电在国民经济建设中具有重要作用。水力发电与其他发电方式（如火电、核能等）相比有许多特点，主要表现在以下方面：

（一）水能是取之不尽的、可再生的能源

地球表面是以海洋为主的水体，在太阳的作用下，蒸发成水汽升高至高空，转成雨雪，一部分降到陆地，汇集补给河川径流，流向海洋或内陆湖泊。这是一个以太阳热能为动力的水之循环系统，周而复始，循环再生，取之不尽，用之不竭。火电的能源是煤炭、石油或天然气，在大自然中这些资源的储存量是有限的，用一点少一点。大力发展水电，就可以节约这些不可再生的能源，并转而用于生产其他价值更高的产品。

（二）水电成本低廉

水力发电的“燃料”是自然界的水，而火电站发电的燃料是煤和石油等。很明显，水电的发电成本低。换句话说，水力发电是把一次能源（水）与二次能源（电）的开发同时完成的。同时，水电是在常温常压下进行能量转换的，火电则是在高温高压下

进行的，因此水电设备比较简单，易于维修，管理费用低，成本也低廉。

（三）水力发电的效率高

常规水电站水能的利用效率在80%以上；而火力发电的热效率只有30% ~ 40%（若对余热加以利用，可提高总效率）。电能输送方便，减少了交通运输负荷。

（四）水电机组启停迅速

水电机组启停迅速，操作方便，运行灵活，可变幅度大，易于调整，所以水电是电力系统中最理想的调峰、调频和事故设备用电源。随着经济的发展，电力系统日益扩大，机组的单机容量迅速增加，为了保证系统的供电质量和避免严重停电事故，水电是电力系统中最稳定的组成部分。

（五）水电能源无污染

我们知道，用煤作燃料的火力发电厂附近常常是烟雾弥漫，灰渣遍地，二氧化碳、硫氧化物、粉尘、灰土等严重污染环境；而在水电站附近，不但没有这些污染，而且由于新的建筑群体和人工湖的出现，会使人感到空气清新、环境优美，是很好的疗养场所和旅游景点。我国多数水电站及周边都是旅游景点。

（六）水电站与水库建设有利于实现水资源的综合利用

兴水利、除水害，兼而取得防洪、灌溉、航运、供水、养殖、旅游等良好效益。建设水电站还可同时带动当地的交通运输、原材料工业乃至文化、教育、卫生事业的发展，成为振兴地区经济的前导。

（七）水电站与水库相结合有利于调节径流

受河川天然径流丰枯变化的影响，无水库调节或水库调节能力较差的水电站，发电能力在不同季节变化较大，与用电需要不相适应。因此，一般水电站需建设相应的水库，调节径流。现代电力系统常用水、火、核电站联合供电方式，既可弥补水力发电天然径流丰枯不均的缺点，又能充分利用水丰期水电电量，节省火电厂燃料消耗。

二、水能资源及其开发利用概况

蕴藏于河川水体中的位能和动能，在一定技术、经济条件下，其中一部分可以开发利用。按资源开发可能性的程度，水能资源分3级统计：即理论蕴藏量、技术可开发资源和经济可开发资源。一般按多年平均发电量进行统计。

（一）理论蕴藏量

这是用公式计算河川、水体蕴有的位能。世界各国的具体计算方法不尽一致，计算结果差异也较大。有的按地面径流量和高差计算，有的则按降水量和地面高差计算。中国采取将一条河流分成若干河段，按通过各河段的多年平均年净流量及其上下游两端断面的水位差，用多年的平均功率表示。一条河流、一个水系或一个地区的水能资源理论蕴藏量是其范围内各河段理论蕴藏量的总和。

（二）技术可开发资源

根据各河流的水温、地形、地质、水库淹没损失等条件，经初步规划拟定可能开发的水电站。统计这些水电站的装机容量和多年平均年发电量，称为技术可开发资源。按技术可开发资源统计的多年平均年发电量比理论蕴藏量少。差别在于计算技术可开发资源时，一不包括不宜开发河段的资源；二对可开发河段考虑了因水轮机过水能力的限制，水库水位变动和引水系统输水过程中的损失等因素，部分水量和水头未能被利用；三采用实际可能的能量转换，故技术可开发资源的数量也随时间而有变化。

（三）经济可开发资源

经济可开发资源是根据地区经济发展要求，经与其他能源发电分析比较后，对认为经济上有利的可开发水电站，按其装机容量和多年平均年发电量进行统计。经济可开发水电站是从技术可开发水电站群中筛选出来的，故其数值小于技术可开发资源。经济可开发资源与社会经济条件、各类电源相对经济性等情况有关，故其数量不断有所调整。

三、河川水能资源及其开发利用概况

（一）世界河川水利能资源及其开发利用概况

世界各国河川水能资源的开发程度很不相同，各国已建水电站的年发电量占技术可开发资源比例较高的有法国、意大利、瑞士、日本、美国、挪威、加拿大、瑞典、奥地利等，均在50%以上，我国技术可开发资源利用率仅9.7%，排倒数第二，仅高于扎伊尔，而我国理论蕴藏量、技术可开发资源、经济可开发资源均为世界第一。因此，我国还应该大力开发水力发电资源，加大水电建设力度，减少煤、油、气发电。

（二）中国河川水能资源及其开发利用概况

中国河川水能资源的特点：①资源量大，占世界首位。②分布很不均匀，大部集中在西南地区，其次在中南地区，并主要集中在长江、金沙江、雅砻江、大渡河、乌江、红水河、澜沧江、黄河、怒江等大河的干流上，总装机容量约占全国经济可开发量的60%。经济发达的东部沿海地区的水能资源较少，而中国煤炭资源多分布在东北，形成北煤南水的格局。③大型水电站的比例很大，单站规模大于0.02亿kW的水电站占资源总量的50%。长江三峡工程的装机容量为0.182亿kW，多年平均年发电量840亿kWh。位于雅鲁藏布江的墨脱水电站，经查勘研究，其装机容量可达0.438亿kW，多年平均年发电量2630亿kWh。

四、关于小水力发电

小水力发电（以下简称“小水电”）是指装机容量很小的水电站或水力发电装置。世界各国对小水电没有一致的定义和容量范围的划分，即使同一国家，不同时期的标准也不尽相同。一般按装机容量的大小划分为微型、小小型和小型。有的国家只有一个档次，有的国家则分为2个档次，差异较大。几个小水电较发达的国家和主要国际组织在20世纪80年代曾先后提出小水电的划分标准。我国还规定了装机容量2.5万～25万kW为中型水电站，大于25万kW为大型水电站。

我国水电行业发展近年装机规模显著提升，资源开发程度尚有提升空间。作为当前最成熟、最重要的可再生清洁能源，水电在我国经历了多个发展阶段，装机容量从20世纪80年代的1000万kW左右，跃升为当前超过3亿kW。截至2023年5月，中国水电装机容量41700万千瓦，同比增长5.2%。水电新增装机容量434万千瓦，同比减少277万千瓦。

第二节　水力发电基础知识

一、水力发电基本原理

物体从高处落下可以做功。河水从高处往下流，同样也可以做功。水位越高，流量越大，能量也越大。在天然状况下，这种能量消耗于克服水流摩阻、河床表面的摩阻、挟带泥沙等。进行水能开发就是采取人工措施，将这些分散的白白消耗掉的能量集中起来加以利用。利用引水设备，让水流通过水轮机，推动水轮机的转轮旋转，把水的能量转化为机械能，再由水轮机带动发电机，把机械能转化为电能，这就是水力发电。

水力发电站是把水能转化为电能的工厂。为把水能转化为电能，需修建一系列水工建筑物，在厂房内安装水轮机、发电机和附属机电设备。水工建筑物和机电设备的总和，称为水力发电站，简称水电站。

供给水轮机的水能有 2 个要素，即水头和流量。下面介绍水电站的水头、流量和水电站的功率。

（一）水头

水头是指水流集中起来的落差，即水电站上、下游水位之间的高度差，用 H 表示，单位是 m。作用在水电站水轮机的工作水头（或称静水头）还要从总水头 $H_{总}$ 中扣除水流进入水闸、拦污栅、管道、弯头和闸阀等所造成的水头损失 h_1 以及从水轮机出来与下游接驳的水位降 h_2，即

$$H = H_{总} - h_1 - h_2 \quad (2\text{-}1)$$

上、下游水面之间的高度差为总水头（即 $H_{总}$），也称毛水头；工作水头 H（即 $H_{净}$）表示单位重量的水体为水轮机提供的能量值。水电站的上游水位为水库水位（前池水位）；下游水位为反击式水轮机的尾水位，而对于冲击式水轮机，其下游水位应取喷嘴中心高程。

（二）流量

流量是指单位时间通过水轮机水体的容积，常用 Q 表示。一般取枯水季节河道流量的 1 ~ 2 倍作为水电站的设计流量。

（三）水电站的功率

水电站功率（也称出力）的理论值，等于每秒钟通过水轮机水的重量与水轮的工作水头的乘积，即

$$N_s = \gamma QH \quad (2\text{-}2)$$

式中，γ 为水的重度，一般 γ=9810N/m^3，γ 与海拔高度有关，随高度增加而减小；Q 为水轮机的水流量，m^3/s；H 为水轮机的工作水头，m。

于是，水电站的理论功率值为

$$N_s = 9.81QQ\mathrm{H} \quad (2\text{-}3)$$

实际上，水流通过水轮机并带动发电机发电的过程中，还会有一系列的能量损失，如水轮机叶轮的转动损失、发电机的转动损失、传动装置的损失等，剩下的能量才用于发电。因此，水电站的实际功率为

$$N_0 = 9.81\eta_s QH \quad (2\text{-}4)$$

式中，N_0 为水电站的实际功率（实际出力）；η_s 为机组效率，等于水轮机效率 η_t、大电机效率 η_g、传动效率 η_i 三者乘积。

大型水电站的 η_s=0.8 ~ 0.9，而小水电站 η_s=0.6 ~ 0.8。为了简化，把式中的 9.81η_s 用出力系数 A 代表，于是上式可改写为

$$N = AQH \quad (2\text{-}5)$$

小水电站的出力系数值可参考表 2-1 选取。

表 2-1　小水电的出力系数表

水轮机与发电机的传动方式	A 值
水轮机轴与发电机轴直接连接	7.0 ～ 8.0
三角皮带传动	6.5 ～ 7.5
平皮带传动	6.5 ～ 7.0
齿轮传动	6.3 ～ 6.5
两次传动	5.5 ～ 6.0

“水电站装机容量”是指水电站中全部发电机组的铭牌容量的总和，也就是水电站的最大发电功率。

水电站年发电量的单位是 KWh，它等于电站内各发电机组年发电量的总和；每台发电机组的年发电量值，是它的实际发电功率（出力）与一年内运行小时数的乘积。

二、水力发电的开发方式

水能资源蕴藏量与河流的水面落差、引用水量成正比。然而，除了特殊的地形条件如瀑布、急滩以外，一般情况下，河流的落差是逐渐形成的，因而采用人工措施集中落差就成了水能开发的必要方法。按集中落差的方式可以将水能开发分为坝式、引水式及混合式 3 种基本方式。另外，还有沿着河川各流断的梯级开发和用余电提水储存在发电的抽水蓄能电站。

（一）坝式开发

拦河筑坝形成水库，坝上游水位升高。在坝的上、下游形成一定的水位差，用这种方式集中水头的水电站，称为坝式水电站。

显然，对于坝式开发而言，坝越高，集中的水头越大，但坝高常受库区淹没损失、坝址地形、地质条件、施工技术、工程投资以及水量利用程度等多方面因素的限制。目前，世界上坝式水电站最大坝高已经使水头达 300 多米。

坝式开发的最大特点是有水库调节径流，水量利用程度高，综合利用价值高。但

工程量和淹没损失都比较大，施工期较长，工程造价较高。坝式开发一般适于修建在坡降较平缓，流量较大的河段，且要有适合建坝的地形、地质条件。

（二）引水式开发

在河道上布置一低坝取水，水流经纵向坡降比原河道坡降小的人工引水道，水道末端的水位就高出河道下游水位，从而获得了集中落差，这种开发方式为引水式开发。用这种方式集中水头的电站，称为引水式水电站。引水道可以是无压明渠，即有自由表面（水面与大自然空气接触）；也可以是有压隧洞，即无自由表面（水面不与大自然空气接触）。

引水式开发的引水河道越长，坡度降越小，集中的水头就越大，但坡度降过小时，流速很低，引水道断面很大，不经济。引水道断面、坡降的选择，需根据地形、地质情况等进行比较确定。

引水式开发水电站水头较高，这是坝式开发无法与之相比的。一般来说，这种开发方式没有淹没问题，工程量、工程单位造价都比较低，但因其没有水库调蓄径流，水量利用程度低，综合利用价值也比较低，一般适于修建在流量小、坡降很大的河流中上游，是山区小型水电站常采用的开发方式。再有瀑布、河道大弯曲段，以及相邻河流高差大、距离又较近的条件下，采用引水式开发更为有利。

（三）混合式开发

这种开发方式一部分落差靠拦河筑坝集中，一部分落差由有压引水道形成。混合式开发有水库可以调节径流，有引水道可以集中较高的水头，集中了坝式、引水式两种开发方式的特点。当上游河段地形、地质、施工等条件适于筑坝，下游河道坡降比较陡或有其他有利地形，适于采用引水式开发时，选用混合式开发较为有利。

（四）阶梯开发

由于地形、地质、施工技术水平、工程投资及淹没损失等因素的限制，往往不适宜在河流某处修建单一的大电站来利用河流总落差，而是将一条河流分成几段，分段集中，分段利用河流落差，沿河修建几个电站，这种开发方式叫梯级开发。梯级中的各级水电站可以是坝式水电站、引水式水电站或混合式水电站。

进行梯级开发时应注意以下几个问题：①尽可能充分利用水能资源。每一级集中尽可能大的水头，以减少级数；梯级之间尽可能地衔接上；最上游的一级，最好采用坝式或混合式开发，以便有水库调节径流，改善下游各级运行状况。②做好第一期工程的选择。一期工程要考虑梯级在整个梯级系统中的作用，特别应重视满足河流开发中当前最迫切的综合利用要求。③对河流梯级开发方案进行技术、经济、施工条件、效益、淹没损失等方面比较时，除要对每一级单独进行评估外，还应将各级作为一个整体，进行总体评估。

（五）小水电的开发途径

1. 利用天然瀑布

一般在瀑布上游筑坝引水，在较短的距离内即可获得较高的水头。这种水电站一般工程量较小，投资少，有条件的地方应尽量利用。

2. 利用灌溉渠道上、下游水位的落差修建电站

可利用渠道上原有建筑物，只需修建一个厂房，工程比较简单。

3. 利用河流急滩或天然跃水修建电站

在山溪河流上，倘有急滩或天然跃水，可就地修建水电站。如进水条件较好，在引水处可以不建坝，或只建低坝，但需考虑防洪安全措施。

4. 利用河流的弯道修建电站

在山溪河流弯道陡坡处，可以截弯取直，以较短的引水渠道获得较大的水头，亦可以采用较短的隧洞引水修建电站。

5. 跨河引水建电站

两条河道的局部河段接近，且水位差较大时，可以考虑从水位高的河道引水发电。

6. 利用高山湖泊发电

将高山湖泊的水引入附近水面较低的河流修建水电站。

三、水力发电站类型

从水力资源开发利用角度看，水力发电站的基本形式有：坝式水电站、引水式水电站和混合式水电站。

（一）坝式水电站

在河道上修建拦河坝（或闸），抬高水位，形成落差，用输水管或隧洞把水库里的水引至厂房，通过水轮发电机组发电，这种水电站称为坝式水电站。根据水电站厂房的位置，又将其分为河床式与坝后式两种。

河床式水电站的厂房直接建在河床或渠道上，与坝（或闸）布置在一条线上或成一个角度，厂房作为坝体（或闸体）的一部分，与坝体一样承受水压力，这种形式多用于平原地区的低水头的水电站。在有落差的引水渠道或灌溉渠道上也常采用这种形式。

坝后式水电站的厂房位于坝的下游，厂房建筑与坝分开，厂房不起挡水作用，不

承受水压力，这种形式适于水头较高的水电站。

（二）引水式水电站

利用引水道（渠道或隧洞）将河水平缓地引至与进水口有一定距离的河道下游，使引水道中的水位远高于河道下游的水位，在引水道和河道之间形成水头。电站厂房则修建在河道下游的床边。

如果引水道中的水流是无压的，这种水电站就是无压引水式水电站；反之，如果引水道中的水流是有压的，则为有压引水式水电站。

显然，只有原河道的坡道比较陡，或者有天然瀑布，或者存在着很冲突的弯道，修建引水式水电站才是有利的。引水式水电站的进水口往往建有低坝，低坝的作用主要不是集中水头，也不能形成水库调节流量，而是拦截水流便于取水。

在实际工程中，无压引水式水电站多见于小型水电站，只有当上游水位变幅较小时，才适合采用无压引水；当上游水位变幅较大时，无压引水就让位于有压引水。

（三）混合式水电站

顾名思义，混合式水电站就是兼有坝式与引水式特点的水电站。电站水头部分由筑坝取得，另一部分由引水道取得。所以，混合式水电站既利用了自然有利条件（弯道、陡跌水等），又有水库可以调节径流。

四、水电站的构成

水电站由水工建筑物、流体机械、电气系统及水工金属构件等组成。

（一）水工建筑物

水工建筑物有挡水建筑物、引水建筑物、泄水建筑物和水电站厂房（发电建筑物）。按结构及布置特点分为地面式厂房、地下式厂房、坝内式厂房和溢流式厂房等。

（二）流体机械

流体机械的主体是水轮机，它的作用是将水流能量转换为旋转机械能，再通过发电机将机械能转换为电能。流体机械的附属设备包括调速器和油压装置，以及为满足主机正常运行、安装、检修、所需要的辅助设备，如进水阀、起重设备、技术供水系统、检修排水系统、渗漏排水系统、透平油系统、绝缘油系统、压缩空气系统、水力测量系统、机修设备。

（三）电气系统

1. 电气一次系统

具有发电、变电、分配和输出电能的作用。在电站与电力系统的连接方式已确定的基础上，以电气主接线为主体，与厂用电接线以及过电压保护、接地、照明等系统构成一个整体。主要电气设备包括发电机、主变压器、断路器、换流设备、厂用变压器、并联电抗器、消弧线圈、接地变压器、隔离开关、互感器、避雷器、母线、电缆等。

2. 电气二次系统

对全厂机电设备进行测量、监视、控制和保护，保证电站能安全可靠而又经济地发出合乎质量要求的电能，并在机电设备出现异常和事故时发出信号或自动切除故障，以缩小事故范围。该系统主要包括自动控制、继电保护，二次接线、信号、电气测量等。

3. 通信系统

保证水电站安全运行、生产管理和经济调度的一个重要手段。在任何情况下都要求畅通无阻。

4. 水工金属构件

一般包括压力钢管、拦污栅、清污设备、闸门及启闭设备等。这些金属构件的作用在于拦污、清污、挡水、引水、排沙、调节流量、检修设备时隔断水体等方面。水工金属构件是水工建筑物的组成部分。

第三节　水电站的建筑物

一、挡水建筑物

（一）混凝土（或浆砌石）坝

1. 重力坝

混凝土重力坝依靠坝体自重维持稳定，故大多建在岩石基础上，坝的横断面基本呈三角形，下游坝坡度为1 ： 0.6 ~ 1 ： 0.85；上游面多垂直，有时下部也略向上游倾斜，以改变坝体的稳定和应力条件。

混凝土重力坝常分成若干坝段，一方面便于分段施工，另一方面可防止由于温度变形或不均匀呈现而发生裂缝，影响坝的强度及整体性。各坝段之间缝中设止水。

重力坝挡水以后，在上、下游水位差作用下，库水经过岩石中的裂隙渗向下游，渗透水流将对坝底面产生向上的水压力（扬压力），抵消坝体的一部分自重，为此常采取基础灌浆防渗措施。即在坝基上游侧钻一排或两排深孔，将水泥浆加压灌入，使水泥浆挤满岩石裂缝固结，把岩石裂缝堵死，形成防渗帷幕。若坝基不采取防渗措施，坝底的扬压力就很大。

采用防渗帷幕后，渗水要绕过帷幕，渗流途径增长，坝底扬压力就可降低。如果能在帷幕下游处再打一排浅的排水孔，通过排水廊道排走帷幕后的渗水，那么扬压力将进一步降低。故帷幕和排水是重力坝厂用的防渗措施，它可以节省坝体的工程量。

混凝土重力坝具有很多优点：强度高，安全可靠，结构简单，可高度机械化施工；适应于各种气候条件，不怕冰冻；便于管理和分期扩建加高等。缺点是断面大，水泥耗量多，造价高；材料强度不能充分发挥作用；大体积混凝土施工时散热困难，需冷却设备。为此有许多重力坝将各坝段之间的缝加宽，成为宽缝重力坝（在坝段接缝的中间部分呈空隙）；也可在坝体应力较小处留空腔，或做成空腹重力坝（在大坝空腹中可建发电厂房）。

用浆砌石筑成的重力坝叫浆砌石重力坝。它与混凝土重力坝相比，可节省水泥和施工用的木材；坝段长，分层砌筑，散热条件好；不需要复杂的施工机械；操作简单，施工技术易掌握。它的缺点是坝体由人工建筑，质量难以控制；石料的修整、砌筑无法使用机械完成，需大量劳动力；砌体本身防渗性能差，在坝的迎水面常另加防水层，如混凝土防渗墙；挂钢丝网喷上水泥泥浆；用强度较高的水泥砂浆和较规则的块石再精细地砌一层防渗体。

2. 拱坝

拱坝是一种压力结构建筑物，它向河上游方向弯曲，拱的作用可将水压载负荷转化为拱推力传至两岸岩石，能充分利用混凝土或浆砌石等材料的抗压性能，坝体各部位应力有自行调整以适应外载荷的潜力，因此超载能力大。按筑建坝材料可将拱坝分为混凝土拱坝和浆砌石拱坝。

在岩石较好的峡谷上建浆砌石坝时常布置成拱坝。砌石拱坝在我国小水电建设中发展较快，主要原因是山区石多土少，便于就地取材；在同一坝址与同等规模的浆砌石重力坝（直线布置而不是拱形布置）相比，可以节省坝体工程量的 1/2 ~ 1/3；浆砌石拱坝的坝体材料与防渗设施基本上与浆砌石重力坝相同，但拱坝为一体结构，不分坝段，没有横缝；坝体较薄，对坝体强度和两侧河岸基础的要求较高。

混凝土拱坝坝底最大厚度与坝高之比，小于 0.2 的为薄拱坝；0.2 ~ 0.35 的为中厚拱坝（或称一般拱坝）；大于 0.35 的为厚拱坝，也称重力拱坝。拱坝的横截面形状有单曲拱坝和双曲拱坝之异。

3. 支墩坝

支墩坝是由具有一定间距的支墩及其所支撑的挡水板（或实体）所组成的坝。坝体所受水、泥沙等载荷，通过挡水板面、支墩传至坝基。支墩埂较重力坝体积小，属轻型坝的范畴，需建在岩质坝基上。

支墩坝按挡水结构分为平板坝、大头坝和连拱坝。平板坝的挡水结构为钢筋混凝土平板，当水面的坝坡为 40° ~ 60° ，大头坝由扩大的支墩头部挡水，当水面有弦线式和折线式的（顶视），连拱坝由拱形面板挡水。

支墩坝的优点：①支墩间空隙大，有利于采取排水措施。②倾斜的迎水面上的水重对坝体的稳定有利。③这种坝的坝体体积一般仅为重力坝的 1/2 ~ 1/3。④可根据工程的具体情况，调整坝的结构与参数，使材料的强度得以充分利用。

4. 碾压混凝土坝

这里说的不是坝的类型与结构，而是介绍筑坝的方法及所用材料。碾压混凝土坝是使用整栋碾分层碾压干硬性混凝土筑成的坝，它是对用混凝土材料筑坝传统方法的一次重大改革。这种筑坝方法不用振动碾振捣，而采用振动碾分层碾压。它可采用常规土石工程施工机械进行施工，例如用自卸汽车运输，推土机推平，再用振动碾分层碾压振实，是世界上混凝土施工技术的一项重大发展。它工艺简单，可缩短工期，筑坝材料中可掺用大量粉煤灰（也可用火山灰），以减少水泥用量，降低成本，节省投资，温度控制措施较常规混凝土施工简单。

（二）土石材料坝

土石材料坝是以土石材料为主建造的坝。一般由坝土体、防渗层、反滤层、排水体、过滤层、保护层（护坡）等部分组成。筑坝材料有黏性土、砾质土、砂、砂砾石、块石和碎石等天然材料以及混凝土、沥青等人工制备材料。土石坝可以就地取材，充分利用开挖渣料，节约水泥、钢材，减少外来材料的运输；能适应地质、地形条件较差的坝址；具有造价低、工期短、便于分期建设等优点。但土石坝是由散粒材料组成，只能挡水，不能过水（如坝顶不能溢流），导流泄洪时需另做处理。

按建筑材料可将土石坝分为土坝、堆石坝和土石混合坝。

1. 土坝

当坝体主要由土料构成，坝体强度和稳定性由填土控制时，此坝称为土坝，其土质材料占坝体体积的 50% 以上。根据不同结构，土坝可分为均质坝、心墙坝、非均质坝和斜墙坝。土坝的心墙和斜墙材料可采用透水性小的土料、钢筋混凝土或沥青混凝土等。非均质坝的坝壳可以是均质的，也可以是多种土质的。在坝下坡角处设置了块石排水体，排水有利于坝坡稳定。排水体与土料接触处敷设反滤层，以免渗水带走土料，反滤层由砂、砾石、卵石构成，其粒径沿渗流方向由小到大，只渗水而不带走土料。有的土坝在排水体的下侧设减压井，减压井将渗透水流引至排水沟中，减少了坝基渗透压力。

2. 堆石坝

当坝体主要由石料构成，坝体强度和稳定性由堆石控制时，此坝称为堆石坝，其石料占坝体体积的 50% 以上。由于堆石体的孔隙率大，渗透系数大，故较之土坝更需要设置专门的防渗体。根据防渗体的构造不同，堆石坝可分为心墙堆石坝、斜墙堆石坝和面板堆石坝。堆石坝的心墙、斜墙一般采用黏性土材料，面板一般采用钢筋混凝土材料。堆石材料的质量与粒径级配需根据设计与施工方法综合考虑。

在石多土少的山区，可建堆石坝。它要求坝基有较好的抗压强度，因此大都建在岩石上。

3. 土石混合坝

这是从建筑材料方面难以明确划分的土石坝，它是根据当地的自然条件、材料来源、技术要求、经济条件等设计和施工的土石混合材料的坝。

二、引水建筑物

水电站引水建筑物包括进水口和引水道，其作用是从水库或河流引取厂房机组所需要的水流量。由于水电站的自然条件和开放式不同，引水建筑物的组成也就不一样。在坝式水电站中，坝后式水电站引水线路很短，进水口设在坝的上游面，引水道及压力水管穿过坝身后即进入厂房；而河床式水电站的引水线路更短，由进水口引进的水直接通入水轮机蜗室；无压引水式水电站的引水建筑物有进水口、沉沙池、无压引水渠道（也有用无压引水隧洞的）、日调节池、压力前池、压力水管等；混合式水电站的引水建筑物有进水口、压力隧洞、调压室和压力管道等。下面叙述它们的基本结构和功用。

（一）进水口

按水流状态可分为无压进水口和有压进水口两种类型。

1. 无压进水口

无压进水口布置在引水渠道或无压引水隧洞的首端。进水口范围内的水流为无压流，以引进表层水为主，进水口后接无压引水建筑物（引水渠或无压引水隧洞）。无压进水口要注意拦污和防淤问题，一般布置在河流凹岸，其中心线与河道中心线成 30° 左右的交角，避免回流引起淤积；底坝（BC）拦截淤沙，定期通过冲沙底孔排沙；其后布置一道拦污栅，以防漂浮物进入引水渠；为了加强防沙措施，进水闸前又布置一道拦沙坝，通过排沙道定期将淤沙排走。进水闸用于控制入渠流量和供渠道检修时使用。若河水浑浊，含细沙多，可在进水闸与引水渠口之间再设沉沙池，即加大过水断面，降低流速，当细沙沉淀到一定厚度时经沙池尾部冲沙道将池底泥沙冲往溢洪道。

2. 有压进水口

有压进水口的特点是进水口位于水库水面以下，水流处于有压状态，以引进深层水为主，其后接有压引水隧洞或水管。有压进水口形式多样，坝式进水口，其拦污栅布置在进水口前沿，其后依次是检修闸门、事故闸门（也叫工作闸门）。事故闸门的作用是在机组或引水道发生事故的时候进行紧急关闭。检修闸门供检修事故闸门及清理门槽时使用。

（二）引水明渠

电站的引水明渠道有引水和形成水头的双重任务。渠线应尽量缩短，以减少水头、流量损失，一般沿等高线绕山而行。在地质、地形条件允许时，亦可开凿一段隧洞，以减少渠线长度。渠线要避免选在滑坡地段。

渠道断面形状：土基上一般为梯形；岩石上采用矩形。渠道高度为最大水深加安全超高，超高不少于 0.25m，渠堤顶宽不小于 1.5m，以适应维修的需要。引水渠一般要求衬砌，可采用卵石、块石，用干砌或者浆砌，厚 15 ~ 30m，下铺反滤层。混凝土衬砌强度高、糙率小，亦常采用。

当明渠较长，压力前池较小时，为适应水轮机所需水量的变化，而设日调节池。当引水渠道（或无压引水隧洞）需横跨河谷、道路时，又需设渡槽或倒虹吸等交叉建筑物。

（三）压力前池

在引水渠道末端设有一个扩大的水池，称为压力前池，简称前池，一般由前室、进水室和溢流堰 3 部分组成。前池中设有拦污栅、控制闸门、泄水道等。前池的作用是把从引水渠道来的水均匀地分配给各压力水管；泄走多余来水，以防漫顶；拦截和排除渠内漂浮物、泥沙和冰块，以免进入压力水管等。

压力前池的水面高度分 3 个控制水位，即正常水位、最低水位和最高水位。正常水位是水轮机通过设计流量时前池进水室内的水位，小型水电站一般采用当引水渠通过设计流量时渠道末端的水位。最低水位又称死水位，其值要高于压力水管进口顶部 0.5m，防止空气进入管内。最高水位是当电站突然丢弃全部负荷时的水位。小型水电站的溢流堰顶通常比正常水位高 3 ~ 5cm。

压力前池的前室是引水渠道末端与进水室间扩大和加深的部分，前室末端底板应比进水室底板低 0.5 ~ 1.0m，便于污物和泥沙的沉积，前室宽度应为进水室宽度的 1 ~ 3

倍，前室长度通常为扩散后前室宽度的 2 ~ 3 倍。进水室是前池的关键部位，与压力水管的压力墙相连，进水室的宽度与压力水管的流量、直径有关，小型水电站进水室的宽度应为压力水管直径的 1.4 ~ 5 倍，管径小时取大值；进水室的长度取决于拦污栅、工作闸门、启闭设备的布置情况，小型水电站常取 2 ~ 5m。

为缩短高压水管长度，前池应尽可能靠近厂房，一般布置在较陡峻的山坡上，设计中要特别注意地基稳定问题，以免发生沉陷滑坡事故。同时为了使水流畅通，减少水头损失，应尽量使进水室中心线与引水渠道中心线平行或接近平行。但在实际工程中，常因地形、地质条件所限，需要把进水室和引水渠道布置成一定角度甚至直角；遇此情况，前池水流偏向一侧，易引起涡流，加大水力损失；还会发生死水区泥沙淤积阻塞管路的情况。

（四）引水隧洞

引水隧洞是在山体内开挖成的引水道。按洞内水流有无自由水面，引水隧洞分为无压和有压两种。

有压引水隧洞能以较短的路径集中较大的落差，一般为圆形断面，沿线要求为岩石基础，通常需进行衬砌，以承受内水压力和山岩压力，同时可减少糙率和渗透，衬砌采用混凝土或钢筋混凝土，为便于施工，洞径应不小于 1.8m。

在无压引水式水电站，为了缩短引水渠道长度或避开引水道沿线地表不利的地形和地质条件，有时用无压引水隧洞代替引水渠道。其断面形状可采用上部为圆弧拱，下部为方形；亦可采用马蹄形。其断面高宽比一般为 1 ： 1 ~ 1.5，在岩石侧压力小或水位变化较大时，可选择较高的断面。水面至洞顶的空间距离应不小于 0.4m，或取洞高的 15%。

（五）调压室

调压室是修建在有压引水道与高压水道之间的建筑物。因输水系统条件不同，也有的在水轮机后面有压尾水隧洞上建有调压室。在山中开挖出来的井式结构，通常称为调压井；建在地面上的塔式结构，则称为调压塔。

当水轮发电机突然增加或丢弃负荷时，水轮机的导叶（或喷嘴）在调速器的操作下，将立即开启或关闭，以调节水轮机的引用流量。与此同时，在高压水管中由于流速突变产生水锤（也称水击、冲击），即压力骤然发生变化，并向有压引水管道中迅速传递，这种突变的压力随管道长度的增加而加剧。突变的压力将损坏管路和水轮机的过流部件。

建有调压室后，其水容量较大，并有自由水面，当管道中压力变化时，调压室的水面会升高或下降，此水面的浮动很快地消化了水锤产生的突变压力，使其衰减，并很少传向引水管道。当水电站的负荷骤然增加时，要求高压水道立刻增加供给水轮机的流量，调压室可做暂时的补给。调压室应尽量靠近厂房，以缩短高压水管的长度；调压室应有足够的高度和横截面积，以保证其盛水量和消压作用。

（六）压力水管（高压水管）

压力水管也称高压水管，是指从水库、压力前池或调压室向水轮机送水的管道。其特点是按坡度陡（一般为 20° ~ 50° ），内水压力大，又靠近厂房，必须安全可靠。压力水管的材料有钢管、钢筋混凝土管、铸铁管等。在选择高压水管安装线路时，应选择最短、最直的路线，以缩短管长，降低造价，减少水头损失，降低水锤压力；尽量选择好的地质条件，水管必须敷设在坚固、稳定的坡地上，以免地基滑动，引起水管破坏，尽量使压力水管沿纵向保持同一坡度，管道如有起伏，不仅使结构复杂，而且会增加水头损失和工程造价。

三、泄水建筑物

（一）概述

水电站的泄水建筑物是为宣泄洪水或其他需要放水而设置的水工建筑物。它的作用：①汛期泄放洪水，控制上游水面高度，调整下泄洪水流量，减轻上游和下游的洪水灾害；②非汛期有计划地放水，以保证下游通航、灌溉、工业和生活用水；③排放泥沙，减轻水库淤积和对水轮机的磨损；④在维修大坝或紧急情况下降低水库水位；⑤排放污物或冰凌，以免拦污栅被堵塞或破坏等。

泄水建筑物一般由控制段、泄流段和消能设施等组成。泄水建筑物形式繁多，按其所在位置可分为河床式与河岸式两大类。

（二）河床式泄水建筑物

河床式泄水建筑物位于拦河坝坝体范围之内，有溢流坝、坝身泄水孔和泄水闸几种。

1. 溢流坝

溢流坝常设于混凝土坝和砌石坝上，泄洪通过坝顶或泄水孔溢流，它兼有挡水和泄洪作用。一般说重力坝和大头坝可作溢流坝；泄量不大时溢流。溢流坝对溢流堰的形状应有严格的要求，以保证水流平顺，使高速水流不产生严重的表面气旋和震动；溢流坝下泄水流具有很大的动能，要采取消能措施，以免冲刷坝基和两岸，危及坝的安全。

建在良好岩基上的高水头溢流坝往往采用坝脚鼻坎挑流的消能方式，利用坝脚处水流的高速度，经鼻坎将水流挑到空中，分散、掺气，然后落到远离坝脚的河床中，让其冲刷河床形成冲刷坑，在达一定深度后即保持稳定。这样使冲刷坑远离坝脚，不危及坝的安全。

在非岩基上建筑低水头的溢流坝时，因基础抗冲刷能力低，宜采用底流消能措施（消能工），即在溢流坝下游建消力池，使水流在池内产生水跃，消去大部分能量（也可增设消力墩帮助消能）。消力池后面设混凝土护坦和浆砌或干砌石海漫。末端设防冲槽，使水流的速度及其分布达到河床所允许的状态后再进入河道。

溢流堰上常装设水头闸门，以控制水库的水位和泄流量。闸门的类型很多，常用的是平板闸门和弧形闸门两种。

溢流坝分无闸门控制、有闸门控制和虹吸溢流坝 3 种形式。有闸门控制溢流坝又分开敞式的和在闸门上加胸墙式的两种，图中所示的闸墩用来承受闸门的推力；胸墙用来调整闸门设置的高程；消能工的作用如前所述。虹吸溢流坝是一种特殊的溢流坝，当水库水位超过正常水位时，虹吸管产生虹吸作用开始过水，当水库水位下降到正常水位以下时，虹吸管内进入空气，破坏了虹吸作用，自动停止过水。这种溢流坝泄流量稳定，但泄量不大，只在中小型工程或压力前池中

2. 坝身泄水孔

坝身泄水孔是通过混凝土坝或砌石坝坝身孔口过流的泄水建筑物，设置在坝身中间或坝底。在水库高、低水位时均可泄水，有利于水库排沙；在紧急情况下用来放空水库，汛期也可以泄洪，有的还可用于施工后期导流。

泄水孔闸门属于深水式受压闸门，应坚固可靠。泄水孔的进水口周边，应用钢板镶护或配置钢筋予以加强。

3. 泄水闸

建在河床上的泄水闸是低水头泄水建筑物，也起挡水作用。它由闸室和上、下游连接段组成，闸室是泄水闸的主体，设有闸门。上游连接段的主要作用是引导水流均匀进闸，下游连接段的主要作用是消能防冲，引导水流安全排入上游河道。闸室基础应采取防渗和排水措施；软基上的闸室应注意满足地基的承载能力，必要时进行加固处理。泄水闸还有涵洞式的，它一般建在堤坝之下。

（三）河岸式泄水建筑物

土坝和堆石坝坝体不宜布置泄洪建筑物，一般采用河岸式泄洪。根据结构形式不同，该方式可分为溢洪道和泄洪隧洞 2 类。

1 溢洪道

溢洪道修建在坝的一端、距坝有一定距离的岸边，由进水渠、控制段、泄洪槽、

消能段和退水渠等部分组成，主要用于宣泄洪水。河岸溢洪道一般利用岸坡天然台地布置；也可利用河流弯道或水库岸边的垭口地形布置。这种溢流道在施工和运行中与大坝均无关系。进水渠段要有足够的宽度，便于洪水引入，防止洪水冲刷上游坝坡；泄洪槽段水流速度高，要求平直，少拐弯和慢拐弯，并有混凝土护面，不要留宽缝，以免被洪水冲垮；消能段可用挑流或消力池。在非岩基上，不宜做陡坡，可用多级跌水式泄洪槽。

根据布置特征，河岸溢洪道有正槽溢洪道和侧槽溢洪道等形式，正槽溢洪道的进水口水流从正面进入泄洪槽，其首部设正堰，布置形式和水流条件要求较简单，工程中采用较多。侧槽溢洪道是进口水流通过在首部设置的侧槽进入泄洪槽，这种溢洪道的布置形式和水流条件均较正槽溢洪道复杂，当坝址两岸山势陡峭而又需要较长的溢流前缘长度时，可顺岸边布置侧槽溢洪道，溢流堰下流接侧槽，而后再流出泄洪槽，工程中应用不多。

2. 泄洪隧道

泄洪隧洞主要用于泄洪，有的也兼有冲沙作用。按其布置和隧洞内水流特点，可分为无压、有压及混合型 3 种。其结构一般也由引水段、控制段、泄流段、消能工及退水渠组成。根据需要，泄洪隧洞可布置在高、中、低不同位置。

四、水电站厂房

（一）概述

水电站厂房是安装水轮发电机组及其他附属机电设备和辅助生产设施的建筑物。它通常由主厂房和副厂房组成，但也有的小型水电站不设副厂房。主厂房又分主机间和安装间。主机间装置水轮机、发电机及其附属设备；安装间是安装机组和维修时，摆放、组装和修理主要部件的场所。副厂房包括专门布置各种电气控制设备、配电装置、电厂公用设施的车间，以及生产管理工作间。主厂房、副厂房连同附近的其他构筑物及设施统称为厂区，是水电站运行、管理中心。

水电站厂房形状较多，分类方法各异。按厂房结构及布置特点可分为地面式厂房、地下式厂房、坝内式厂房和溢流式厂房等。

（二）水电站厂房几种形式

1. 地面式厂房

地面式厂房有坝后式、河床式、岸边式等，列举两例。

（1）坝后式厂房

坝后式厂房是位于拦河坝非溢流坝段下游坝址附近的地面式厂房，它多适用于混凝土坝，在中小型工程中也有用于土石坝的。

厂房内常见机组形式为混流式或轴流式，重力坝坝后的主厂房一般与坝平行，呈“一”字形布置。电站的尾水渠与溢流坝的下游水流之间用导墙隔开，避免泄洪干扰水电站尾水渠水流。有的坝后式主厂房将机组前后双排布置，以缩短厂房长度。有许多水电站的副厂房、主变压器厂、开关站位于厂、坝之间，电气接线和运行管理都比较方便。

（2）河床式厂房

它是位于天然或人工开挖河道上兼有壅水作用的地面式厂房，适用于水头小于50m 的水电站。

大中型水电站河床式厂房多安装立轴轴流式机组。过流的部分由进水口、钢筋混凝土蜗壳（有的带有钢板里衬）和尾水管等组成。主厂房位于中部，其上部配备供给安装及检修使用的桥式起重机。进水口要淹没在上游发电最低水位（即死水位）以下一定深度，设有拦污栅和闸门，工作平台上配备启闭机，其上游挡水高程按拦河坝要求确定。大中型机组的进水口至蜗壳人口的流道以及周行尾水管的扩散段需要的过水断面面积大，结构上通常要增加 1 ~ 2 个分流支墩，将过水断面分成 2 孔或 3 孔。尾水管出口段设有尾水闸门和配套的闭启操作机械，小型水电站也有的采用开敞式进水室和数支尾水管。

有的河床式厂房兼有泄流和排沙作用，布置形式有以下 3 种；泄流排沙底孔进口设在混凝土蜗壳下面，出口设于尾水管上面；为了增加水电站泄洪能力，在混凝土蜗壳上面设置泄水道；溢流段与机组段相间布置。

2. 溢流式厂房

溢流式厂房位于溢流坝坝址的下游，泄洪时坝上溢下的水流经过厂房泄入下游河道。水库下泄洪水流量大，河床狭窄，溢洪与发电分区布置有一定困难时，溢流式厂房有时是可采用的方案。溢流式厂房可用于各种形式的混凝土坝。大、中型水电站安装的水轮发电机组多为立轴混流式的。发电引水进水口布置类似坝后式厂房，压力管道埋于坝体内。按泄水条件，泄流式场所有厂房顶溢流式和厂房前挑流式 2 种类型。

（1）厂房顶溢流式厂房

厂房顶板兼作溢洪道泄槽，引导水流泄入下游河道，泄槽体形要根据水力学原理设计，并通过试验优化。当水流速度很高时（例如 20m/s），过流面易遭空蚀（有压力降低引起）破坏，要采取提高过流面平整度、减蚀减阻等措施。

（2）厂房前挑流式厂房

厂房位于溢洪道下游，坝上泄下急流经鼻坎挑起，越过厂房屋顶落入下游退水渠。

然而，当宣泄小流量和溢洪道闸门开启与关闭过程中，水舌难免落到厂房屋顶，所以厂房结构要具备耐受这种工况下的水流冲砸的性能。

溢流式厂房多为封闭式的。为避免泄洪水流雾化对厂房带来的采光和自然通风的影响，需用人工照明和机械通风。

3. 坝内式厂房

坝内式厂房设在混凝土坝空腔内。当河谷狭窄，下泄洪水量大时，坝内式厂房有时是可采用的方案。坝内式厂房常设于溢流坝坝段内，机组进水口多设于溢流坝闸墩内，闸墩宽度较大，可避免进水口的拦污栅、检修闸门、工作闸门与溢洪道布置上的干扰；另一种布置是将机组进水口设在溢洪道下面，上下重叠，进水口闸门布置较复杂。当厂房布置在非溢流坝坝体内时，其机组进水口布置类似坝后式厂房。

压力引水钢管埋置在坝体中，长度较短，水头损失小。水流从水轮机转轮泄出，经较长的尾水管泄入尾水渠。坝体内空腔的形状及尺寸与坝体设计关系密切，除满足机组及附属设备布置外，还必须适应坝体强度和稳定条件。坝体内空腔高度受坝高限制，厂房内部布置比较紧凑。主机间和安装间的地面高程主要由水轮机安装高程和机组尺寸所决定，往往低于下游最高洪水位。对外交通运输一般采用隧洞或廊道，其入口须高于下游最高洪水位，以免洪水倒灌进厂房。有的水电站厂房人口低于下游最高洪水位，但采取了设置防洪堤（墙）、挡水门和备用通道等防洪措施。

4. 地下式厂房

地下式厂房位于地表以下岩体中，它的主要特点：①厂房位置不受河谷宽窄限制，可以避免与其他建筑物布置互相干扰。②地下厂房可以全年施工，受洪水和恶劣气候影响小。③可以充分利用岩体作用，简化厂房结构。④地下洞室通常比较潮湿，没有自然采光条件，噪声反应亦比较明显，因此要采取较多的改善地下厂房运行环境的措施。

地下厂房按埋置方式有全地下式、半地下式、窑洞式 3 种。全地下式厂房的主厂房位于地下距离地表一定深度的洞室中，发电引出线、对外交通、通风等依靠隧洞、竖井或斜井等设施，与发电联系比较密切的中央控制室、继电保护装置、低压配电装置、通信设施等通常也都布置在地下，主变压器及开关站也可设于地下。全地下式是地下厂房中最常见的类型，常称为地下式厂房。

（三）主厂房和副厂房

1. 主厂房

安装水轮机、发电机及其附属设备的发电车间为水电站的主厂房。它由主机间和安装间组成，是水电站厂房的主要部分，其空间尺寸要满足机组运行、检修、安装的需要，其结构应具有足够的强度、刚度及抗渗、抗冻、抗水流泥沙冲蚀能力。

（1）主机间

又称机组段。它高度大，一般分为若干层，通常最上一层为发电机层，发电机层楼面以上空间称为机房；水轮机蜗壳顶板至发电机层楼板之间的楼层称为水轮机层，水轮机层以下的布置因装设的水轮机组的类型不同而异。主机间空间尺寸及各层布置由机组台数、水轮机水道及发电机尺寸、起重吊装及设备维修、交通及水位变幅诸因素来确定。大中型水电站主机间的下部结构块体尺寸大，受温度变化和地基约束及不均匀沉陷等因素的影响，产生的应力较大，通常需要把主机间分成若干区段，每区段内布置 1 台或 2 台机组，各个区段设有变形缝和止水设施。

（2）安装间

又称安装间、装配间、装配场。其面积按机组安装及大修时主要大部件摆放和修理、进厂运输车辆停车场地等需要来确定。对于店面式厂房，安装间的地面高程一般要高于下游设计最高洪水位，但是也有的水电站低于下游设计最高洪水位。为了防淹，进厂交通采用隧洞下坡或其他挡水设施。安装间建基高程、下部结构尺寸、载荷情况都与主机间差别很大。岩基上厂房通常设有变形缝与主机间分开，非岩基上厂房或小型水电站也有不分缝的,安装间与主机间的下部结构是一个整体。如安装间建筑基面较低，从基础至安装间楼板之间有较大空间，可以布置副厂房的一部分，安置一些辅助生产设施。安装间上部空间的尺寸要与主机间上部空间协调一致，以便起重机行驶。

2. 副厂房

副厂房是专门布置各种电气控制设施、配电装置、公用辅助设备以及用于生产、调度、检修、测试等的用房。副厂房应设哪些房间及各种房间的面积大小，主要由水电站的装机规模、在电力系统中的位置、自动化水平及所在地区环境条件等决定。设计原则是既要满足水电站运行、维修、管理需要，又要尽量节约工程费用。大中型水电站副厂房一般设有中央控制室、继电保护室、电子计算机室、电缆室、发电机电压配电装置室、厂用电设备室、蓄电池室、通信室、油系统、供水和排水泵房、空气压缩机室、通风机房、电工修理间、电气试验室、机械修理间、调度室、值班室、办公室、资料室等用房。小型水电站副厂房可简化合并上述用途。

第四节　水轮发电机组

一、水轮机的分类与型号

按水流能量转换特征，可将水轮机分为反击式和冲击式两类。反击式水轮机转轮所获得的机械能是由水流的压力能（为主）和动能转换而来的；冲击式水轮机转轮所获得的机械能全部由水流的动能转变而成。根据转轮内水流特点和水轮机结构特点，水轮机又可分为多种形式。

在水轮机形式代表符号后加“N”表示为可逆式水轮机即水泵水轮机。可逆式水泵水轮机既可作为水轮机运行又能作为水泵运行。当它在水泵工况和水轮机工况运行时旋转方向相反，效率低于常规水轮机。

压力水管将水库、压力前池或调压室的水输至水轮机的引水室，而后流经水轮机的转轮做功。转轮安装在水轮机的主轴上。主轴安装方式（在空间的方位）和引水室形式及它们的代表符号如表 2-2 所示。

表 2-2　主轴装置方式和引水室形式符号

主轴装置方式	符号	引水室型式	符号
卧轴	W	罐式	G
立轴	L	金属蜗壳	J
斜轴	X	混凝土蜗壳	H
		明槽	M
		灯泡式	P
		竖井式	S
		轴伸式	Z
		虹吸式	X

为了统一水轮机的品种规格，我国对水轮机的型号做了规定。型号由 3 部分代号组成：第一部分代表水轮机形式和转轮型号（纳入型谱的转轮采用该水轮机转轮的比转速，对未入型谱的转轮，则采用带有单位代号的序号）；第二部分表示水轮机的布置形式及引水室特征；第三部分表示水轮机转轮的标称（公称）直径（其含义见后述）和其他必要的指标。

型号的第三部分对于冲击式水轮机应表示为

水轮机转轮公称直径（cm）/【作用在每一个转轮上的射流数目 × 射流直径（cm）】

当水斗式水轮机在同一轴上安装有一个以上的转轮时，转轮的数目表示在水轮机形式符号的前面。

二、水轮机的结构及特点

（一）轴流式水轮机

轴流式水轮机是来自压力水管的水流，经过引水室（蜗壳）后，在转轮区域内轴向流进又轴向流出的反击式水轮机。按其转轮叶片能否转动又分为轴流转桨式和轴流定桨式。

轴流式水轮机主要部件包括蜗壳、坐环、顶盖、导水机构（包括导水叶片）、转轮室、转轮、底环、尾水管、主轴、导轴等。

轴流式水轮机的蜗壳一般为混凝土浇筑型，水头较高时，亦用钢制蜗壳。混凝土蜗壳是直接在厂房水下部分大体积混凝土中浇筑成的蜗型空腔，断面形状一般为“T”形或“Γ”形，钢制蜗壳的断面为圆形。转轮室分为中环和下环两部分。

轴流式水轮机的转轮包括转轮体（亦称轮毂）叶片和泄水锥。转轮体有圆形和球形 2 种。转轮叶片的数目一般为 4 ~ 6 个，小型低水头水轮机也有采用 3 个叶片的。定桨式转轮叶片按一定角度固定于转轮体上，不能转动，欲调角度须拆卸重装。转桨式则在转轮体内设有一套使叶片转动的操作和传动机构，它的叶片相对于转轮体可以转动，在运行中根据不同的负荷和水头，叶片与导叶（导水机构的一部分）相互配合，形成一定的协联关系，实现导叶与叶片的双调节。

轴流定桨式水轮机的转轮结构简单，运行中当水头和出力变化时，只能调节导叶，不能调节叶片，效率变化较大，平均效率较低，它适合于功率不大、水头变化的电站，适用水头一般为 3 ~ 50m。轴流转桨式水轮机，由于能“双重调节”，可获得较高的水力效率和稳定的运行特性，扩大了高效率的运行范围，所以它适用于水头变化较大，特别是出力变化较大的电站，适用水头为 3 ~ 80m。

总体看来，轴流式水轮机过水能力大，适合于大流量、低水头水电站。

（二）贯流式水轮机

贯流式水轮机是开发低水头水力资源的一种新机型，水流经过转轮情形与轴流式水轮机相似，主轴常为卧式布置，外形像管子，机组高度低，简化了厂房水工结构，降低了造价。由于水流进入和流出水轮机的方向基本上与主轴方向一致，直贯整个水轮机通道，提高了过流能力和水力效率。现在，贯流式水轮机已发展为多种形式，形式划分的主要依据是发电机与水轮机的配置方式。

把发电机装在灯泡状机室内称为灯泡贯流式，按水流来向，当发电机装在转轮前时称为前置灯泡式；相反，若发电机装在转轮后时称为后置灯泡式。把发动机置于厂房内，水轮机轴由尾水管内伸出与发电机相连的称为轴伸式。将发电机置于混凝土竖井内的称为竖井式。以上 3 种为半贯式水轮机轴流式水轮机。把发电机转子装在水轮机转轮外缘的水轮机称为全贯流式水轮机。它具有结构简单、轴向尺寸小等优点；但是由于转子外缘线速度大，密封很困难，所以目前应用较少。

灯泡贯流式水轮机根据转轮叶片能否转动分为贯流转桨式和贯流定桨式，灯泡贯流转桨式水轮机应用最广，其主要部件包括引水室、尾水管、转轮、导叶（导水机构）等。其工作原理与轴流转桨式水轮机相似，但流道简单、水力损失小、平均效率高、过流能力大，在相同水头与出力条件下转轮尺寸较小，厂房及机组段土建工程也相对较为简单，与轴流转桨式比较，经济型较好。

贯流式水轮机是来自引水室的水流，径向进入、轴向流出转轮的反击式水轮机。混流式水轮机结构简单，主要部件包括蜗壳、坐环、导水机构、顶盖、转轮、主轴、尾水管等。蜗壳是引水部件，形似蜗牛壳体，一般为金属材料制成，圆形断面。坐环置于蜗壳和导叶之间，由上环、下环和若干立柱组成，与蜗壳直接连接；立柱呈翼形，不能转动，亦称为固定导叶。导水机构由活动导叶、调速环、拐臂、连杆等部件组成，其外形和各组成的配合尺寸根据其使用的水头不同而有所不同。尾水管是将转轮出口的水流引向下游的水轮机泄水部件，一般为弯肘形，小型水轮机常用直锥形尾水管。

混流式水轮机结构紧凑，运行可靠，效率高，使用水头范围一般在 30 ~ 700m，大中型常规式机组多用到 400m 左右。混流式水轮机是目前应用最广泛的水轮机之一。

（三）斜流式水轮机

斜流式水轮机是来自引水室的水流进入和流出转轮叶片时，其流向均与水轮机主轴倾斜一定角度的反击式水轮机。斜流式水轮机是在轴流式与混流式的基础上于 20 世纪 50 年代发展起来的水轮机，按其转轮叶片能否转动又分为斜流转桨式和斜流定桨式。斜流式水轮机主要部件有蜗壳、坐环、导水机构、转轮室、叶片、转轮体、尾水管以及主轴等。蜗壳一般为钢制圆形断面。转轮体和转轮室均为球形。斜流式水轮机在转轮上可比轴流式转轮布置更多的叶片，降低了叶片单位面积上所承受的压力，提高了使用水头。叶片的数目一般为 8 ~ 12 个。

斜流转桨式水轮机的叶片转动机构布置在转轮体内，它也能随着外负荷的变化进行双重调节，因此它的平均效率比混流式高，运行高效区比混流式宽。斜流式水轮机能适应水头和流量变化比较大的水电站，一般应用于 40 ~ 120m 水头范围。它的制造工艺比较复杂，技术要求较高，在一定程度上限制了它的推广和应用。

（四）切击式（水斗式）水轮机

切击式水轮机又称水斗式水轮机，它是将从压力水管来的水流，经喷嘴形成射流，沿着转轮圆周的切线方向射击在斗叶上做功的冲击式水轮机。它的主要部件有压力水管；喷流机构，包括喷嘴、针阀及其操作机构，用以调节流量和转轮，由转盘和沿其圆周均匀布置的水斗式叶轮组成。

切击式水轮机由于机组容量范围较大，因此其装置型也较多，有立式，也有卧式，大容量机组多为立式，小容量机组通常为卧式；主轴上有单转轮，也有双转轮的；同一转轮对应的喷嘴有单个的，也可在同一圆盘面上均布多个喷嘴。

在冲击式水轮机中，切击式最具有代表性，应用最为广泛，其使用水头一般为 100 ~ 1700m（其应用水头一般为 300 ~ 2000m），最高已达 1776m（冲击式水轮机其应用的最高水头已接近 1800m）。小型切击式水轮机多用于 40 ~ 250m 的水头，当电站水头高于 500m 时，通常要采用切击式水轮机；对于小流量、高水头的水电站，它尤为适用。

（五）斜击式水轮机

斜击式水轮机喷嘴的射流方向不在转轮的旋转平面上，而是成一斜角，一般为 22° ~ 25° 。水从转轮一侧射向叶片，再从另一侧离开叶片，其间会产生飞溅现象，导致效率降低。斜击式水轮机结构比较简单；其适用水头一般为 20 ~ 300m；适用流量常比切击式大；多用于中小型水电站。

（六）双击式水轮机

双击式水轮机从喷嘴射出的水流首先喷射在转轮上部叶片，对叶片进行第一次冲击；然后水流穿过转轮中心进入转轮下部，再对叶片进行第二次冲击。前者利用水流 70% ~ 80% 的动能；后者利用其能量的 20% ~ 30%。双击式的转轮是由 2 块圆盘夹了许多弧形叶片而组成的多缝空柱体，叶片横截面做成圆弧形或渐开线式，喷嘴的孔口做成矩形，其宽度略小于叶片的长度。双击式水轮机一般都采用卧轴装置形式。它主要由压力水管、喷流机构、转轮、尾水槽等组成。

双击式水轮机结构较简单，但是效率不高，适用水头为 5 ~ 100m，主要用于小型水电站。

三、水轮机选择

（一）水轮机选择的意义

为建设好水电站选择适宜的水轮机是非常重要的。水轮机的形式与参数的选择是否合理，对于水电站运行的经济性、稳定性、可靠性都有重要的影响。

在水轮机选型过程中，一般是根据水电站的水力资源、开发方式、水工建筑物的布置等，并考虑国内外已生产的水轮机的参数及制造厂的生产水平，拟选若干个方案进行技术经济的综合比较后，再做最终的确定。

水轮机选择的主要内容：确定机型和装置形式；确定单机容量及机组台数；确定水轮机的功率、转数、转轮直径、安装高度等重要参数，对于冲击式水轮机，还包括确定射流直径与喷嘴数目；估算水轮机的外形尺寸、重量和价格等。

（二）水轮机形式的选择

选择水轮机类型的主要依据是水电站的水头，各类水轮机的适用范围除了与使用水头有关外，还与水轮机的容量有关，同一类型同一比转速的水轮机，在小容量时使用水头较低，在容量较大时使用水头较高。由于各类水轮机的应用水头是交叉的，存在着交界水头段。在选择水轮机时，若同一水头段有多种机型可供选择，则需要认真分析各类水轮机的特性并进行技术经济比较（如机组造价、发电效率、土建投资等），以确定最适合的机型。当电站水头变幅较大时，宜采用转桨式转轮水轮机。

不同类型的水轮机特点各异，对选型应予重视和比较。

（三）机组台数的选择

根据水力资源、经济、技术条件等，对于一个确定的总装机容量（水电站的实际出力）的水电站年，机组台数的多少将直接影响到电厂的经济效益，运行的灵活性、可靠性，维护管理是否便利，还会影响到电厂建设的投资等。因此，在确定机组台数时，必须考虑很多因素，要做到充分的技术经济论证。

当水电站总装机容量确定后，由于各机组容量之和为总装机容量，选择小机组就意味着台数多；反之，选择大机组则台数就少。两者各有利弊，大体情况如下：

小机组、多台数：运行方便灵活；发生事故时对电站及所在电力系统的影响较小；易安排检修；机组尺寸小，制造、运输及现场安装都比较容易。但是，小机组的单位千瓦造价高于大机组；台数多，配套设备数量相应也增多，厂房平面尺寸也需加大，土建工程及动力车间的成本随之增加；台数多，运行人员增加，运行用的材料、消耗品增加，因而运行费用高；较多的设备与较频繁地开、停机会使整个电站的事故发生率上升。

大机组、台数少：较大单机容量的机组，其单位效率较高，经常满负荷运行的水电站能获得显著的效益；设备、厂房建设投资相对较少；运行成本较低。但是，大机组的尺寸大，制造、运输、安装难度大；发生事故时，对所在电力系统的影响较大。

另外，机组台数的多寡与电力输出装置也有一定的关联。

以上与机组台数有关的因素，许多是既相互关联又相互矛盾的，在选择时应抓住主要因素，进行综合评估，选出合理的机组台数。我国已建成的中型水电站一般选用 4 ~ 8 台；而巨型水电站，由于受单机容量的限制，可选用较多的机组台数。对于小型水电站，一般也不要少于 2 台。

（四）水轮机转轮标称直径的选择

水轮机转轮的标称直径 D 按下式选择：

$$D = \sqrt{\frac{N_{\mathrm{i}}}{9.81 Q_{\mathrm{i}} H_{\mathrm{p}} \frac{3}{2} \eta}} \qquad (2\text{-}6)$$

式中，Q_i 为取水轮机型谱表中推荐使用的单位最大流量（单位流量的定义是转轮直径为 1m、在 1m 净水头下水轮机所通过的流量）；H_{p} 为水轮机的设计水头；η 为水轮机的效率；N_i 为输至发动机轴端的功率（若水轮机与发动机同轴，可视为水轮机的出力），它等于发动机的有功功率（见后述）N_{f} 除以发动机的效率。

（五）水轮机的选择方法

世界各国在设计水电站时选择水轮机的方法不尽相同，其主要方法可概括为 3 种。

1. 应用统计资料选择水轮机

这种方法以已建水电站的统计资料为基础，通过汇集、统计国内外已建水电站的水轮机的基本参数，再把它们按水轮机的形式、应用水头、单机容量等参数进行分析归类。在此基础上，用数理统计法作出水轮机的主要参数关系曲线，或者用数值逼近法得出关于这些参数的经验公式。当确定了水电站的水头与装机容量等基本参数后，可根据统计曲线或经验公式确定水轮机的形式与基本参数。按照规定的水轮及参数向水轮机生产厂提出制造任务书，由制造厂生产出符合用户要求的水轮机。这种方法在国外被广泛采用。

2. 按水轮机型谱选择水轮机

在一些国家，对水轮机设备进行了系统化、通用化与标准化，制定了水轮机型谱，为每一水头段配置了 1 种或 2 种水轮机转轮，并通过模型试验获得了各型号水轮机的基本参数模型综合特性曲线。这样，设计者就可以根据水轮机型谱与模型综合特性曲线选择水轮机的型号与参数，可使选型工作简化与标准化。但是注意不可局限于已制定的水轮机型谱，当型谱中的转轮性能不能满足设计电站的要求时，要通过认真分析研究提出新的水轮机方案，与生产厂家协商，设计、制造出符合要求的水轮机。同时，要不断发展、完善、更新水轮机型谱。国内外水轮机主要发展趋势是进一步保证机组稳定运行；提高效率，改善运行性能；提高使用水头与比速转，增大单机容量；大力发展抽水蓄能机组与灯泡机组。

我国过去应用较多的方法是按照水轮机型谱选择水轮机。

3. 以套用法选择水轮机

此方法是直接套用与拟建电站的基本参数（水头、容量）相近的已建电站的水轮机型号与参数。这种方法多用于小型水电站的设计，它可以使设计工作大为简化。但是注意必须合理套用，要对拟建电站与已建电站的参数进行详细分析与比较，还要考虑不同年代水轮机的设计与制造水平的差异，必要时对已建电站的水轮机参数做适当修正后再套用。随着水电开发的进展，旧的水轮机型谱已不能满足水电站设计的需要，设计者常采用不同的选型方法相互结合，相互验证，以保证水轮机选型的科学性与合理性。

第五节　小水电站水轮发电机组的运行及电能输送

一、水轮发电机主要性能参数

（一）发电机容量与功率因数

发电机容量可用用功功率 N_f 和功率 S_f 两种方法表示。用功功率（机组的额定出力）与来自水轮机送至发电机轴端的功率 N_i 的关系式为

$$N_f = N_i \eta_g \quad (2\text{-}7)$$

式中，η_g 为发电机效率。

发电机功率 S_f 表示发电机容量时，应同时标出功率因数 $\cos\varphi$ 值。

在水轮发电机用功功率一定的条件下，提高功率因数可提高发电机有效的利用率，减轻发电机的重量，并且可提高发电机的效率；但将使发电机的视在功率和稳定性降

低。功率因数值取决于供电的要求和发电机在电力系统中运行的稳定性条件。国内水轮发电机常用的额定功率因数（额定有功功率与额定视在功率之比）为0.8，0.85，0.875和0.9；国外工业发达国家已达到0.9 ~ 0.95。

（二）发电机效率

发电机效率 η_g 的计算式为

$$\eta_g = \frac{N_f}{N_f + \Delta N} \quad (2\text{-}8)$$

式中，N_f 为发电机输出的有功功率，kW；ΔN 为发电机总损耗，kW。

中、大型发电机效率一般为0.97 ~ 0.98，小型发电机通常也大于0.91。在总损耗中，空冷水轮发电机各项损耗分配情况：空载铁损20% ~ 22%、定子绕组铜损5% ~ 17%、短路附加损耗8% ~ 12%、励磁绕组铜损12% ~ 15%、通风损耗30% ~ 40%、轴承损耗5% ~ 7%、励磁绕组和辅助装置中的损耗3% ~ 4%。

（三）额定转速

额定转速 n_N 是根据水轮机的转轮形式、工作水头、流量、效率及运行稳定性等因素分析比较后确定的。水轮发电机为凸极同步发电机，其极对数 p 和额定转速 n_N、频率 f 的关系为

$$F = pn_N / 60 \quad (2\text{-}9)$$

因我国交流电标准频率 f=50Hz，故

$$n_N = 3000 / \mathrm{p} \quad (2\text{-}10)$$

同步转速的推荐值：750，600，500，428.6，375，333.3，300，250，214.3，200，187.5，166.7，150，136.4，125，107.1，100，93.8，83.3，75，68.2，62.5，60，57.7，53.6，50r/min。

（四）额定电压

额定电压是水轮发电机定子绕组长期安全工作的最高线电压，它是一个综合性参数。选取额定电压时要考虑机组的技术经济指标，对发电机断路器遮断容量的影响，对母线、变压器低压线圈的影响，以及相应的配电装置的造价和运行条件等。一般来说，在合理范围内，电压取低值，电机的经济指标要好些。此外，发电机额定电压与机组容量有关。表2-3列出了机组容量不同时选取发电机电压的参考值。

表 2-3 机组容量不同时发电机电压的参考值

机组容量 /MVA	20 及以下	20 ～ 80	70 ～ 150	130 ～ 300	300 以上
线电压 /kV	6.3	10.5	13.8	15.75	18.0 以上

（五）飞轮力矩

飞轮力矩是发电机转动部分的质量 G 与惯性直径 D 平方的乘积。当电力系统发生故障，水轮发电机突然甩去负荷时，由于水轮机导叶关闭需要一定时间，这时水轮机的动力矩将大于发电机的电磁阻力矩，机组转速将升高。飞轮力矩 GD^2 过大，将使发电机重量增加。飞轮力矩 GD^2 值可按下列经验公式计算

$$GD^2 = kD_i 3.5l_t \quad (2\text{-}11)$$

式中，当 $n < 100$r/min 时，k=4.5；当 n=100 ～ 375r/min 时，k=5.2；当 $n > 375$r/min 时，k=4 ～ 4.5；D_i 为定子铁心内径，m；l_t 为定子铁心长度，m。

（六）飞逸转速

当水轮机大电机在最高水头下运行而突然甩去全部负荷，这时又遇水轮机调速系统和其他保护装置失灵、导叶开度在最大位置时，机组可能达到的最高转速称为飞逸转速，用 n_y 表示。

飞逸转速的一般范围如下：

混流式水轮机 n_y=1.6~2.2n_N；

冲击式水轮机 n_y=1.7~1.9n_N；

转桨式水轮机 n_y=2~3n_N。

飞逸转速由飞轮机制造厂提供给发电机制造厂，并列入技术条件中。水轮发电机转子机械应力应按飞逸转速计算，这时转子的计算应力不超过材料屈服点，且转子磁轭的变形小于气隙值，飞逸时间在 2 ～ 5min 内，不得产生有害变形。

二、水轮发电机的选择

第一，水轮机及其驱动的发电机的选择要同时进行。

第二，当水电站的总装机容量 $N_{总}$ 及机组数目 m 确定后，则发电机的单机容量 $N_{电}$ =$N_{总}$ /m。

我国生产的水轮发电机有三相交流立式同步水轮发电机、三相交流卧式同步水轮发电机、三相交流立式同步农用水轮发电机、三相交流卧式同步农用水轮发电机。$N_{电}$ 应选用与系列产品相近的容量。

第三，发电机的容量应略小于水轮机的出力。

第四，发电机的形式、结构应与水轮的布置形式、厂房结构相适应。

第五，与其他机电设备一样，要考虑产品的质量、价格、运输、安装与维修等因素。

三、水轮发电机组的试运行

（一）试运行的目的

水轮发电机组试运行的目的是对机组的制造和安装质量及其性能进行一次动态检查与鉴定。试运行的重点是掌握水轮机的各道轴承、机组的震动和摆度情况，发电机的温升等是否在允许范围内；观察机组的运行特性及各参数是否符合厂家规定值；电气设备及所有装置的安装和性能是否准确、完好。

（二）试运行前的检查

1. 水工建筑物

检查引水渠道渗漏情况，清除漂浮及杂物；要求各道闸门操作灵活、启闭位置正确严紧；压力水管、水轮机室蜗壳、尾水管等无阻塞；水轮机前的闸阀应关闭严紧。

2. 机械部分

所有焊缝应无开裂和严重缺陷；螺栓螺母均应紧固；各转动部分的间隙均应符合要求；机组的同轴度、水平度、垂直度应无变动；各油、气、水系统阀门开关灵活，管道畅通无阻。

3. 调速器部分

手动或电动调速器，全开到全关动作灵活，指针准确；纤维接点接通、断开可靠；油压正常无渗漏，自动控制装置灵敏可靠；部件连杆位置正确，销子完整无脱落；锁定操作灵活。

4. 电气部分

发电机和励磁装置外部清洁，内无杂物，无金属微粒及尘土；所有接线应正确，连接螺栓紧固；引线无损伤，绝缘应良好；发电机外壳有可靠接地；全回路交接试验的各参数应符合要求；电刷规格型号相符，压力适当、均匀，与整流子或滑环表面间隙符合要求，表面接触良好；集电环或整流子表面应光滑清洁，无毛刺；一切电气设备经调试检查均应符合要求，不准带有缺陷设备投入运行。

（三）空载试运行

空载试运行的操作步骤：开启各有关电源；关闭闸阀或蝶阀，开启进水阀，向压力管冲水，检查有无漏水现象；关闭导水叶，开启闸阀或蝶阀，将蜗壳充满水，检查水轮机盖有无漏水现象；打开水压力表和尾水真空表阀门开关，检查压力应与实际相符；操作调速器手轮，慢慢开启导水叶使机组转动，按额定负荷的30%，60%，80%，100% 四个阶段运转。运转中要特别注意各油、水、气管路应无渗漏，各表针正常；润滑油正常；转动部件与固定部分无摩擦、撞击及异常音响；在不同转速情况下，摆度及震动度均应符合厂家允许值；严密观察并记录某一瞬间转速的强烈振动；轴承油温变化应缓慢，超过 65℃时，应立即停机处理。

机组在以额定转速试运行一定时间后，处于稳定状态并符合要求时，则可进入升压空载试运行。操作步骤及观察的重点：合上发电机的灭磁开关，逐渐减小磁场变阻器电阻，使发电机端电压接近额定值；增大调速器开度，使电压、频率均在额定值；在变阻器及导叶开度指示器做上标记；检查直流电流、电压表的指示无反向，读数在空载额定值；检查三相交流电压应平衡，差值在允许范围内；其他指针均无指示；电刷无火花或火花在许可范围内；无绝缘烧焦气味或异常响声；合上发电机的隔离开关及主开关仪表应无异常变化，设备无异常现象；确认一切正常时，逐渐关闭水轮机导水叶，调节变阻器电阻到最大值，而后关闭闸阀，停止机组转动；切断电源、断开发电机灭磁开关。

经空载运行后，要对机组及运行设备进行一次系统的全面的静态检查鉴定，检查磨合情况是否良好，润滑油内应无金属粉末等杂物，否则要对轴瓦刮研、换油。

（四）负载试运行

负载试运行主要包括两个方面：一是并列试运行；二是甩负荷试验。为使机组能在额定功率下长期稳定运行，一般将这 2 种试运行均按额定负荷的 25%，50%，75%，100% 四个阶段运行，每个阶段运行时间，视各参数稳定情况而定。

1. 并列试运行

并列试运行即将发电机组并入电网，欲并入电网的发电机组称为待并机组，并网前的操作叫并列。并列试运行的操作步骤：打开油、气、水等各种阀门；按空载运行程序启动机组，使电压、频率均在额定值；检查仪表指针，机组各部分均无异常；测定发电机的相序，使之和系统一致。

并列工作一般应由有一定运行经验的工人进行，当待并机组的电压和网络的电压基本接近时，要严密注视同期表的旋转速度和方向。当指针向顺时针方向旋转时，表示机组的频率比系统高，这时应关闭导水叶，降低发电机转速，反之应提高发电机转速。

由于机组在有负荷情况下运行，水轮机过流量增加，水的推力增大，各轴温升高，同时，由于有负载电流通过，励磁装置及各电气设备的各参数会发生显著改变。因此，必须严密监视，做好记录。

在额定功率持续 72h 左右的负载试运行后，确认一切正常时，可进入甩负荷试验。

2. 甩负荷试验

甩负荷试验的目的，在于系统地考核机组在事故状态下的性能，以及各种自动装置的动作灵敏度。

甩负荷工作必须有水电站主要负责人和机电技术人员参加，做到统一指挥，统一行动，分工明确，责任到人，各守岗位。发电机的主开关、励磁调整器、调速器、闸阀或蝶阀等主要设备应设有专人负责监护操作。

甩负荷试验方法：人为造成继电保护装置动作，使发电机主开关自动跳闸，呈甩负荷的运行状态。这时检查并监视调速机构动作是否正常，导水叶关闭位置、时间是否在允许范围内；发电机的灭磁装置或水电阻是否投入运行，磁场变阻器的电阻是否处在最大值，发电机的端电压是否过高；所有自动装置是否投入运行，各信号装置反应是否准确；调压阀或安全阀是否正常工作。

四、水轮发电机组的正常运行

（一）运行前的常规检查

小型水电站受各种气候条件及库容大小等诸多因素的影响，有连续性的正常运行，也有间断性的正常运行。前者按交接班制度处理，比较简单；后者在运行前应对水工建筑物、水轮发电机组、调速设备以及电气设备等进行全面检查工作。

（二）开机

正常运行时开机操作步骤、方法与负载试运行基本相同。单机运行机组，首先合上发电机的主开关，然后分别合上各支路开关往外送电。

并列运行机组要根据系统调度给定的负荷，调节水轮机开度限制到许可值。

（三）调整

机组带上负荷后，其电压、频率会出现显著下降，这时应继续调节导水叶开度及磁场变阻器的电阻，使电压和频率均在许可值范围内。

（四）停机

停机操作不能疏忽大意，否则会引起事故，造成设备损坏。停机操作程序：做好记录，说明停机事由；关闭导水叶，达到空载额定位置以下；调节磁场变阻器电阻，达到空载电流以下；断开各路开关；断开发电机主开关、隔离开关、灭磁开关；继续调节导水叶开度及磁场变阻器，使机组停止转动，电阻达到最大值；切换调速器和自动励磁调整器到原位；切除电源；关闭进水闸阀或蝶阀；关闭冷却水；关闭前池或水库进水闸。

五、小水电站的电能输送

（一）输电装置

水电站运行后，发出的电能经配电后再送至输电线路，最终到达用户。水轮发电机组发出的电能经户内配电装置上的断路器、隔离开关送给户内母线，母线汇集各发电机的电能，经升压变压器升压后，通过户外开关站内的断路器、隔离开关输送给户外高压母线，高压输电线 XL 从母线上获得电能向远方输送。

（二）输电线路的选择

选择输电线路时应注意以下几个方面：①尽量使线路短，转弯少，少占耕地，交通方便，宜于施工和维护。②避开山洪冲刷和水淹地区。线路需跨沟、跨河道时，尽量使线路与沟、河呈垂直交叉。③避开地形变化大的地方，避免跨越房屋等建筑物。④通过林区应留出通道等。

（三）电压等级的选择

我国采用的电压等级，低压有 380/220V，高压有 10kV，35kV，有些地区开始用 110kV，220kV，500kV。为减少电压等级，正在试验用 20kV 代替 10kV 及 35kV。各种电压等级的线路，其送电能力和输电距离可参考表 2-4。

表 2-4　不同电压线路输送容量及距离的参考值

电压 /kV	输送功率 /kW	输送距离 /km
0.4	＜ 100	＜ 1 0
6.0	＜ 2000	5 ～ 10 10
10	＜ 3000	6 ～ 20 20

35	< 10000	20 ～ 50 50
110	< 50000	50 ～ 150 150
220	100000 ～ 500000	100 ～ 300 300
500	1000000 ～ 1500000	150 ～ 850 850

第六节　抽水蓄能电站

一、抽水蓄能电站的功用与开发方式

抽水蓄能发电是水力发电的另一种利用方式。它利用电力系统负荷低谷时的剩余电量，用抽水蓄能机组把水从低处的下池（库）抽送到高处的上池（库）中，以位能形式储存起来。当系统负荷超出各发电站的可发容量时，再把水从高处放下，驱动抽水蓄能机组发电，供电力系统调峰用。

抽水蓄能电站的开发方式有 3 种类型。

（一）纯抽水蓄能电站

纯抽水蓄能电站的发电量绝大部分来自抽水蓄存的水能。发电的水量基本上等于抽水蓄存的水量，水在上、下池（库）之间循环使用。它仅需少量天然径流，也可来自下水库的天然径流。

（二）混合式抽水蓄能电站

混合式抽水蓄能电站既设有抽水蓄能机组，也设有常规水轮发电机组。上水库有天然径流来源，既可利用天然径流发电，也可从下水库抽水蓄能发电。其上水库一般建于河流上，下水库按抽水蓄能需要的容积觅址另建。

（三）调水式抽水蓄能电站

调水式抽水蓄能电站的上水库建于分水岭高程较高的地方。在分水岭某一侧拦截河流建下水库，并设水泵站抽水到上水库。在分水岭另一侧的河流设常规水电站，从上水库引水发电，尾水流入水面高程最低的河流。这种抽水蓄能电站的特点：下水库有天然径流来源，上水库没有天然径流来源；调峰发电量往往大于填谷的发电量。

二、抽水蓄能电站的分类

按抽水蓄能电站的开发方式是分类方法的一种，另外还有两种分类方法。

（一）按时间分类

1. 季调节

即利用洪水期多余的水电或火电将下游水库中的水抽至上游水库，补充上水库枯水期的库容加以利用，以增加季节电能的调节方式。当上游水库高程较高，下游又有梯级水电站时，就更为有利。

2. 周调节

即利用周负荷图低谷（星期日或节假日的低负荷）时抽水蓄能，然后在其他工作日放水发电的方式。显然，如能利用天然湖泊或与一般水电站相结合，将更为经济。

3. 日调节

即利用每日夜间的剩余电能抽水蓄能，然后在白天高负荷时放水发电的方式。在以火电和核电站为主的地区修建这种形式的抽水蓄能电站是非常必要的。

（二）按机组装置方式分类

1. 四机式或分置式

这种方式的水泵和水轮机是分开的，并各自配有电动机和发电机。抽水和发电的操作完全分离，运行比较方便，机械效率也较高，但土建及机电设备投资比较大，不够经济，现已很少采用。

2. 三机式

这时电动机和发电机合并成一个机器，称发电电动机，但水泵和水轮机仍各自独立，且不论横轴和立轴布置，三者均直接连接在一根轴上。由于三机式可采用多级水泵，抽水的扬程较高，故在很高的水头下也能应用。

3. 二机式

当水泵与水轮机也合二为一成为可逆式水泵水轮机时，即形成所谓二机式。当机组顺时针转动时为发电运行工况，当机组逆时针转动时则为抽水运行工况。由于二机式的机组较三机式为低，厂房尺寸也较小，可节省土建投资，故可逆式机组得到了很大的发展。

三、抽水蓄能机组

抽水蓄能机组有三机式也有二机式三机式机组，它是由 1 台水轮机、1 台水泵、1 台兼作发电机和电动机的电机（同轴连接），两种运行工况的旋转方向相同。其优点主要是机组运行方式转换快，但结构复杂，一般在水头大于 500m 时才考虑使用。

二机式机组不仅把发电机与电动机转为一体发电电动机，也将水泵与水轮机转为一体的水泵水轮机。该机组向正方向旋转可发电，反方向旋转可抽水，结构紧凑，造价较省。转轮设计应考虑水泵工况，效率比单一的水泵和水轮机低，但已有较大进步。

水泵水轮机的形式及使用范围见表 2-5。

表 2-5　水泵 - 水轮机的形式及使用范围

型式	适用水头 /m	比转速 /m・kW	特点
混流式	20 ～ 700	70 ～ 250	
斜流式	20 ～ 200	100 ～ 350	适用于水头变化大的蓄能电站
轴流式	15 ～ 40	400 ～ 900	适用于水头较低且水头负荷变化大的蓄能电站
贯流式	＜ 30		适用于潮汐和低水头蓄能电站

近年来，国际上大量兴建抽水蓄能电站，可逆式水泵水轮机发展迅速，可逆式混流机组应用最广。水头为 700m 以下的采用单机水泵水轮机，超过 700m 时大多采用多级水泵水轮机或三机式机组。

四、抽水蓄能电站特点

第一，起动、停机迅速，运转灵活，在电力系统中具有调峰、调频、调相和紧急备用功能。当电力系统负荷处于低谷时，抽水蓄能，消耗系统剩余电能，起到“填谷”作用；发电时，则起到“削峰”作用，可使火电或核电机组保持负荷稳定，处于高效、安全状态运行，减轻或消除锅炉及汽轮机在低出力状态下的运转，以提高效率，降低煤耗。在某些情况下，可将部分季节性电能转换为枯水期电能。

第二，站址选择比较灵活，容易取得较高的水头，一般引水道比较短；在靠近负荷中心和大型火、核电站附近选址，可以调节系统电压，维持系统周波（频率）稳定，提高供电质量，并能减少水头损失和输电损失，提高抽水发电的总效率。另外，在开发梯级水电站时，在上一级装设抽水蓄能机组，可增大以下梯级电站的装机容量和年发电量。

第三，抽水蓄能电站开发的趋向是采用大型和高水头的机组，相对来说，其效率高、尺寸小、流量小，要求库容不大。与同容量的一般水电站比较，水工建筑物的工程量小，淹没土地少，单位千瓦投资也随之减少，发电成本较低，送电容量不受天然径流量丰枯的影响

第四，目前制造的可逆机组单机容量已达 300 ~ 350MW，运用水头达 222 ~ 600m，压力水管直径最大已达 10m。因此，管道设计与制造的难度较大，应适当增加管道中心的流速，以使管径不至太大。有压引水道中水流为双向流动，对进（出）水口体形设计要求更为严格，为了减少水头损失，要求进（出）水口断面上流速分布均匀不宜过大，不发生回流和脱流；要防止水库低水位时发生入流漩涡，或整个水库发生环流而引起不良后果。

第五，抽水蓄能电站先将电能转换为水能，然后再将水能转换成电能，经过 2 次转换，其总效率为 0.7 ~ 0.75。

五、抽水蓄能电站发展简况

抽水蓄能发电方法指将峰值时的过剩电能转变为水的重力势能，将其存放在地势较高的水库中，在用电峰值时再将水库高处水的重力势能还原为电能。由于水库的库容量可以做得很大，因此可以储蓄的势能更大，可供转换的电能也更多。

近年来，随着“碳达峰、碳中和”和能源结构的变化，全球抽水蓄能电站装机容量不断增加，截至 2020 年的装机容量已达 1.5949 亿千瓦。根据国家能源局制定的抽水蓄能电站的发展目标，到 2025 年我国抽水蓄能电站总规模将达到 6200 万千瓦，到 2030 年总规模将达到 2 亿千瓦，到 2035 年抽水蓄能电站总规模将达到 3 亿千瓦。

（一）抽水蓄能电站发展中需要考虑的问题

抽水蓄能电站最初的思想是通过储蓄丰水季节多余的水量满足枯水期的发电需求。而现今除了依然保留这种功能外，更多的目的是用来解决电网电能峰谷期的供需矛盾。即利用电力系统用电低谷负荷时的剩余电力，将位于低处的水通过抽水机抽到高处蓄存起来，然后在用电高峰负荷期放出位于高处的水，通过水轮机使发电机发电，为电网补充更多的额外电力来平衡紧张的供需矛盾。这里抽水蓄能电站既扮演了耗电用户的角色，也扮演了发电站供电的角色。在电网负荷处于低谷时，抽水蓄能电站的抽水机是耗电大户，要尽可能消耗过剩的电能。而在电网负荷处于高峰时段，抽水蓄能电站又成了发电站，要尽可能发出更多电能补充电网的供电缺口。在这个身份转换过程中，抽水蓄能电站起到了对电网的稳定和平衡作用，可承担电网的调峰、调频、事故备用及黑启动等功能，提高了电网的供电质量和经济效益，使电网更加安全、经济、稳定地运行。

1. 水库建设分析

抽水蓄能电站的构成包括上水库、下水库、开关站、输水系统、厂房和其他专用建筑物等。

抽水蓄能电站有上、下两个水库，选址应适当靠近用电量大的城市电网和地质条件较好的山区。上水库位于高处，一般由开挖填筑而成，有条件的地方也可利用废弃的矿坑。下水库位于低处，多利用河流截流而成的水库。上水库与下水库的落差越大、水库容量越大，储蓄的水势能越多。现有的上水库与下水库的落差通常在为200 ~ 800米之间，在地势较缓的地方也可通过多级抽水提高总的落差。抽水蓄能电站所用水库的水位变化幅度比常规目的水库大，水位升降也更频繁。有的电站水位升降可达到30 ~ 40米，而且水库水位变动速率也较快，有的可达到8 ~ 10米/小时。此外，为防止渗水对工程区水文地质条件造成影响，对水库防渗也有较高要求。

2. 机组能效分析

抽水蓄能电站的直接利润，除自然水源注入的新水发电收入外，主要来自电网的供电峰谷之间的电价差。因此电网用电低谷时尽可能多抽水，用电高峰时段尽可能多发电，才能使电站利润最大化。这就取决于水轮机、发电机、水泵、电动机组成的综合工作能力。抽水蓄能电站大技术上已从当初水轮机、发电机、水泵、电动机四机式，再经水轮机、发电一电动机、水泵三机式演进，发展到现今的可逆式水泵水轮机两机组工作模式，并从定速机组发展到交流励磁变速机组和全功率变频机组。

3. 输水系统与厂房分析

为了减小渗流对厂房的影响，大型抽水蓄能电站多将输水系统与厂房建在地下。由于水库、输水系统、厂房的漏水损失、水库水分的露天蒸发损失、水流及电机的摩擦损失、可逆式水泵水轮机的工作效率影响，使1度电抽到上水库的水，不可能在放水到下水库时还原发出1度电，即会有效能的损失。目前抽水蓄能电站的转换效率大约为75%。

4. 开关站的建设分析

开关站是电网与电站的接口。可以根据电价调整的时间窗口定时切换抽水与发电的时段，也可根据电网电压的变化进行自适应切换。即当电网负荷过大，导致电压降低或某些火电厂意外停机或远程输电线路意外中断，导致局部区域供电不足时，自动转换到放水发电模式，以维持电网稳定。此外，开关站也可将附近的风电、潮汐电、光伏电等用于抽水模式，以使这些小规模、不稳定的发电，变为稳定的集中水库大规模发电。抽水蓄能电站还有一个特殊的优势，那就是从开机到满负荷工作所花费的时间仅有3 ~ 6分钟，其灵活快速的启停工作特点，还可作为事故备份电源，或作为火电站、核电站黑启动时的电源。

（二）快速发展抽水蓄能电站的途径

针对我国抽水蓄能电站发展所面临的问题，从我国现有可利用资源进行分析，为加速抽水蓄能电站发展，早日实现“双碳”目标，提出被认可的几种途径：

1. 利用常规水电站改建成为混合式抽水蓄能电站

混合式抽水蓄能电站是在常规水电站的基础上，通过改建成为抽水蓄能电站，主要有两种形式，一种是常规混合式，利用某一常规水电站水库用作抽水蓄能电站的上水库或下水库，在此基础上再修建一座下水库或上水库，增加可逆机组或者增加抽水泵站而改建为抽水蓄能电站，这种方式抽水蓄能电站预可行性研究已经召开，计划下水库利用已建的黄坛口水电站水库，上水库利用已建的湖南镇水电站水库。另一种是梯级混合式。一般而言选取同一河流上的两座合适的梯级常规水电站，借助这两座电站可通过增加可逆机组或者增加抽水泵站而改建为抽水蓄能电站，这种方式为梯级混合式抽水蓄能电站。通过改建常规水电站为抽水蓄能电站具有工期短投资小、对环境影响小的优点。对我国现有的常规水电站资源进行统计筛查，挑选出合适的常规水电站将其改建为混合式抽水蓄能电站，采用这种方式对于推动我国抽水蓄能电站跨越式发展具有重要意义。

2. 利用废弃矿井洞建设抽水蓄能电站

我国是世界采矿大国，开发的煤矿数量众多，但随着资源的开采，大量矿井都将报废关闭。矿井报废后留下的矿洞空间一般都比较大，具有充足的水源、高低不一的深度，这些特点能够满足建设抽水蓄能电站的条件。利用废弃矿井建设抽水蓄能电站，主要有两种方式，一种是半地下式，另一种是全地下式。半地下式抽水蓄能电站是以地下矿井作下水库储水，地面上塌陷区作为上水库或者人工开挖上水库，以此实现上下水库的水位差。全地下式抽水蓄能电站上下水库均在地下，采用矿井中不同高程的矿洞分别作上水库和下水库%。利用废弃矿井修建抽水蓄能电站，可以减少土石开挖量，节约投资成本，还可以促进废弃矿井的自然生态环境的恢复。最重要的是可以加速抽水蓄能电站建设，减少抽水蓄能电站建设周期，是一种绿色、经济建设抽水蓄能电站的方案。

3. 利用泵站反向发电

自中华人民共和国以来，我国泵站得到了迅猛发展，泵站数量众多，特别是在我国泵站集中的省份和地区，已经形成了以大型泵站为主的工程体系。但是，大多数泵站在非汛期的时候都是闲置不使用的，即便是上游存在多余的水量也是只能浪费掉，为了实现抽水蓄能电站的快速发展，同时减少水资源的浪费，可以将合适的泵站进行改造能够反转发电，从而实现正向抽水，反向发电的功能，实现抽水蓄能电站调峰、调频的功能。有专家指出，水泵具有水轮机的特性，尤其是轴流泵，我国已有一些泵站实现反转发电的功能，反转发电方式可采用同转速、机械变频调速和倍极变极转速三种。根据具体泵站的自身情况，选择合适的运行方式，泵站就可实现抽水蓄能电站的作用。这种改建方式成本低，周期短，可以快速发展抽水蓄能电站，是未来抽水蓄能电站发展的一种方案。

（三）抽水蓄能电站的综合开发思考

抽水蓄能电站要有利润才能生存。其利润计算公式为

利润 = 峰谷电价差收入 − 建设成本 − 维护成本

因此要提高利润，一方面要尽可能多地蓄水发电，提升单机的功率或增加机组。另一方面要尽可能地选取优良的自然地势地貌，以此降低建设上下水库成本。同时利用人工智能进行电站的维护和管理，以降低维护成本。此外，通过对抽水蓄能电站库区的综合开发，也是扩大收入、增加利润的有效方法索。

1. 水库水面资源的开发

利用水库的库容可以进行大面积的水产养殖。由于上下水库的水量是相对稳定的循环水，而且这种水是流动的，容易使水质保持较高的含氧量，有利于鱼类的长期健康生长。此外还可在宽阔的水面上架设光伏电站或利用宽阔的水面和山区的风力建设风力电站，进一步增加抽水蓄能电站自身发电能力，减少对电网的购电以降低成本。

2. 水库周边环境资源的开发

利用水库形成的周边新的山势地貌，将水景、山色、树林、可供参观的机电设施，融入人文景观，打造出民宿、游玩、观赏的特色风景旅游片区，开发旅游经济。这不仅可以增加额外收入，还可创造出新的就业岗位，安置水库建设中占用土地的当地住户编。

第三章 太阳能发电的应用与研究

第一节 太阳能基本知识

一、太阳能的基本概念

狭义的太阳能仅指投射到地球表面上的太阳辐射能。而广义的太阳能资源，不仅包括直接投射到地球表面上的太阳辐射能，而且包括像水能、风能、海洋能、潮汐能等间接的太阳能资源，还应包括通过绿色植物的光合作用所固定下来的能量即生物质能。现在广泛开采并使用的煤炭、石油、天然气等，也都是古老的太阳能资源的产物，即由千百万年前动植物本体所吸收的太阳辐射能转换而成的。水能是由水位的高差所产生的，由于受到太阳辐射的结果，地球表面上（包括海洋）的水分被加热而蒸发，形成雨云在高山地区降水后，即形成水能的主要来源。风能是由于受到太阳辐射的强弱程度不同，在大气中形成温差和压差，从而造成空气的流动所产生的。潮汐能则是太阳和月亮对于地球上海水的万有引力作用的结果。因此严格说来，除了地热能和原子核能以外，地球上的所有其他能源全部来自太阳能，这也称为“广义太阳能”，以便与仅指太阳辐射能的“狭义太阳能”相区别。

（一）太阳的结构

太阳的质量很大，在太阳自身的重力作用下，太阳物质向核心聚集，核心中心的密度和温度很高，使得能够发生原子核反应。这些核反应使太阳的能源所产生的能量连续不断地向空间辐射，并且控制着太阳的活动。根据各种间接和直接的资料，太阳从中心到边缘可分为核反应区、辐射层、对流层和太阳大气。

1. 核反应区（核心）

在太阳半径 25%(即 0.25R)的区域内，是太阳的核心，集中了太阳一半以上的质量。此处温度大约为 1.5 × 107℃，压力约为 2.5 × 1011atm (1atm=101325Pa)，密度接近 158g/cm^3。这部分产生的能量占太阳产生的总能量的 99%，并以对流和辐射方式向外传输能量。氢聚合时放出伽马射线，这种射线通过较冷区域时，消耗能量，增加波长，变成 X 射线或紫外线及可见光。

2. 核反应区的外面是辐射层

所属范围为 (025 ~ 0.8) R，其上部温度下降到约 5.0 × 10^5℃，密度下降为 0.079g/cm^3。在太阳核心产生的能量通过这个区域由辐射传输出去。

3. 辐射层的外面是对流层

所属范围为 (0.8 ~ 1.0) R，温度约为 5000℃，密度为 10-8g/cm^3。在对流区内，能量主要靠对流传播。对流区及其里面的部分是看不见的，它们的性质只能靠同观测相符合的理论计算来确定。

4. 太阳大气大致可以分为光球、色球、日冕等层次

各层次的物理性质有明显区别。太阳大气的最底层称为光球，太阳的全部光能几乎全从这个层次发出。太阳的连续光谱基本上就是光球的光谱，太阳光谱内的吸收线基本上也是在这一层内形成的。光球的厚度约为 500km。色球是太阳大气的中层，是光球向外的延伸，一直可延伸到几千千米的高度。太阳大气的最外层称为日冕，日冕是极端稀薄的气体壳。严格说来，上述太阳大气的分层仅有形式的意义，实际上各层之间并不存在着明显的界限，它们的温度、密度随着高度是连续地改变的。

（二）太阳能资源的优点

与常规能源相比较，太阳能资源的优点很多，并且都是一般的常规能源所无法比拟的。概括起来，可以归纳为以下几个方面。

1. 数量巨大

每年到达地球表面的太阳辐射能约为 13×10^{13} 吨标准煤，即约为全世界所消费的各种能量总和的 10^4 倍。

2. 时间长久

根据太阳产生的核能速率估算，氢的储量足够维持上百亿年，而地球的寿命仅为几十亿年，从这个意义上讲，可以说太阳的能量是用之不竭的。

3. 普遍

太阳辐射能“送货上门”，既不需要开采和挖掘，也不需要运输。普天之下，无

论大陆或海洋，无论高山或岛屿，都“一视同仁”，既无“专利”可言，也不可能进行“垄断”，开发和利用都极为方便。

4. 清洁安全

太阳能素有“干净能源”和“安全能源”之称。它不仅毫无污染，远比常规能源清洁，同时，毫无危险，远比原子核能安全。

（三）太阳能资源的基本属性

1. 自然垄断性

太阳能资源是普遍存在的，是为人类的生产生活提供原料、能源和必不可少的物质条件的基础，具有很强的地域性，同时也具有低密度性、波动性、数值性等特点。

首先，太阳能资源的分布具有很强的区域性，只能通过管网等渠道进行销售，只有实现了规模生产才会产生效益和效率。在我国，这种情况极为明显。在西北内陆地区及青藏高原，太阳能资源相对集中，并且这些地方地域辽阔，人口稀少，但经济相对不发达，往往出现产能过剩的现象；而我国东部沿海地区太阳能资源相对较少，人口密度大，但经济较发达，耗能过高。因此，需要通过管网等形式来平衡不同地区的耗能。

其次，太阳能资源具有很强的低密度性和波动性，开发利用的前期投入大，技术要求高，资本专用性强，沉淀成本高，收益周期长，从而导致准入门槛相对较高。

再次，太阳能资源具有很强的数值性。虽然太阳能资源取之不尽用之不竭，但是在一定的经济技术条件下，只有在一定数值范围内的太阳能才能成为资源，所以，必须对太阳能资源进行全面调查，得出正确的评估结果，才能适宜地使用并发展太阳能资源。因此，太阳能资源具有高度的自然垄断性。

2. 强外部经济性

太阳能资源是地球上其他自然资源的来源之一，太阳能的开发利用与经济社会的发展、科学技术的进步密不可分，具有很强的社会属性。太阳能资源的利用主要包括太阳能热利用和太阳能光电利用，因此，对太阳能资源的开发及利用具有外部性特征，其中无法避免和最难以解决的就是太阳能资源的外部不经济性。在太阳能资源开发利用中，外部不经济性往往是由于不合理的开发利用活动而导致的，如太阳能资源的不合理开发和利用，太阳能电板及废旧电池对环境造成的破坏和污染等。但是，在能源结构中，和使用其他能源相比较，合理开发利用太阳能资源的外部经济性大于外部不经济性。和化石燃料相比，清洁无污染的太阳能资源具有减缓气候变化、减少生态环境破坏、降低环境污染等强外部经济特征。

3. 准公共性

太阳能是太阳内部连续不断进行核聚变反应而产生的能量，是整个地球生态能源体系存在的基础，太阳能资源与其他能源共同构成庞大、复杂、流动、互相影响的能源体系，由于没有凝结人类的抽象劳动，所以是非劳动产品。但是，太阳能资源具有很强的地域性，并且与一定时期内经济、社会和技术的发展水平有很大的关系，因此太阳能资源并非纯公共物品，而是属于准公共物品。

第一，太阳能资源具有有限的非排他性。尽管单独的个体或者群体在使用太阳能资源时无法排除他人使用，但是，由于太阳能资源的地域特殊性和不稳定性，在一定时期和地域内，在一定的经济和技术条件下，并不是每个人都能使用太阳能资源。在某种情况下，个人享用太阳能资源可能会影响他人的使用，因此，存在一定的排他性。第二，太阳能资源具有非竞争性。一般情况下，每个消费用户享用太阳能资源并不会影响他人的消费，随着消费量的增加，成本为零或者会更低，不会导致竞争性的产生。第三，使用太阳能资源时，具有利益外溢的特征。如果人们都能够使用清洁的太阳能资源，可以改善生态环境，减缓气候变化，改善人居环境，从而使人类的生活质量得到提高，出现利益外溢。只有利益外溢的产品才能被称为准公共产品。

二、我国太阳能资源的分布

气候学家根据太阳辐射在纬度间的差异，将世界划分为若干个气候带，其名称和范围见表3-1。在中国，气象部门将热带进一步分为南热带、中热带、北热带、南亚热带、中亚热带、北亚热带。

表3-1　气候带划分

气候带	纬度范围
热带	南北回归线（纬度23.5°）之间
温带	纬度23.5°～66.5°
寒带	极圈以内（纬度66.5°～90°）

太阳能资源丰富程度最高地区为印度、巴基斯坦、中东、北非、澳大利亚和新西兰；中高地区为美国、中美和南美；中等地区为西南欧洲、东南亚、大洋洲、中国、朝鲜和中非；中低地区为东欧和日本；最低地区为加拿大与西北欧洲。

我国太阳能资源丰富，特别是西部地区，年日照时间达3000h。太阳能分布最丰富的是青藏高原地区，可与印巴地区相媲美。全国2/3以上地区年日照大于2000h，年均辐射量约为5900MJ/m^2。青藏高原、内蒙古、宁夏、陕西等西部地区光照资源尤为丰富。而我国无电地区大多集中于此，因此广大西部地区可成为我国新的能源基地。

三、太阳能的利用方式

世界各国的能源研究机构和专家经过缜密测算，得出了比较一致的结论：全球化石燃料的生产和消耗峰值将出现在 2030 ~ 2040 年之间。这意味着，在此之前，人类必须找到新的替代能源。太阳能作为新能源的一员，其应用前景非常广泛。据预测，到 2050 年，可再生能源占总一次能源的比例约为 54%，其中太阳能在一次能源中的比例基本为 13% ~ 15%；到 2100 年，可再生能源将占 86%，太阳能占 70%，其中太阳能发电占 64%。

太阳能利用涉及的技术问题很多，但根据太阳能的特点，具有共性的技术主要有四项，即太阳能采集、太阳能转换、太阳能储存和太阳能传输。将这些技术与其他相关技术结合在一起，便能进行太阳能的实际利用。

太阳能应用技术主要包括如下方式：

（一）太阳能发电

未来太阳能的大规模利用是用来发电。利用太阳能发电的方式有多种。太阳能发电包括光直接发电（光伏发电、光偶极子发电）以及光间接发电，包括光热动力发电、光热离子发电、热光伏发电、光热温差发电、光化学发电、光生物发电（叶绿素电池）和太阳热气流发电等。

（二）光热利用

它的基本原理是将太阳辐射能收集起来，通过与物质的相互作用转换成热能加以利用。通常根据所能达到的温度和用途的不同，而把太阳能光热利用分为低温利用（ < 200℃ ）、中温利用（200 ~ 800℃）和高温利用 > 800℃ ）。低温利用主要有太阳能热水器、太阳能干燥器、太阳能蒸馏器、太阳房、太阳能温室、太阳能空调制冷系统等；中温利用主要有太阳灶、太阳能热发电聚光集热装置等；高温利用主要有高温太阳炉等。

（三）动力利用

包括热气机 - 斯特林发动机（抽水或发电）、光压转轮等。

（四）光化学利用

指利用太阳辐射能分解水制氢的光 - 化学转换方式，包括光聚合、光分解、光解制氢等。

（五）生物利用

指通过植物的光合作用来实现将太阳能转换成为生物质的过程，包括速生植物（薪材林）、油料植物、巨型海藻等。

（六）光-光利用

包括太空反光镜、太阳能激光器、光导照明等。

太阳能的利用主要有两大重点方向：一是把太阳能转化为热能（光热利用）；另一个就是将太阳能转化为电能（即通常所说的光伏发电）。

光热应用和光电应用也是太阳能应用较为广泛的领域，而太阳能热利用是可再生能源技术领域商业化程度高、推广应用普遍的技术之一。

四、国内外太阳能的开发状况

（一）国外太阳能的开发状况

长期以来，人们就一直在努力研究利用太阳能，太阳能的利用受到许多国家的重视，各国都在竞相开发各种光电新技术和光电新型材料，以扩大太阳能利用的应用领域。特别是在近 10 多年来，在石油可开采量日渐见底和生态环境日益恶化这两大危机的夹击下，人类越来越企盼着“太阳能时代”的到来。从发电、取暖、供水到各种各样的太阳能动力装置，其应用十分广泛，在某些领域，太阳能的利用已开始进入实用阶段。

在太阳池研究方面，俄罗斯学者在太阳池研究方面也取得了令人瞩目的进展。一家公司将其研制的太阳能喷水式推进器和喷冷式推进器与太阳池工程相结合，给太阳池附设冰槽等设施，设计出了适用于农家的新式太阳池。按这种设计，一个 6 ~ 8 口人的农户建一个 $70m^2$ 的太阳池，便可满足其 $100m^2$ 住房全年的用电需要。另一家研究机构提出了组合式太阳池电站的设计思想，即利用热泵、热管等技术将太阳能和地热、居室废热等综合利用起来，使太阳池发电的成本大大下降，在北高加索地区能与火电站竞争，并且一年四季都可用，夏天可用于空调，冬天可用于采暖。

全人类梦寐以求的太阳能时代实际上已近在眼前，包括到太空去收集太阳能，把它传输到地球，使之变为电力，以解决人类面临的能源危机。随着科学技术的进步，这已不是一个梦想。

（二）我国太阳能的开发状况

中国蕴藏着丰富的太阳能资源，太阳能利用前景广阔。在 20 世纪 70 年代初世界上出现的开发利用太阳能热潮，对我国也产生了巨大影响。一些有远见的科技人员纷纷投身太阳能事业，积极向政府有关部门提建议，出书办刊，介绍国际上太阳能利用动态；在农村推广应用太阳灶，在城市研制开发太阳能热水器，空间用的太阳能电池开始在地面应用。

然而，到20世纪80年代，世界太阳能的利用与研究走入低谷，我国太阳能的开发利用也随之步入低潮，甚至有人对太阳能的利用产生了怀疑。

在进入21世纪之后，我国的太阳能利用得到了空前的发展。我国比较成熟的太阳能产品有两项：太阳能光伏发电系统和太阳能热水系统。目前，我国太阳能产业规模已位居世界第一，是全球太阳能热水器生产量、使用量最大的国家和重要的太阳能光伏电池生产国。我国光伏技术也得到较快发展并在解决偏远地区无电状况中发挥了重要作用。

五、太阳能资源可持续利用

（一）太阳能资源可持续利用的管理原则

太阳能资源可持续利用的管理目的在于，以可持续发展思想为前提，结合国家经济发展实际，保证能源安全，实现国际战略，促进太阳能资源的可持续利用，构建生态文明社会。在一个国家或者一个区域内对太阳能资源的开发、利用、评估、保护等实行系统全面有效的管理，这是可持续发展的太阳能资源管理的根本原则。因此，太阳能资源可持续利用的管理应遵循以下五项基本原则。

1. 可持续发展原则

全面考虑当代经济发展和后代环境质量的关系，实现可持续的发展。

2. 生态质量原则

对太阳能资源开发利用的管理，应考虑对区域自然生态系统的影响，包括环境质量和生态变化等。

3. 动态性原则

考虑到自然环境和经济社会技术等相关因素会发生变化，在对太阳能资源开发利用进行管理的同时，应该根据这些因素的变化适时调整相关法律法规和政策措施。

4. 可比性原则

关于太阳能资源观测、开发利用等方面的管理指标应尽可能地与国际统一，且有可比性。因为发展太阳能资源不仅有利于区域经济社会生态的可持续发展，而且更有利于减缓全球气候变暖，是全人类共同的目标，选择一致的评判标准，更有利于国际气候谈判的顺利进行，促进相关研究的深入。

5. 可行性原则

所有的太阳能资源探测、开发利用、评估等基础资料都应具有现实客观性，相关指标能够被量化，这些指标要尽可能简洁，具有很强的可操作性。同时，相关可持续利用的管理对策也应具有可行性和可操作性。

（二）我国太阳能资源可持续利用的管理对策

1. 制定太阳能资源可持续利用的战略动态规划

由于太阳能资源具有自然垄断性、强外部性、准公共性等基本属性，可持续利用太阳能资源不仅要处理好自然与社会、经济和生态之间的矛盾，还要处理好代际之间、区域之间的关系。太阳能资源在我国能源战略中占有重要的地位，太阳能资源的可持续利用属于国家战略，需要动员全社会的力量，在政府主导下对太阳能资源的发展进行整体规划。国家有关部门应该汇集太阳能的相关产业、行业、企业和专家学者等各方面的意见，讨论并制定出未来一段时间内，我国太阳能发展的整体目标和战略规划。

第一，充分了解太阳能资源可持续利用的内外部环境和影响因素，根据内外部环境和影响因素的动态变化，对太阳能资源的可持续利用进行动态规划。影响太阳能资源可持续利用的主要因素包括全球环境变化，国际经济和政治形势，太阳能与化石燃料的经济竞争，太阳能发展的投资能力，对太阳能间歇性问题的处理方案以及人们的生活方式和教育水平等。针对这些动态的影响因素，要制定科学合理的动态规划。

第二，实现资源利用与环境保护的结合。虽然太阳能资源是绿色无污染的清洁能源，有很强的外部经济性，但是在太阳能的利用过程中会产生一系列污染环境的衍生品。因此，要把利用太阳能资源和保护环境紧密结合起来，在利用太阳能的同时，做到保护环境，不破坏甚至改善资源的生产力，改善生态环境，发展循环绿色经济。在太阳能资源利用的过程中，对其他不可再生资源进行保护，培育与改造。

第三，根据国家经济社会发展水平和产业调整战略，在国家能源战略的大框架下，结合太阳能资源利用的驱动机制，建立合理的能源平衡机制，与其他清洁能源、化石燃料等能源形成互补机制，共同服务于国家发展战略。

第四，促进国家战略和区域战略的协调。在开展太阳能总体战略的同时，要考虑区域能源的平衡与发展，把区域能源发展纳入国家总体战略，实现整体规划、科学发展。

2. 加强太阳能资源利用相关科技的创新和研发

太阳能资源的利用离不开科学的进步和技术的创新，科技创新是太阳能资源利用的催化剂。我国的太阳能利用研究起步较晚，一些先进的科学技术还有待进一步的研究。因此，要加强太阳能资源利用科技创新主体的能力建设，有效地分工统筹，为太阳能资源的可持续利用提供科技支撑。

首先，国家级业务单位应积极参与太阳能资源利用相关科技创新的推广和应用，加强宏观管理和协调。国家有关部门要在充分了解国际太阳能科学与技术的发展前沿，发达国家关于清洁能源特别是太阳能资源利用的相关战略和对策的基础上，从国家整体发展战略出发，重点扶持与太阳能有关的基础学科和应用学科，培育、优化研发平台，推动业务单位、高校、科研院所和企业之间的协同创新，为太阳能资源利用的科技研发和创新提供坚实的基础。

其次，加强政府在科技创新和研发中的引导、衔接作用，做好服务工作。提高太阳能资源利用相关科技创新和研发的质量，个人、社会团体及企业不仅要研究太阳能资源利用技术，还应当努力提高技术的市场转化率。

再次，以太阳能相关行业、企业及市场需求为目标，结合国内的发展现状，在重点领域大力提升太阳能研究与利用的人力资源，科学有效地管理科技创新团队。以科研项目为载体，通过项目研发机制联合开展科技攻关，进行太阳能资源利用相关科技的自主创新。

3. 建立完备的太阳能资源开发利用绿色产业链

能源、交通、建筑、旅游等行业都会受到太阳能资源利用的影响。由于我国尚未形成紧密的太阳能产业链，而且与太阳能产业相关的规划还不够完善，所以形成了太阳能产业“生产在中国，应用在欧美”的局面。我国国内没有一个完整的管理体系来支持太阳能产业的发展，最终导致“中国把绿色卖给外国，把污染留给自己”。所以，为了扩展国内市场，建立完整的光伏产业链，应该尽快制定有效的政策，构建太阳能资源管理组织体系。中央政府、地方政府和企业应协同联动，环环相扣，引导民意，推动民众参与太阳能产业的发展，使太阳能资源成为我国重要的新能源之一。

政府和相关企业要坚持经济效益和社会效益并重的原则。政府根据未来太阳能产业的发展前景和国家宏观需求，对太阳能产业链各环节的发展进行科学的规划和有序的引导，不断调整产业链各环节的投资比例，遏制盲目投资的势头，调控无序投资的现象，以清洁生产、资源节约、综合利用为重点，以持续发展为目标，从节能环保的角度严格控制高污染、高耗能项目，大力进行生产结构和产品结构的调整，构建高产出，低耗能、多利用的太阳能绿色产业链，制定重点布局、个别突破、协同平衡的发展战略。

4. 制定并健全太阳能可持续利用的相关法律法规

在社会发展和国民经济的推进过程中，太阳能资源的可持续利用是一项重大战略问题，在未来国家能源结构中占有主导地位，起决定性作用。近几年，我国的太阳能产业发展迅速，但我国在太阳能资源利用方面的制度和法律建设还处于起步阶段。因此，要建立强有力的法律体系和制度保障，从制度层面寻求解决之道，而且该制度要适合我国资源利用的现状和社会发展水平，关注气候资源观测、开发、利用、检测和管理等太阳能利用的全过程，实现气候资源的可持续利用。

首先，为了有秩序地研发太阳能资源，让我国太阳能资源的市场更加规范，实现对太阳能资源的可持续利用，必须建立与太阳能资源紧密相关、可操作性强的法律法规体系。

其次，针对太阳能资源利用，立法目标是实现既要经济发展、又要环境保护的“绿色发展”。随着我国太阳能资源大规模的开发利用，不可避免地会出现一系列的环境问题和生态问题，比如报废的太阳能板如何处理等等，需要我们未雨绸缪，提早制定科学合理的解决方案。

再次，在我国的能源结构中，化石能源占有很大比重，我国的经济发展是建立在大规模使用化石燃料的基础上的，同时也造成了严重的环境污染，资源和环境都不可避免地出现了危机。环境污染乃至能源安全问题可以通过制定太阳能资源可持续利用的相关法律法规得到有效缓解，因此，要尽快针对太阳能产业进行立法，使取之不尽、用之不竭的太阳能资源成为我国重要的新能源之一，为我国经济社会发展建立绿色能源基地，实现经济、社会、环境的全面可持续发展。

第二节　太阳能的光热转换利用

一、太阳能热水器

早期最广泛的太阳能应用就是将其用于水的加热，这已是太阳能成果应用中的一大产业，它为百姓提供环保、安全节能、卫生的新型热水产品。太阳能热水器就是吸收太阳能的辐射热能加热冷水，提供给人们在生活、生产中使用的节能设备。现今全世界已有数千万套太阳能热水装置。

太阳能热水器于20世纪20年代即流行于美国的西南部地区，随着石油和电力价格的上升，更高效率的太阳能热水器和太阳能热暖器也随之产生，在澳大利亚、日本于20世纪70年代就已经普遍使用。在美国北部，每平方米的太阳能热接收器，每六个月可节省30.5L生产热气用的汽油，或215kW · h的电力。

我国自从研制出第一台热水器后，经过60多年的努力，太阳能热水器产销量均占世界首位。中国涉及太阳能热水器的企业就有成千上万家。国内很多地区都能看见住宅的屋顶装有太阳能热水器，在为用户提供便利的同时也为我国的节能减排作出了贡献。

太阳能热水系统主要元件包括集热器、储存装置及循环管路三部分。此外，可能还有辅助的能源装置（如电热器等）以供无日照时使用，另外还可能有强制循环用的水以及控制水位或控制电动部分或温度的装置以及接到负载的管路等。

（一）太阳能集热器

太阳辐射的能流密度低，在利用太阳能时为了获得足够的能量，或为了提高温度，必须采用一定的技术和装置（集热器）对太阳能进行采集。太阳能集热器是把太阳辐射能转换成热能的设备，其功能相当于电热水器中的电热管。与电热水器、燃气暖水器不同的是，太阳能集热器利用的是太阳的辐射能，所有加热时间只能在有太阳照射的白天。它是太阳能热利用中的关键设备。

按传热工质可将集热器分为液体集热器和空气集热器，按采光方式又可分为非聚光型和聚光型集热器两种。

1. 非聚光集热器

非聚光集热器包括平板集热器、真空管集热器，能够利用太阳辐射中的直射辐射和散射辐射，但集热温度较低。

平板集热器是非聚光类集热器中最简单且应用最广的集热器。它吸收太阳辐射的面积与采集太阳辐射的面积相等，能利用太阳的直射和漫射辐射。典型的平板集热器包括了集热板、透明盖板、隔热层和外壳等四个部分。集热板的作用是吸收太阳能并将其内的集热介质加热。为了提高集热效率，集热板常进行特殊处理或涂有选择性涂层，以提高集热板对太阳光的吸收率，而集热板自身的热辐射率很低，可减少集热板对环境的散热。透明盖板布置在集热器的顶部，用于减少集热板与环境之间的对流传热和辐射换热，并保护集热板不受雨、雪、灰尘的侵害。透明盖板对太阳光透射率高，自身的吸收率和反射率却很小。为了提高集热器的热效率，可采用两层盖板。隔热层则布置在集热板的底部和侧面，以减少集热器向周围散热。外壳是集热器的骨架，应具有一定的机械强度、良好的水密封性能和耐腐蚀性能。

真空管集热器是将单根真空管装配在复合抛物面反射镜的底面，兼有平板和固定式聚光的特点，它能吸收太阳光的直射和80%的散射。真空集热管受阳光照射面温度高，集热管背阳面温度低，则管内水便产生温差效应，利用热水上浮、冷水下沉的原理，使水产生微循环而成为所需热水。市场上普及的是全玻璃太阳能集热真空管。全玻璃太阳能集热真空管一般由高硼硅特硬玻璃制造，采用真空溅射选择性镀膜工艺。其结构分为外管、内管、选择性吸收涂层、吸气剂、不锈钢卡子、真空夹层等部分。我国已形成拥有自主知识产权的现代化全玻璃真空集热管的产业，其产品质量达到世界先进水平，产量也居世界第一位。

2. 聚光集热器

聚光集热器能将阳光汇聚在面积较小的吸热面上，可获得较高温度，但只能利用直射辐射，且需要跟踪太阳。此类集热器通常由三部分组成：聚光器、吸收器和跟踪系统。其工作原理是：自然阳光经聚光器聚焦到吸收器上，并加热吸收器内流动的集热介质；跟踪系统则根据太阳的方位随时调节聚光器的位置，以保证聚光器的开口面与入射太阳辐射总是互相垂直的。由于有了运动部件，集热器的寿命大大减少。

（二）储存装置

储存装置即储存热水的容器。因为太阳能热水器只能白天工作，而人们一般在晚上才使用热水，所以必须通过保温水箱把集热器在白天产出的热水储存起来。容积应是每天晚上用热水量的总和甚至是 2 ~ 3 天的用量。

太阳能热水器保温水箱主要由内胆、保温层、水箱外壳等三部分组成。水箱内胆是储存热水的重要部分，所用材料的强度和耐腐蚀性至关重要，市场上有不锈钢、搪瓷等材质。

保温层保温材料的好坏直接关系着热效率和晚间、清晨的使用，这在寒冷的北方尤其重要。目前较好的保温方式是进口聚氨酯整体自动化发泡工艺保温。外壳一般为彩钢板、镀铝锌板或不锈钢板。

保温水箱要求保温效果好，耐腐蚀，水质清洁。其使用寿命可长达 20 年以上。另需要支撑集热器与保温水箱的架子。要求结构牢固，抗风吹，耐老化，不生锈。材质一般为彩钢板或铝合金，要求使用寿命可达 20 年。

（三）循环管路

家用太阳能热水器通常按自然循环方式工作，没有外在的动力，设计良好的系统只要有 5 ~ 6℃以上的温差就可以循环很好。水循环管路管径及管路分布的合理性直接影响到集热器的热交换效率。多数情况下，自然循环家用热水器系统管路中的流态都可以视为层流。集热器内管路系统的阻力主要来自沿程阻力，局部阻力的影响要小得多，其中支管的沿程阻力又比主管要大得多。当水温升高后，由于运动黏度减小，沿程阻力变小，局部阻力的影响变大。在一定范围内，当主管管径不变时，加大支管管径，不仅沿程阻力迅速减小，而且局部阻力也将随之减小。一般来说，支管的水力半径应在 10mm 以上。当主管管径达到一定值以后，增加主管管径对减小系统阻力意义不大。

将热水从集热器输送到保温水箱、将冷水从保温水箱输送到集热器的管道，使整套系统形成一个闭合的环路。设计合理、连接正确的循环管道对太阳能系统达到最佳工作状态至关重要。热水管道必须做保温处理。管道质量必须符合标准，保证有 10 年以上的使用寿命。

二、太阳灶

太阳灶是利用太阳能辐射，通过聚光获取热量，进行烹饪食物的一种装置。它不烧任何燃料，没有任何污染，正常使用时比蜂窝煤炉还要快，和煤气灶速度差不多。

太阳灶的作用就是把低密度、分散的太阳辐射能聚集起来，进行炊事作业。根据不同地区的自然条件和群众不同的生活习惯，太阳灶每年的实际使用时间在400 ~ 600h之间不等，每台太阳灶每年可以节省秸秆500 ~ 800kg，经济和生态效益十分显著。

太阳灶已是较成熟的产品。人类利用太阳灶已有200多年的历史，特别是近二三十年来，世界各国都先后研制生产了各种不同类型的太阳灶。尤其是发展中的国家，太阳灶受到了广大用户的好评，并得到了较好的推广和应用。

太阳灶的关键部件是聚光镜，不仅涉及镜面材料的选择，还有几何形状的设计。最普通的反光镜为镀银或镀铝玻璃镜，也有铝抛光镜面和涤纶薄膜镀铝材料的。

太阳灶的镜面设计，大都采用旋转抛物面的聚光原理。在数学上，抛物线绕主轴旋转一周所得的面称为旋转抛物面。若有一束平行光沿主轴射向这个抛物面，遇到抛物面的反光，则光线都会集中反射到定点的位置，形成聚光，或叫聚焦作用。作为太阳灶使用，要求在锅底形成一个焦面，这样才能达到加热的目的。换言之，它并不要求严格地将阳光聚集到一个点上，而是要求一定的焦面。确定了焦面之后，就可以研究聚光器的聚光比，它是决定聚光式太阳灶的功率和效率的重要因素。聚光比K可用公式求得：K=采光面积/焦面面积。采光面积是指太阳灶在使用时反射镜面阳光的有效投影面积。根据我国推广太阳灶的经验，设计一个700 ~ 1200W功率的聚光式太阳灶，通常采光面积为1.5 ~ 2.0m^2。

聚光式太阳灶除采用旋转抛物面反射镜外，还有将抛物面分割成若干段的反射镜，光学上称为菲涅耳镜，也有的把菲涅耳镜做成连续的螺旋式反光带片，俗称蚊香式太阳灶。这类灶型都是可折叠的便携式太阳灶。

聚光式太阳灶的镜面，有的用玻璃整体热弯成形，也有的用普通玻璃镜片碎块粘贴在设计好的底板上，或者用高反光率的镀铝涤纶薄膜裱糊在底板上。底板可用水泥制成，或用铁皮、钙塑材料等加工成形，也可直接用铝板抛光并涂以防氧化剂制成反光镜。

聚光式太阳灶的架体用金属管材弯制，锅架高度应适中且便于操作，镜面仰角可灵活调节。为了移动方便，也可在架底安装两个小轮，但必须保证灶体的稳定性。在有风的地方，太阳灶要能抗风不倒。可在锅底部位加装防风罩，以减少锅底因受风的影响而功率下降。有的太阳灶装有自动跟踪太阳的跟踪器，但是这只会增加整灶的造价。中国农村推广的一些聚光式太阳灶，大部分为水泥壳体加玻璃镜面，造价低，便于就地制作，但不利于工业化生产和运输。

国内聚光太阳灶一般分为三个类型。

（一）室外太阳灶

这种太阳灶只能用于室外烧水做饭，在 20 世纪 70 年代由各地方政府推广。其优点是能获得太阳能高温，节省燃料。其制作成本适合当时农民的生活水平，其缺点是人工操作，极为不便。一般仅用手工操作，只能在室外做饭，负重低，可以满足个人家庭生活部分的需要。由于造价特别低廉，这种太阳灶直到在许多地方仍在使用。

（二）菲涅耳透镜聚焦的太阳灶

其优点极为明显：聚焦精度高；为片状塑性材料，轻便，性能好，是当今太阳能聚焦最好的方式之一，主要用于太阳能发电。但其缺点是造价十分昂贵，技术要求精度高。在我国能生产大型菲涅耳透镜的厂家基本没有，即使个别的能生产，其产品也全部转为出口，且造价昂贵，一个 $1m^2$ 以内的菲涅尔透镜售价一般 1000 多元。由于成本极高，使用者往往望而却步，这使我国菲涅耳透镜生产厂家的生产能力因价格和消费市场而受到了抑制。

（三）固定焦点太阳灶

固定焦点太阳灶是由我国科学工作者经过十多年的研制而开发的一种太阳灶。其特点是将聚光集热与蓄热储能分为两个不同部分，将聚光结构在自动跟踪器的引导下使锅形聚光器始终对准阳光并沿着地轴方向反射到集热储能器的靶心上，将获得的高能光热转换到集热器上。其优点是由于集热和聚光分为两个不同体，因此聚光方便，使用动力小，费用低，而储能部分在其靶心上，所以其重量、体积不受限制，因而这种固定焦点太阳能灶可以用于集体食堂、高温集热、热水工程、海水淡化及太阳能发电。该技术已居于世界前列，这是我国科学工作者对太阳能利用作出的新贡献。

中国太阳灶的推广和应用区域集中在西部太阳能丰富的甘肃、青海、宁夏、西藏、四川、云南等地区，这与国家和地方政府的支持分不开。太阳灶在农村地区的普及得到了迅速发展，我国是世界上推广应用太阳灶最多的国家，取得了明显的社会效益和经济效益，太阳灶在我国农村能源建设中发挥了非常重要的作用。

三、太阳能热发电

太阳能热发电是指利用集热器将太阳辐射能转换成热能并通过热力循环进行发电。太阳能热发电是太阳能热利用的重要方向，是很有可能引发能源革命的技术成果，也是实现大功率发电、替代化石能源的绿色经济手段之一。自 20 世纪 80 年代以来，美国、西班牙、意大利等国相继建立起不同形式的示范装置，有力地促进了热发电技术的发展。

太阳能热发电主要有塔式、槽式、碟式、太阳池和太阳能塔热气流发电等几种类型。前三种太阳能热发电系统类型属聚光型，其他的属非聚光型。发达国家将太阳能热发电技术作为研发重点，已建立了各种类型的太阳能热发电示范电站，并达到并网发电的实际应用水平。

（一）聚光型太阳能热发电技术

聚光型太阳能热发电技术是利用大规模阵列抛物面或碟形镜面收集太阳热能，通过换热装置提供蒸汽，结合传统汽轮发电机的工艺，从而达到发电的目的。采用太阳能热发电技术，避免了昂贵的晶硅光电转换工艺，可以大大降低太阳能发电的成本。而且，这种形式的太阳能利用还有一个其他形式的太阳能转换所无可比拟的优势，即太阳能所烧热的水可以储存在巨大的容器中，在太阳落山后几个小时仍然能够带动汽轮机发电。

聚光型发电形式有槽式、塔式、碟式等三种系统。

1. 槽式

槽式太阳能热发电系统全称为槽式抛物面反射镜太阳能热发电系统，是将多个槽形抛物面聚光集热器经过串并联的排列，加热工质，产生高温蒸汽，驱动汽轮发电机组发电。槽形抛物面太阳能发电站的功率为 10 ~ 100MW，是所有太阳能热发电站中功率最大的。

槽式太阳能热发电系统的聚光集热器采用分散布置，跟踪精度要求低，跟踪控制代价小，吸收器的结构相对简单。用抛物柱面槽式反射镜将阳光聚焦到管状的接收器上，因而属于线聚焦方式，聚光比只有几十，属中温发电。

与塔式、碟式太阳能热发电技术相比，槽式太阳能热发电技术是世界上最成熟的，因而在三种聚光式发电中首先实现了商业化并在世界各地得到广泛应用。其优势在于：系统结构紧凑，槽式抛物面集热装置的制造所需的构件形式不多，容易实现标准化，适合批量生产。

槽式太阳能热发电站分布于阿尔及利亚、澳大利亚、埃及、印度、伊朗、意大利、摩洛哥、墨西哥、西班牙、美国等太阳能资源丰富的国家。

在槽式太阳能热发电技术方面，中国科学院和中国科技大学曾做过单元性试验研究。进入 21 世纪，联合攻关队伍在太阳能热发电领域的太阳光方位传感器、自动跟踪系统、槽式抛物面反射镜、槽式太阳能接收盔方面取得了突破性进展。采用菲涅耳凸透镜技术可以对数百面反射镜进行同时跟踪，将数百或数千平方米的阳光聚焦到光能转换部件上（聚光度约 50 倍，可以产生 300 ~ 400℃的高温）。采用菲涅耳线焦透镜系统，改变了以往整个工程造价大部分为跟踪控制系统成本的局面，使其在整个工程造价中只占很小的一部分。

中国太阳能资源丰富，利用潜力巨大。我国《能源生产和消费革命战略（2016 ~ 2030）》提出：要大力发展太阳能，不断提高发电效率，降低成本，实现与常规电力同等竞争。加快发展高效太阳能发电利用技术和设备，重点研发电池材料、光电转换、智能光伏发电站、风光水互补发电和大规模消纳技术。

我国槽式太阳能热发电项目突破了聚光镜片、跟踪驱动装置、线聚焦集热管等 3 项核心技术，使得我国成为继美国、德国、以色列之后的全部技术国产化的国家。

2. 塔式

太阳能塔式发电应用的是塔式系统（又称集中式系统），它是在很大面积的场地上装有许多台大型太阳能反射镜（通常称为定日镜），每台都各自配有跟踪机构准确地将太阳光反射集中到一个高塔顶部的接收器上。接收器上的聚光倍率可超过 1000 倍。在这里把吸收的太阳光能转化成热能，再将热能传给工质，经过蓄热环节，再输入热动力机，膨胀做功，带动发电机，最后以电能的形式输出。太阳能发电的传热工质可以是水、导热油或熔盐等，也有的太阳能电站采用直接加热空气，再通过高温空气推动微型燃机发电的工艺路线，该工艺路线的发电效率也很高。配置熔盐储热系统的塔式太阳能电站主要由定日镜场、塔顶接收器、吸热系统、储热系统、汽轮发电系统等组成。

由于聚光比高达 1000 以上，介质温度多高于 350℃，总效率在 15% 以上，属于高温热发电。其部分参数可与火电厂的相同，因而技术条件成熟，设备选购方便。但是，每块镜面都随太阳运动而独立调节方位及朝向，所需要的跟踪定位机构代价高昂，限制了它在发展中国家的推广应用。目前塔式发电的利用规模可达 10 ~ 20MW，处于示范工程建设阶段。

3. 碟式

太阳能碟式发电系统也称盘式系统，外形有些类似于太阳灶，一般由旋转抛物面反射镜、接收器、吸热器、跟踪装置以及热功转换装置等组成。其主要特征是采用盘状抛物面聚光集热器，其结构从外形上看类似于大型抛物面雷达天线。由于盘状抛物面镜是一种点聚焦集热器，其聚光比可以高达数百到数千，因而可产生非常高的温度。整个碟式发电系统安装在一个双轴跟踪支撑装置上，实现定日跟踪，连续发电。工作时，发电系统借助于双轴跟踪，抛物形碟式镜面将接收到的太阳能集中在其焦点的接收器上，接收器的聚光比可超过 3000，温度达 800℃以上。接收器把太阳辐射能用于加热工质，变成工质的热能。常用的工质为氦气或氢气。加热后的工质送入发电装置进行发电。

碟式聚光器主要分为单碟和多碟式聚光器。碟式系统的能量转换方式主要有两种：

一种是采用斯特林引擎的斯特林（Stirling）循环，另一种是采用燃气轮机的布雷顿（Brayton）循环。其中碟式斯特林太阳能发电系统光电转换效率高，启动损失小，效率高达29%。运行时，太阳光经过碟式聚光镜聚焦后进入太阳光接收器，在太阳光接收器内转化为热能，并成为热机的热源推动热机运转，再由热机带动发电机发电。

碟式太阳能热发电系统的优点是：光热转换效率高达85%左右，在三类系统中位居首位；使用灵活，既可以作分布式系统单独供电，也可以并网发电。

碟式热发电系统的缺点是：造价昂贵，在三种系统中也是位居首位。尽管碟式系统的聚光比非常高，可以达到2000℃的高温，但是对于热发电技术而言，并不需要如此高的温度，它甚至是具有破坏性的。所以碟式系统的接收器一般并不放在焦点上，而是根据性能指标要求适当地放在较低的温度区内，这样高聚光度的优点实际上并不能得到充分的发挥。热储存困难，热熔盐储热技术危险性大而且造价高。

总的来说，上述3种形式的太阳能热发电系统相比较而言，槽式热发电系统是最成熟，也是达到商业化发展的技术，塔式热发电系统的成熟度不如槽式抛物面热发电系统，而配以斯特林发电机的抛物面碟式热发电系统虽然有比较优良的性能指标，但主要还是用于偏远地区的小型独立供电，大规模应用成熟度要稍逊一筹。

表3-2　3种太阳能发电系统的比较

项目	槽式系统	碟式系统	塔式系统
理想电站规模	100MW以上	100kW（单台）	100MW以上
目前电站最大规模	80MW	50kW（单台）	10MW
聚光方式	抛物面反光镜	旋转对称抛物面反光镜	平、凹反光镜
跟踪方式	单轴跟踪	双轴跟踪	双轴跟踪
聚光比	10～30	500～600	500～3000
接收器	空腔式、真空管式	空腔式	空腔式、外露式
运行温度/℃	20～400	800～1000	500～2000
工质	油/水、水	油/甲苯、氦气	熔盐/水、水、空气
可否蓄能	可以	可以	可以
可否有辅助能源	可以	可以	可以
可否全天工作	有限制	可以	有限制（蓄电池）
光热转换效率/%	70	85	60
目前最高发电效率/%	28.0	29.4	28.0

年平均发电效率 /%	11 ～ 17	12 ～ 25	7 ～ 20
单位面积造价 / (美元 /m²)	275 ～ 630	320 ～ 3100	200 ～ 475
每瓦造价 / (美元 /W)	2.5 ～ 4.4	1.4 ～ 12.6	2.7 ～ 4.0
发电成本 [美分 / (kW · h)]	8		—
商业化情况	可商业化	试验样机阶段	示范阶段
开发风险	低	中	高
优点	(1) 商业化; (2) 太阳能集热装置效率达到 60%, 太阳能转换成电能的效率为 21%: (3) 温度达到 500℃年均净发电效 14%; (4) 在所有的太阳能发电技术中用得最少; (5) 可混合发电; (6) 可有储能	(1) 高的转化效率, 峰值时太阳能净发电效率超过 30%; (2) 可模板化; (3) 可混合发电	(1) 较高的转换效率, 有中期前景 (在加热温度达到 565℃时太阳能集热装置效率 46%, 太阳能转换为电能的效率达到 23%) ; (2) 运行温度可超过 1000℃; (3) 可混合发电; (4) 可高温储能
应用前景	并网	独立运行、并网	并网

(二) 非聚光型太阳能热发电技术

目前正在试验和运行的非聚光型太阳能热发电包括太阳池、太阳能烟囱等发电方式。

1. 太阳池

国际上最早提出太阳池概念的是以色列的 Tabor。太阳池是一种利用具有一定盐浓度梯度的池水作为集热器和蓄热器的一种太阳能热利用系统。盐水池中随着深度的增加温度也在增加，池底温度高于池表面温度，因此可以利用池底这部分热能。由于它结构简单，造价低廉，能长时期（跨季度）蓄热，可以在全年内提供性能稳定的低温热源，因此日益受到世界各国的重视。

太阳池的基本构造最上层称为上对流层，一般由清水组成，其温度与环境温度相近，具有隔热保温和防止下层溶液被扰动的功能；最下层称为下对流层，由饱和的盐溶液组成，主要起储热和吸热作用，其最高温度可达 100℃左右；中间层称为非对流层，是太阳池的关键部分，其盐溶液的浓度是随着池深呈梯度增大的，所以又称为梯度层。梯度层溶液由于其浓度是不断增大的，而它的密度也是呈梯度增加的，这样它就能有效地防止下层池水由于温度升高而产生竖直方向的自然对流，因而可以使得下对流层的温度比上对流层的温度高许多，从而达到收集和储存太阳能的目的。

太阳池发电系统系统把太阳池底层的热水抽入蒸发器，使蒸发器中的低沸点有机工质蒸发；蒸发的有机工质高压蒸气流入汽轮机，通过喷嘴喷射使汽轮机转动，并带动发电机发电；而低压的蒸气进入冷凝器冷却，冷凝液用循环泵抽回蒸发器，如此反复循环。太阳池上部的冷水则作为冷凝器的冷却水。系统还有另一个换热器，称为预热器，它用来将汽轮机出口蒸气的热量传给进入蒸发器以前的液体，以减少从太阳池吸取的热量，从而能提高系统的效率。

2. 太阳能烟囱

太阳能烟囱式热力发电基本原理是利用太阳能集热棚加热空气，烟囱产生上曳气流效应，驱动空气涡轮机带动发电机发电。这种发电方式无需常规能源，其动力的供给完全来自集热棚下面因太阳辐射所产生的热空气。基于这一原理构建的太阳能烟囱式热力发电系统由太阳能集热棚、太阳能烟囱和空气涡轮发电机组组成，属于现有三项成熟技术的创新性组合应用。由面盖和支架组成的集热棚以太阳能烟囱为中心，呈圆周状分布，并与地面有一定间隙，以引入周围的空气；太阳能烟囱离地面有一定距离，周边与集热棚密封相连，其底部装有空气涡轮机。当太阳光照射集热棚时，会加热棚下面的土地（或蓄热器）和棚内空气，空气温度升高，密度会下降，在太阳能烟囱的抽吸作用下形成一股强大的上升气流，从而驱动安装在烟囱底部中央的单台空气涡轮发电机或呈环形排列的多台小型空气涡轮发电机发电。同时，集热棚周围的冷空气进入棚内，形成持续不断的空气循环流动。

太阳能烟囱电站的理想场所是戈壁沙漠地区，这些地区的太阳辐射强度都在 500 ~ 600W/m^2 之间。在欧洲南部和非洲北部，太阳辐射强度平均也达到了 400W/m^2。如果这些地区每年光照的天数为 300 天或者更多的话，在这些地区太阳能烟囱电站是可行的。除了进行发电外，太阳能烟囱电站还可能有其他应用。比如，这种电站能够通过电解的方法产生氢气，然后向外输出氢气；另外一个应用是利用集热棚周围的空地，在温室内培育花卉等进行园艺生产。

我国主要在西北地区和青藏高原等地区比较具有兴建热气流电站的优势，我国第一座发电量为 1MW 的太阳能热气流电站在宁夏开始兴建。

除了上述太阳能热发电形式外，还有其他如太阳能发电等形式，但包括前面几种太阳能热发电在内的都由于场地、应用规模、技术等因素，目前离大规模商用化应用还有距离。

四、太阳能干燥器

太阳能干燥就是使被干燥的物料或者直接吸收太阳能并将它转换为热能，或者通过太阳集热器所加热的空气进行对流换热而获得热能，继而再经过以上物料表面与物料内部之间的传热、传质过程，使物料中的水分逐步气化并扩散到空气中去，最终达到干燥的目的。

为了能完成这样的过程，必须使被干燥物料表面所产生水蒸气的压力大于干燥介质中水汽的分压。压差越大，干燥过程就进行得越快。因此，干燥介质必须及时地将产生的水汽带去，以保持一定的水汽推动力。如果压差为零，就意味着干燥介质与物料的水汽达到平衡，干燥过程就停止。

太阳能干燥通常采用空气作为干燥介质。在太阳能干燥器中，空气与被干燥物料接触，热空气将热量不断传递给被干燥物料，使物料中水分不断气化，并把水汽及时带走，从而使物料得以干燥。

太阳能干燥器是将太阳能转换为热能以加热物料并使其最终达到干燥目的的完整装置。太阳能干燥器的形式很多，它们可以有不同的分类方法。

（一）按物料接收太阳能的方式进行分类

1. 直接受热式太阳能干燥器

干燥物料直接吸收太阳能，并由物料自身将太阳能转换为热能的干燥器，通常称作辐射式太阳能干燥器。

2. 间接受热式太阳能干燥器

首先利用太阳能集热器加热空气，再通过热空气与物料的对流换热而使被干燥物料获得热能的干燥器，通常称作对流式太阳能干燥器。

（二）按空气流动的动力类型进行分类

1. 主动式太阳能干燥器

需要由外加动力（风机）驱动运行的太阳能干燥器。

2. 被动式太阳能干燥器

不需要由外加动力（风机）驱动运行的太阳能干燥器。

3. 按干燥器的结构形式及运行方式进行分类

按这种分类，太阳能干燥器有以下几种形式：温室型太阳能干燥器、集热器型太阳能干燥器、集热器－温室型太阳能干燥器、整体式太阳能干燥器、抛物面聚光型太阳能干燥器等。

（1）温室型太阳能干燥器

温室型太阳能干燥器的结构与栽培农作物的温室相似，温室即为干燥室，待干物料置于温室内，直接吸收太阳辐射，温室内的空气被加热升温，物料脱去水分，达到干燥的目的。温室型干燥器的北墙通常为隔热墙，内壁涂黑，同时具有吸热加隔热作用，南墙及东西两侧墙的半墙为隔热墙，半墙以上为透光玻璃。温室的地面涂黑，干燥器的顶部为向南倾斜的大面积玻璃盖板，而南墙靠地面的底部开设一定数量的通气孔。在温室的顶部，靠近北墙的部位，设有排气囱以形成自然对流循环通路。运行过程中，通过安装在排气囱中的调节风门来控制温室内的温度和湿度，排去含湿量大的空气，加快物料的干燥。这种干燥装置和自然摊晒相比，干燥时间可缩短 60% ~ 70%。

由于这种干燥器结构简单，造价低廉，投资少，在山西、河北、北京、广东等地的农村很快发展起来。尤其在山西省，建成了多座这种类型的干燥器，面积超过 1000m^2，用于干燥大枣、黄花菜、棉花等。

山西省稷山、大同等地，首先利用太阳能干燥器对大枣、黄花菜、辣椒、棉花等农产品进行干燥的试验，成功地使这些农产品干燥到安全储存的湿度，而且干得快，产品质量好，腐烂损失少，增加了收入。多年的实践表明，利用太阳能干燥器，大枣的烂枣率从过去自然晾干法的 16% ~ 20% 下降到 2% ~ 3%，且外形丰满，色泽鲜红，味道好，提高了枣的等级。

（2）集热器型太阳能干燥器

集热器型太阳能干燥器是太阳能空气集热器与干燥室分开组合而成的干燥装置。这种干燥器利用集热器把空气加热到 60 ~ 70℃，干燥速度比温室型的高，而单独的干燥室又可以加强保温和不使物料直接被阳光暴晒。物料在干燥室内实现对流热、质交换过程，达到干燥的目的。因此集热器型干燥系统可以在更大的范围内满足不同物料的干燥工艺要求。集热器多用平板型空气集热器作为干燥系统的集热器。提高空气流速，强化传热，以降低吸热板的温度，这是提高集热器效率的重要途径，但是在集热器的结构和连接方式上应注意降低空气的流动阻力，以减少动力消耗。为了弥补日照的间歇性和不稳定性等缺陷，大型干燥系统常设置蓄热设备，以提高太阳能利用的程度，并可用常规能源作为辅助供热设备，以太阳能空气寒热器

保证物料得以连续地干燥。此类干燥器一般设计为主动式，用风机鼓风以增强对流换热效果。此外，为了对物料进行连续干燥，在这类干燥装置中还可以设一个燃烧炉。

集热器型太阳能干燥器有以下一些优点：①可以根据物料的干燥特性调节热风的温度；②物料在干燥室内分层放置，单位面积能容纳的物料多；③强化对流换热，干燥效果更好；④适合不能受阳光直接暴晒的物料干燥，如鹿茸、啤酒花、切片黄芪、木材、橡胶等。因此，此类干燥器节能效果显著，广泛应用于不同品种的农副产品干燥。其缺点是与温室型太阳能干燥器相比，成本较高。

（3）集热器 - 温室型太阳能干燥器

前面谈及的温室型太阳能干燥器结构简单、效率较高，缺点是温升较小，在干燥含水率高的物料时（如蔬菜、水果等），温室型干燥器所获得的能量不足以在较短的时间内使物料干燥至安全含水率以下。为增加能量以保证被干物料的干燥质量，在温室外增加一部分集热器，就组成了集热器 - 温室型太阳能干燥装置。这种干燥器的干

燥室与温室型的干燥室相同，上面盖有透明玻璃盖板，室内设置料盘。工作时，将待干燥物品放在料盘上。物料一方面直接吸收透过玻璃盖层的太阳辐射，另一方面又受到来自空气集热器的热风加热，以辐射和对流换热方式加热物料，兼有温室型和集热器型干燥器两者的优点，适用于干燥那些含水率较高、要求干燥温度较高的物料。

（4）整体式太阳能干燥器

整体式太阳能干燥器将太阳能空气集热器与干燥室两者合并在一起成为一个整体。装有物料的料盘排列在干燥室内，物料直接吸收太阳辐射能，起吸热板的作用，空气则由于温室效应而被加热。干燥室内安装轴流风机，使空气在两列干燥室中不断循环，并上下穿透物料层，增加物料表面与热空气接触的机会。在整体式太阳能干燥器内，辐射换热与对流换热同时起作用，干燥过程得以强化。吸收了水分的湿空气从排气管排出，通过控制阀门，还可以使部分热空气随进气口补充的新鲜空气回流，再次进入干燥室减少排气热损失。

上述四种类型的太阳能干燥装置占了已经开发应用的太阳能干燥器的 95% 以上。除此之外，还有其他一些太阳能干燥器，如聚光型太阳能干燥器、远红外干燥器、振动流化床干燥器等。

五、太阳能在建筑节能上的应用

随着经济的发展，采暖、空调和其他生活用热的需求越来越大，是一般民用建筑物用能的主要部分。因此建筑节能是国民经济发展的一个重要问题。利用太阳能供电、供热、供冷、照明，建成太阳能综合利用建筑物，是当今太阳能利用的另一个重要的趋势。它将在调整住宅能耗结构、保障建筑能源安全、降低温室气体排放、保护大气环境、解决农村和偏远地区用能、提高国民生活质量等诸多方面产生积极的影响。

传统意义上的太阳能建筑指的是经设计能直接利用太阳能进行采暖或制冷的建筑，通过太阳能的光热利用使建筑物达到节能的效果。比较成熟的是通过太阳能的光热利用在冬季对室内空气进行加热的太阳能采暖建筑（一般分为主动式和被动式两大类）。另外随着太阳能利用科技水平的不断提高，太阳能建筑已经从太阳能采暖建筑发展到可以集成太阳能光电、太阳能热水、太阳能吸收式制冷、太阳能通风降温、可控自然采光等新技术的建筑，其技术含量更高，内涵更丰富，适用范围更广。

太阳能光热在建筑上的应用主要是指在不采用特殊机械设备的情况下，利用辐射、对流和导热使热能自然流经建筑物，并通过建筑物本身的性能控制热能流向，从而得到采暖或制冷的效果。其显著的特征是，建筑物本身作为系统的组成部件，不但反映了当地的气候特点，而且在适应自然环境的同时充分利用了自然环境的潜能，目的是全面解决建筑设计中固有的问题。例如，采用建筑遮阳设计，以减少炎热夏季的阳光直射（对深圳地区的建筑节能模拟测试显示，建筑遮阳可减少夏季空调能耗

23% ~ 32%）；按照被动采暖设计，能够充分利用寒冷冬季的太阳直射和辐射能量；创造宜人的建筑光影环境，以暗合和尊重人体的生物节奏；等等。

太阳能在建筑节能中的主要应用包括以下几个方面：

（一）太阳能生活热水供给

太阳能用于生活热水供给是太阳能利用最成功的范例。目前，中国的太阳能热水器已经商品化、产业化，无论是产量、拥有量和销售量都居世界第一。

（二）太阳能采暖

它是指将分散的太阳能通过集热器（如平板太阳能集热板、真空太阳能管、太阳能热管等吸收太阳能的收集设备）把太阳能转换成方便使用的热水，通过热

水输送到散热末端（如地板采暖系统、散热器系统等）提供房间采暖的系统。

（三）太阳能制冷

目前，太阳能制冷技术日趋完善。在夏季，被太阳能集热器加热的热水首先进入储水箱，当热水温度达到一定值时，由储水箱向制冷机提供热媒水；从制冷机流出并已降温的热水流回储水箱，再由集热器加热成高温热水；制冷机产生的冷媒水通向空调箱，以达到制冷的目的。当太阳能不足以提供高温热煤水时，可由辅助锅炉补充热量。

（四）太阳能幕墙

太阳能建筑玻璃幕墙可分为光热玻璃幕墙和光电玻璃幕墙。光热玻璃幕墙实际上是平板式太阳能集热器的变形，可用来提供生活热水。光电玻璃幕墙用透明封装的晶体硅制作，与光电池类似，可用来提供生活用电。

（五）家庭发电系统

一些国家已在建筑屋顶、墙体采用太阳能电池组成家庭太阳能发电系统。该系统包括一个计量、转换箱体，箱体实际上是一个逆变器和电度表，它将太阳能电池产生的直流电转换为交流电，并与电网连接，同时计量太阳能系统的发电量。用户可以把用不完的电量卖给当地电力部门。

（六）太阳能游泳池

太阳能游泳池在国内外获得广泛使用，比较成熟的是采用太阳能 - 热泵联用系统。晴好天气以太阳能为主要能源，热泵为辅助能源；阴天以热泵为主要能源，太阳能为辅助能源。

太阳能采暖可以分为主动式和被动式两大类。

1. 被动式太阳能建筑

是指通过建筑朝向和周围环境的合理布局，建筑内部空间和外部空间形体的巧妙处理，以及建筑材料和结构、构造的恰当选择，窗、墙、屋顶等建筑物本身构件的相互配合，以完全自然方式，配合季节调节室内温室，使室内取得冬暖夏凉的效果。因此它又称为被动式太阳房。

被动式太阳能建筑的基本设计原则就是通过建筑设计，使建筑在冬季充分利用太阳辐射热取暖，尽量减少通过维护结构及通风渗透而造成的热损失；夏季尽量减少因太阳辐射及室内人员、设备散热造成的热量。

常用的被动式采暖主要有直接收益式、蓄热墙和附加阳光间等 3 种。

直接收益式系统是将阳光可以照射到的地面和墙体做成蓄热结构，或将太阳光直接引入室内。白天利用蓄热结构蓄积太阳能，晚间这些表面则又成为散热表面。由于是直接收益式结构，获得的太阳能数量有限，整个建筑必须有良好的保温性能才能使此系统发挥作用。目前，我国冬季室外气温不是很低的地区的新建建筑，如果局部做成直接收益式的结构，对整个建筑结构影响不大，造价的增长不会超过 10%，节能效果却很显著。

蓄热墙的作用是在冬季将进入室内的太阳辐射热储存起来，当夜晚气温下降时再以对流方式逐渐地使热量释放出来。墙体隔着一层玻璃朝向太阳，当阳光透过玻璃照射到墙体上时，一方面墙体开始储存热量，同时处于玻璃和墙体之间的空气被加热。上升的热气流通过墙体上方的开口进入室内，同时带动室内冷空气从墙体下方开口进入风腔，如此不断循环，使室内温度提高。这种系统被称为特隆比墙，特点是简单，经济，实用，容易建造且应用广泛。

附加阳光间系统和蓄热式系统接近，只不过将玻璃幕墙改做成一个阳光间，利用阳光间的热空气及蓄热的南墙来蓄积太阳能。阳光间内的南墙可以开窗，将阳光间内的热空气导入室内。这种系统结构简单，对建筑外立面影响小。

目前，我国被动太阳房在采暖方面可以节能 60% ~ 70%，平均 1m^2 建筑面积每年可节约 20 ~ 40kg 标准煤，发挥着良好的经济和社会效益。

2. 主动式系统

是指利用太阳能集热器收集太阳能，然后加以利用的系统。主动式太阳能系统在建筑中的热利用主要有采暖、制冷和热水供应三方面用途。太阳能主动式采暖由太阳能集热器和相应的蓄热装置构成。它利用吸收的太阳能作为采暖系统的热源，向采暖系统提供低温热水，通过室内部分的采暖系统来完成室内的加温过程，使室内温度达到设计要求。

在实际应用中，根据采暖自身的特点，室外气温较高的地区可以采取被动方式；对于夏热冬冷的地区应将主动式与被动式结合起来使用，最后介绍一种崭新的太阳房——热泵式太阳房。

热泵式太阳房是利用太阳能集热器接收来自太阳的辐射，作为热泵的低温热源（10～20℃），然后通过热泵将热量传递到30～50℃的采暖热媒中去。太阳能热泵主要有直接式太阳能热泵和间接式太阳能热泵两种形式。

直接式太阳能热泵将太阳能集热器与热泵的蒸发器连成一体，间接式太阳能热泵则多了一个中间换热环节。与普通的空气源热泵相比，太阳能热泵具有明显的优势：COP显著提高，蒸发器不结霜同时改善了压缩机的工作环境，延长了压缩机的寿命。

六、太阳能蒸馏——海水淡化

淡水是人类赖以生存和社会发展的必需物质之一。地球上的水量虽然很大，但是97%是海水，淡水仅占3%，其中淡水的3/4被冻结在地球的两极和高寒地带的冰川中，其余的从分布上说，地下水也比地表水多得多（多37倍左右）。剩下的存在于河流、湖泊和可供人类直接利用的地下淡水已不足0.36%。而且地区分布不均匀，有的地方淡水资源极为缺乏。就人均占有量来说，中国在水资源方面是一个“穷国”。据测算，我国人均占有水量只居世界的第108位。我国海岸线长，一些岛屿和沿海盐碱地区以及内陆苦咸水地区均属缺乏淡水的地区。这些地区的人们由于长期饮用不符合卫生标准的水，产生了各种病症，直接影响了人们的身体健康和当地的经济建设。因此，淡水供应不足是我国面临的一个严峻问题。

为了增加淡水的供应，除了采用常规的措施，比如就近引水或跨流域引水之外，一条可行的途径就是就近进行海水或苦咸水的淡化，特别是对于那些用水量分散且偏远的地区更适宜用此方法。

海水淡化即利用海水脱盐生产淡水，它是实现水资源利用的开源增量技术，既可以增加淡水总量，且不受时空和气候影响，水质好，又可以保障沿海居民饮用水和工业锅炉补水等稳定供水。

对海水或苦咸水进行淡化的方法很多，但常规的方法（如蒸馏法、离子交换法、渗析法、反渗透膜法以及冷冻法等）都要消耗大量的燃料或电力。随着淡化水的迅速增加，就会产生一系列的问题，其中最突出的就是能源的消耗问题。据估计，每天生产1.3×107m^3的淡化水，每年需要消耗原油1.3×108t。因此，寻求用太阳能来进行海水淡化，必将受到人们的青睐。

从中国国情出发，情况更是如此。我国广大农村、孤岛等地区至今仍普遍缺乏电力，因此在中国能源较紧张的条件下，利用太阳能从海水（苦咸水）中制取淡水，是解决淡水缺乏或供应不足的重要途径之一。所以，利用太阳能进行海水淡化有广泛的应用前景。

太阳能海水淡化系统与现有海水淡化利用项目相比有许多新特点。比如，它可独立运行，不受蒸汽、电力等条件限制，无污染，低能耗，运行安全稳定可靠，不消耗石油、天然气、煤炭等常规能源，对能源紧缺、环保要求高的地区有很大应用价值；另外，生产规模可有机组合，适应性好，投资相对较少，产水成本低，具备淡水供应市场的竞争力。

人类早期利用太阳能进行海水淡化，主要是利用太阳能进行蒸馏，所以早期的太阳能海水淡化装置一般都称为太阳能蒸馏器。

太阳能蒸馏器的运行原理是利用太阳能产生热能驱动海水发生相变，即产生蒸发与冷凝。运行方式一般可分为直接法和间接法两大类。直接法系统直接利用太阳能在集热器中进行蒸馏，而间接法系统的太阳能集热器与海水蒸馏部分是分离的。

此外，还有不少学者对直接法和间接法的混合系统进行了深入研究，并根据是否使用其他的太阳能集热器又将太阳能蒸馏系统分为主动式和被动式两大类。

被动式太阳能蒸馏系统的例子就是盘式太阳能蒸馏器，由于它结构简单、取材方便，至今仍被广泛采用。对盘式太阳能蒸馏器的研究主要集中于材料的选取、各种热性能的改善以及将它与各类太阳能集热器配合使用上。

被动式太阳能蒸馏系统的一个严重缺点是工作温度低，产水量不高，也不利于在夜间工作和利用其他余热。为此，人们提出了数十种主动式太阳能蒸馏器的设计方案，并对此进行了大量研究。

在主动式太阳能蒸馏系统中，由于配备有其他附属设备，而使其运行温度得以大幅提高，或使其内部的传热、传质过程得以改善。而且，在大部分的主动式太阳能蒸馏系统中，都能主动回收蒸汽在凝结过程中释放的潜热，因而这类系统能够得到比传统的太阳能蒸馏器高一至数倍的产水量。

中温太阳能集热器的日益普及，使得建立在较高温度段（75℃）运行的太阳能蒸馏器成为可能，也使以太阳能作为能源与常规海水淡化系统相结合变成现实，而且正在成为太阳能海水淡化研究中的一个很活跃的课题。由于太阳能集热器供热温度的提高，太阳能几乎可以与所有传统的海水淡化系统相结合（暂不包括传统的以电能为主的海水淡化系统）。已经取得阶段性成果并有推广前景的主要有太阳能多级闪蒸系统、太阳能多级沸腾蒸馏系统和太阳能压缩蒸馏系统等。太阳能蒸气压缩系统也具有广阔的前景，特别在电能相对便宜的地区。

综上，太阳能海水淡化装置的根本出路应是利用常规的现代海水淡化技术中先进的制造工艺和强化传热、传质新技术，使之与太阳能的具体特点结合起来，实现优势互补，这样才可以极大地提高太阳能海水淡化装置的经济性，才能为广大用户所接受，也才能进一步推动太阳能海水淡化技术向前发展。

第三节　太阳能的光电转换利用

一、太阳能电池

太阳能电池就是利用光生伏特效应的原理来工作的，所以太阳能电池又称光伏器件。太阳能电池是太阳能发电技术的核心组件。

太阳能电池发电有许多优点：①太阳能取之不尽，不受地球矿物能源短缺的影响。②可以方便就近供电，避免长距离输送。③太阳能发电系统采用模块化安装，方便灵活，建设周期短，没有运动部件，不易损坏，维护简单。④太阳能是理想的清洁能源。

太阳能电池的材料主要为半导体材料：晶体硅(包括单晶硅、多晶硅)和非晶硅两种。晶体硅太阳能电池变换效率最高，但价格也最贵；非晶硅太阳能电池变换效率最低，但价格最便宜。要使太阳能发电真正达到实用水平主要是提高太阳能光电变换效率并降低其成本。理论上讲，太阳能电池的最大转换效率达到30%，甚至更高都是可能的。目前，单晶硅太阳能电池可将16% ~ 20%的入射光线转换成电流，甚至在最佳条件下达到了25%。叠层电池的转换效率得到充分提高，如GaAs叠层电池的转化效率高达35%。常见太阳能电池技术的比较见表3-3。

表3-3　常见太阳能电池技术比较

太阳能电池种类	最高转换效率/%	优点	缺点
单晶硅	24.7±0.5	长寿命，技术成熟，转换效率高	成本高
多晶硅	20.3±0.5	长寿命，技术成熟，转换效率高	成本较高
多晶硅薄膜	16.6±0.4	成本低廉，效率较高，稳定性好	生产工艺需提高
非晶硅薄膜	14.5（初始）±0.7 12.8（稳定）±0.7	重量轻，工艺简单，转换效率高，成本低廉	稳定性差，有效率衰退现象
铜铟镓硒电池	19.5±0.6	没有光电效率衰退效应，转换率较高，稳定性好，工艺简单	铟和硒都是比较稀有的元素，材料来源缺乏
CdTe/CdS电池	16.5±0.5	成本较低，转化率较高，易于大规模生产	镉有毒

目前已得到应用的太阳能电池主要有单晶硅电池、多晶硅电池、非晶硅电池等，而且在研究中的还有纳米氧化钛敏化电池、多晶硅薄膜以及有机太阳能电池等。实际应用中主要还是硅材料电池，特别是晶体硅太阳能电池。

（一）晶体硅太阳能电池

晶体硅太阳能电池包括单晶硅太阳能电池和多晶硅太阳能电池。半导体材料硅（Si）和锗（Ge）都是第Ⅳ主族元素，每个电子的 4 个价电子与近邻的 4 个原子的一个价电子形成共价键。纯净的半导体材料结构比较稳定，在室温下只有极少数电子能被激发到禁带以上的导带中去，形成电子－空穴对的载流子。本征半导体本身的导电能力较弱，但掺入杂质后，其导电能力就可增加几十万倍乃至几百万倍。半导体掺杂主要有两种类型。一种是在纯净的半导体中掺入微量的第Ⅴ主族杂质，如磷（P）、砷（As）、锑（Sb）等。当它们在晶格中替代硅原子后，它的 5 个价电子除了 4 个与近邻的硅原子形成共价键外，还多出一个电子吸附在已成为带正电的杂质电离导带周围，这种提供电子的杂质称为施主杂质；其载流子大多是电子，少量的是空穴，显负电性，形成 N 型半导体。另一种掺杂是在纯净半导体中掺入微量第Ⅲ主族杂质，如硼（B）、铝（Al）、镓（Ga）、铟（In）等。每个掺入杂质原子只有 3 个电子，在形成共价键时相当于提供了一个空穴，于是在价带中形成了大量的正载流子——空穴。这种主要依靠受主杂质提供空穴导电的半导体，呈负电性，为 P 型半导体。

N 型半导体中含有较多的电子，而 P 型半导体中含有较多的空穴，当 P 型和 N 型半导体结合在一起时，就会在接触面形成电势差，这就是 P-N 结。当晶片受光后，N 型区的电子向 P 型区移动，这就形成了电流。

由于半导体的导电损耗大，需要涂上金属涂层以便于电流的传输，但若全部涂金属涂层，阳光就不能通过，电流就不能产生，因此一般用金属网格覆盖 P-N 结，以增加入射光的面积。硅表面非常光亮，会反射掉大量的太阳光，不能被电池利用。为此需要给它涂上一层反射系数非常小的保护膜，将反射损失减小到 5% 甚至更小。一个电池所能提供的电流和电压毕竟有限，于是人们又将很多电池并联或串联起来使用，形成太阳能光电板。

1. 单晶硅太阳能电池

单晶硅太阳能电池是第一代太阳能电。单晶硅电池的最新动向是向超薄、高效发展，不久的将来，可有 100μm 左右甚至更薄的单晶硅电池问世。目前单晶硅太阳能电池的光电转换效率为 15% 左右，最大已接近 25%。

单晶硅太阳能电池的材料为高纯度的单晶硅棒，纯度要求达到 99.999%。为降低成本，用于地面设施的太阳能电池的单晶硅材料指标有所放宽。高质量的单晶硅片要求是无位错单晶，厚度达到 200μm，硅片的含氧硅要少于 1×10^{18} 原子/cm^3，碳含量少于 1×10^{17} 原子/cm^3。单晶硅片的电阻率控制在 0.5 ~ 3Ω·cm，导电类型为 P 型，用 B 作掺杂剂。

单晶硅电池以硅半导体材料制成大面积 P-N 结进行工作，即在面积约 $10cm^2$ 的 P

型硅片上用扩散法作出一层很薄的、经过重掺杂的N型层，N型层上面制作金属栅线，形成正面接触电极；在整个背面制作金属膜，作为欧姆接触电极。当阳光从电池表面入射到内部时，入射光分别被各区的价带电子吸收并激发到导带，产生了电子-空穴对。势垒的作用是将电子扫入N区，而将空穴扫入P区。各区产生的光载流子在内建电场的作用下，反方向越过势垒，形成光生电流，实现了光-电转换过程。

已批量生产的单晶硅太阳能电池，其光电转换效率达到14%～20%，通过改进制备工艺可以进一步提高电池效率。目前出现的新工艺有以下几种：

（1）钝化发射区太阳能电池（PERL）

电池正反面全部进行氧钝化，并采用光刻技术将电池表面的氧化硅层制成倒金字塔式，两面的金属接触面积缩小，其接触点进行B与P的重掺杂。PERL电池的光电转换效率达到24%。

（2）埋栅太阳能电池（BCSC）

采用激光或机械法在硅表面刻出宽度为20μm的槽，然后进行化学镀铜形成电极。BCSC电池的制备工艺是结合实用化来提高效率的，具有工业化生产前景。

单晶硅电池主要用于光伏电站，特别是通信电站，也可用于航空器电源或聚焦光伏发电系统。单晶硅电池的光学、电学和力学性能均匀一致，电池的颜色多为黑色或棕黑色，也适合切割成小片制作小型消费产品，如太阳能庭院灯等。

2. 多晶硅太阳能电池

多晶硅太阳能电池是第二代太阳能电池。制作过程的主要特点是以氮化硅为减反射薄膜。商业化电池的效率多为14%～16%，最高可达18%；多晶硅电池是正方片，在制作电池组件时有最高的填充率。由于单晶硅太阳能电池需要高纯硅材料，其材料成本占电池总成本的一半以上。多晶硅电池材料制备方法简单，耗能少，可连续大规模生产，所以自生产以来其产量和市场占有率为最大。

长期以来，太阳能级多晶硅都采用电子级硅单晶制备的头尾料、增加底料来制备，经一系列物理化学反应提纯后达到一定纯度的半导体材料。世界先进的电子级多晶硅生产技术由美国、日本、德国的公司所垄断，其生产技术主要有以下三种：改良西门子法、硅烷法和流态床反应法。

另外，世界各国都在研究低成本生产太阳能级多晶硅的新工艺，包括化学法制备太阳能级多晶硅技术和冶金法制备太阳能级多晶硅技术。

多晶硅电池与单晶硅相同，性能稳定，也主要用于光伏电站建设，或作为光伏建筑材料（如光伏幕墙或屋顶光伏系统）。在阳光作用下，由于多晶结构不同、晶面散射强度不同，可呈现不同色彩；通过控制氮化硅减小反射薄膜的厚度，可使太阳能电池具备各色各样的颜色，如金色、绿色等，因而多晶硅电池更具有良好的装饰效果。

（二）非晶硅太阳能电池

非晶硅中原子排列缺少规则性，在单纯的非晶硅 P-N 结构中存在缺陷，隧道电流占主导地位，无法制备太阳能电池。因此要在 P 层和 N 层中间加入本征层 I，形成 P-I-N 结，改善了稳定性并提高了效率，同时遏制了隧道电流。大量的实验证实，实际的非晶硅基半导体材料结构既不像理想的无规网络模型，也不像理想的微晶模型，而是含有一定的结构缺陷，如悬挂键、断键、空洞等，这些缺陷有很强的补偿作用。

1. 非晶硅太阳能电池的工作原理

与单晶硅太阳能电池类似，非晶硅太阳能电池也利用了半导体的光伏效应，但在非晶硅太阳能电池中光生载流子只有漂移运动而无扩散运动。由于非晶硅材料结构上的长程无序性，无规网络引起的极强散射作用使载流子的扩散长度很短。如果在光生载流子的产生处或附近没有电场存在，则光生载流子由于扩散长度的限制，将会很快复合而不能被收集。为了使光生载流子能有效地收集，就要求在非晶硅太阳能电池中光注入所涉及的整个范围内尽量布满电场。

2. 非晶硅太阳能电池的结构

非晶硅是在玻璃衬底上沉积透明导电膜(TCO),然后依次用等离子体反应沉积P型、I 型、N 型二层 a-Si，接着再蒸镀金属电极铝（AI），光从玻璃入射，电池电流从透明导电膜和铝引出，最后用 EVA、底玻璃封装，也可以用不锈钢片、塑料等作衬底封装。

非晶硅薄膜电池组件的结构自上到下依次为顶面玻璃、电膜、双结非晶硅薄膜电池（非晶硅薄膜电池还可做成单结或双结非晶硅薄膜电池）、背电极、EVA、底面玻璃。

电池各层厚度的设计要求是:保证入射光尽可能多地进入 I 层，最大限度地被吸收，并最有效地转换成电能。以玻璃衬底 P-I-N 型电池为例，入射光要通过玻璃、TCO 膜、P 层后才到达 I 吸收层，因此对 TCO 膜和 P 层厚度的要求是：在保证电特性的条件下要尽量薄，以减少光损失。一般 TCO 膜厚约 80Nm，P 层厚约 10nm，要求 I 层厚度既要保证最大限度地吸收入射光，又要保证光生载流子最大限度地输运到外电路；I 层厚度约 500nm，N 层约 30nm。

3. 非晶硅太阳能电池的应用

α-Si 太阳能电池的应用领域不断在扩大，对民用产品如手表、录音机、电视机供电，这种应用主要是以低能耗为特点。在建筑领域的应用主要是在玻璃上直接沉积非晶硅太阳能电池作为屋顶瓦，此种屋顶瓦与普通的屋顶瓦规模、重量相同，可节省安装空间，降低系统费用。此外，非晶硅太阳能电池可用作偏远地区的照明和通信能源，可以用于汽车顶棚给汽车电池供电，可以作为小型发电系统提供电源。

随着非晶硅太阳能电池转化效率的提高及生产成本的降低，目前又开发了一种新应用类型非晶硅太阳能电池，即柔性衬底非晶硅太阳能电池。柔性衬底的非晶硅电池具有高比功率、轻便、柔韧性强等优点，因此在光伏建筑一体化，特别是在城市遥感用平流层气球平台、军用微小卫星、空间航天器等应用中极具优势。在目前的卫星系统中电源系统的重量占整体重量的近 1/3，而柔性衬底的非晶硅电池的功率 / 质量比可达 2000W/kg，远远高于晶体硅的比功率，因此使用柔性衬底的非晶硅电池可大大降低电源系统的重量。在民用方面，由于柔性衬底的非晶硅电池具有极好的柔韧性、可卷曲性，这使它不但易于储存和运输，而且为电池的安装，特别是与建筑物及供电系统的一体化设计方面提供了方便的条件，具有广阔的应用前景。

（三）染料敏化纳米晶化学太阳能电池

染料敏化纳米晶化学太阳能电池（简称 DSSCS 电池）是一种光电化学电池。它与自然界的光合作用有相似之处，主要表现为：一是利用有机染料吸收光和传递太阳能；二是利用多层结构来吸收和提高收集效率。

纳米晶材料太阳能电池于20世纪90年代诞生，目前光电转换效率稳定在10%以上，使用寿命可达 20 年以上。它的成本较低，仅为硅太阳能电池的 10% ~ 20%。

1. 染料敏化纳米晶化学太阳能电池的工作原理

染料敏化纳米晶化学太阳能电池主要由透明导电基片、多孔纳米晶薄膜（如 TiO_2）、染料敏化剂、电解质溶液和对电极组成。

纳米晶化学太阳能电池的工作原理不同于硅系列太阳能电池。以纳米 TiO_2 为例，它的带隙为 3.2eV，可见光不能将其激发；在它表面上涂上染料或光能催化剂后，染料分子在可见光的作用下吸收能量而被激发。处于激发态的电子不稳定，在染料分子与 TiO_2 表面上相互作用，电子跃迁到低能级的 TiO_2 导带，通过外电路产生光电流，失去电子的染料在阳极被电解质中的碘离子还原，又回到基态。

2. 染料敏化纳米晶化学太阳能电池的材料

（1）透明导电基片的制备

在导电玻璃表面镀一层氧化铟锡膜（TTO），在玻璃与膜之间制备一层 SiO_2，在阴极上镀上一层 Pt。SiO_2 的厚度大约 0.1μm，它的作用是防止普通玻璃中的 Na^+、K^+ 等离子在高温烧结时扩散到 TTO 膜中，Pt 的作用是作为催化剂和阳极材料。

（2）多孔纳米晶薄膜的制备

TiO_2（多孔纳米晶薄膜）是半导体材料，它的表面吸附了单分子层的光敏染料，用来吸收太阳光。TiO_2 的粒度越小，它的比表面积越大，那么吸附的染料分子也越稳定。除纳米 TiO_2 外，其他材料（如 Nb_2O_5、In_2O_3 等）的应用也在研究。多孔纳米晶薄膜的制备方法包括粉末涂覆法、旋涂法和丝网印刷法等。

（3）敏化的染料

敏化的染料对电池的效率有重要影响，它必须具备的条件有：①能吸收很宽的可见光谱；②稳定性好；③激发态反应活性高、激发态寿命长和光致发光性好。按照结构中是否含有金属原子或离子，可将用于染料敏化纳米晶太阳能电池的染料敏化剂分为金属有机敏化剂和非金属有机敏化剂两大类。

（4）电解质染料敏化

纳米晶太阳能电池的电解质有液态电解质、准固态电解质和固态电解质。染料敏化纳米晶太阳能电池的电解质多为液态物质，它是一种空穴传输材料。液体电解质选材范围广，电极电势易于调节，但它容易导致敏化染料从 TiO_2 电池上脱落，还可以导致染料降解，密封工艺要求高。常见的有机溶剂电解质有乙腈、戊腈、甲氧基丙腈、碳酸乙烯酯、碳酸丙烯酯和 γ－丁内酯等。准固态电解质是在有机溶剂电解质和离子液体电解质中加入凝胶剂形成凝胶体系，从而增加体系的稳定性。固态电解质中研究得比较多的是有机空穴传输材料和无机 P 型半导体材料，如 CUI、腙类化合物、氮硅烷类化合物等系列聚合物。

（5）电极的处理

为了提高电池的性能，往往还要进一步处理电极：①电极的表面化学改性，用无机酸处理电极以提高光电转化率；②核壳 / 混合半导体电极对光生电荷复合的抑制，AI_2O_3 包覆 TiO_2 电极形成一种核壳结构，能改善电池的转换效率；③对表面掺杂和修饰也可以改善太阳能电池的光电转换效率。

二、光伏发电技术

光伏发电是太阳能电池的主要应用。太阳能光伏发电系统主要由太阳能电池组件、电力电子设备（包括充、放电控制器，交流－直流逆变器，测试仪表和计算机监控等）以及蓄电池组或其他储能设备等三部分组成。太阳光辐射能量经由光伏电池方阵直接转换为电能，并通过电缆、控制器、储能等环节进行储存和转换，提供负载使用。

光伏发电系统按其应用形式基本可以分为两大类：独立光伏发电系统和并网光伏发电系统。

（一）独立光伏发电系统

独立光伏发电系统是不与常规电力系统相连而孤立运行的发电系统，由光伏电池阵列、充电控制器、蓄电池组、正弦波逆变器等组成。其工作原理为：光伏电池将接收到的太阳辐射能量直接转换成电能供给直流负载，或通过正弦波逆变器变换为交流电供给交流负载，并将多余能量经过充电控制器后以化学能形式存储在蓄电池中，在日照不足时，存储在蓄电池中的能量经变换后供给负载。在人口分散、现有电网不能完全到达的偏远地区，独立光伏发电系统因具有就地取材、受地域影响小、无须远距离输电、可大大节约成本等优点而得到广泛重视与应用。独立光伏发电系统主要解决偏远的无电地区和特殊领域的供电问题，且以户用及村庄用的中小系统居多。随着电力电子及控制技术的发展，独立光伏发电系统已从早期单一的直流供电输出发展到现在的交、直流并存输出。

（二）并网光伏发电系统

并网光伏发电系统是与电力系统连接在一起的光伏发电系统，可为电力系统提供有功和无功电能，同时也可以由并网的公共电网补充自身发电不足。该系统主要由三大部分组成：光伏阵列；变换器、控制器等电力电子设备；蓄电池或其他储能和辅助发电设备。

光伏电池阵列所发的直流电经逆变器变换成与电网相同频率的交流电，以电压源或电流源的方式送入电力系统。容量可以视为无穷大的公共电网在这里扮演着储能环节的角色。因此并网光伏发电系统降低了系统运行成本，提高了系统运行和供电稳定性，并且光伏并网系统的电能转换效率要大大高于独立系统，它是当今世界太阳能光伏发电技术的发展趋势。

并网光伏发电系统可分为住宅用并网光伏发电系统和集中式并网光伏发电系统两大类。前者的特点是光伏发电系统发的电直接分配给用户负荷，多余或不足的电力通过连接网来调节；后者的特点是光伏发电系统发的电被直接输送到电网上，由电网把电力统一分配给各用户。住宅用并网光伏发电系统和集中式并网光伏发电系统两者在系统结构差别不大。住宅用并网光伏系统在国外已得到大力推广，而集中式并网光伏系统应用尚在发展中。

除了太阳能电池方阵，并网逆变器也是并网光伏系统的核心。逆变器把太阳能电池方阵输出的直流电转换成与电网电力相同电压和频率的交流电，同时还起到调节电力的作用。逆变器有以下几个作用：①在输出电压和电流随太阳能电池温度以及太阳辐照度而变化时，总是输出太阳能电池的最大功率；②输出已抑制谐波的电流，以免影响电网的电能质量；③倒流输出剩余电力时，自动调整电压，把用户的电压维持在规定范围。

光伏发电系统中常用的并网逆变器可分四种，即直接耦合系统、工频隔离系统、高频隔离系统和高频不隔离系统。四种系统的优缺点参见表 3-4。

表 3-4　四种并网逆变器的比较

系统形式	优点	缺点
直接耦合系统	省去了笨重的工频变压器，故其效率高（96% 左右）、质量轻、结构简单、可靠性较好	太阳能电池板与电网之间没有实现电气隔离，太阳能电池板两极有电网电压，存在安全隐患；对太阳能电池组件乃至整个系统的绝缘有较高要求，容易出现漏电现象
工频隔离系统	结构简单，可靠性高，抗冲击性和安全性能良好，直流侧 MPPT 电压上下限比值范围一般在 3 倍以内	系统效率相对较低，且由于变压器的存在而使得系统较为笨重
高频隔离系统	同时具有电气隔离和质量轻的优点，系统效率在 94% 左右	由于隔离 DC/AC/DC 的功率等级一般较小，所以这种拓扑结构集中在 2kW 以下；高频 DC/AC/DC 的工作频率较高，一般为几十千赫或更高，系统的电磁兼容(EMC)比较难设计；系统的抗冲击性能差
高频不隔离系统	省去了笨重的工频变压器，效率高（94% 左右），重量轻，太阳能电池阵列的直流输入电压范围可以很宽（典型输入电压范围为 125 ～ 700V）	太阳能电池板与电网没有电气隔离，太阳能电池板两极会有电网电压，故也存在安全隐患；由于使用了高频 DC/DC 而使得 EMC 难度加大，系统的可靠性较低

（三）光伏发电技术的应用

太阳光是一种清洁能源，光伏发电系统无污染，不产生温室气体；没有运动部件，安静、可靠，无须特别维护、寿命长，模块化安装，在光伏器件的寿命期内，发电费用是固定不变的。因此，光伏发电技术在世界各地各个领域得到了广泛的应用。

1. 太阳能灯

太阳能路灯主要由太阳能电池组件、蓄电池、充放电控制器、照明电路、灯杆等组成，集光、电、机械、控制等技术于一体，常常与周围的优美环境融为一体。与传统路灯相比较，它还具有安装简单、节能无消耗、没有安全隐患等优点。

除了太阳能路灯之外，常见的太阳能灯还包括太阳能草坪灯、太阳能航标灯、太阳能交通警示灯等。

2. 光伏建筑一体化（BIPV）

BIPV 是指将光伏技术与建筑一体化相结合。在世界各地都能见到这种时尚高雅与环保节能相结合的典范。BIPV 较传统建筑而言具有无可比拟的优点，是建筑设计的发展潮流。将太阳能电池板安装在屋顶，只要阳光出现，电池板就开始工作，从而将光能转换成各种能量。

3. 在通信方面的应用

太阳能光伏电源系统在工业领域最成熟的应用体现在通信领域。太阳能发电应用于无人值守的微波中继站、光缆维护站、农村载波电话光伏系统、小型通信机、士兵GPS供电等。

太阳能光伏发电的应用保证了通信基站、中继站、直放站的电力供应，体现了太阳能光伏发电无人值守、高效稳定运行的优点，在现代化通信领域将得到越来越广泛的应用。

4. 太阳能汽车

太阳能汽车通过太阳能电池发电装置为直接驱动动力或以蓄电池储存电能再驱动汽车，适用于城市或乡村交通代步工具或小批量的货运工具，或作为公园广场等地点的旅游观光工具。相对于自行车而言，它更加省力、舒适、安全，比其他汽车更加环保、节能。

5. 太阳能光伏电站

光伏电站是太阳能光电应用的主要形式。在我国西部的无电地区，很大程度上依赖光伏电站提供电能。光伏电站的大小在几千瓦到1MW以上，具有安装灵活、快速，运行可靠，控制方便等优点。虽然光伏电站的初期投资相对较大，但是其运行和维护费用较低，随着世界范围内对能源与环保提出的严格要求，其运行成本和环保的优势将日益显现。因此，世界各国都将太阳能光伏电站的研究与利用放在非常重要的位置，我国也做了大量的尝试。

第四章　风能发电的应用与研究

第一节　风能基本知识

一、风的形式

（一）大气环流

风的形成是空气流动的结果。空气流动的原因是地球绕太阳运转，由于日地距离和方位不同，地球上各纬度所接受的太阳辐射强度也就各异。赤道和低纬度地区比极地和高纬度地区太阳辐射强度强，地面和大气接受的热量多，因而温度高。这种温差形成了南北间的气压梯度，在等压面空气向北流动。

由于地球自转形成的地转偏向力称为科里奥利力，简称偏向力或科氏力。在科里奥利力的作用下，在北半球，气流向右偏转；在南半球，气流向左偏转。所以，地球大气的运动，除受到气压梯度力的作用外，还受到地转偏向力的影响。地转偏向力在赤道为零，随着纬度的增高而增大，在极地达到最大。

地球表面由于受热不均，引起大气层中空气压力不均衡，因此，形成地面与高空的大气环流。各环流圈伸屈的高度，以赤道最高，中纬度次之，极地最低，这主要是由于地球表面增热程度随纬度增高而降低的缘故。这种环流在地球自转偏向力的作用下，形成了赤道到纬度 30° N 环流圈（哈得来环流）、纬度 30° ~ 60° N 环流圈和纬度 60° ~ 90° N 环流圈，这便是著名的三圈环流。当然，所谓三圈环流乃是一种理论的环流模型。由于地球上海陆的分布不均匀，因此，实际的环流比上述情况要复杂得多。

（二）季风环流

在一个大范围地区内，它的盛行风向或气压系统有明显的季节变化，这种在一年内随着季节不同有规律转变风向的风，称为季风。季风盛行地区的时候又称季风气候。

亚洲东部的季风主要包括中国的东部、朝鲜、日本等地区。亚洲南部的季风以印度半岛最为显著，这就是世界闻名的印度季风。

中国位于亚洲的东南部，所以东亚季风和南亚季风对中国天气气候变化都有很大影响。

形成中国季风环流的因素很多，主要是由于海陆差异、行星风带的季风转换以及地形特征等综合形成的。

1. 海陆分布对中国季风的作用

海洋的热容量比陆地大得多。冬季，陆地比海洋冷，大陆气压高于海洋，气压梯度力自大陆指向海洋，风从大陆吹向海洋；夏季则相反，陆地很快变暖，海洋相对比较冷，陆地气压低于海洋，气压梯度力由海洋指向大陆，风从海洋吹向大陆。

中国东临太平洋，南临印度洋，冬夏的海陆温差大，所以季风明显。

2. 行星风带位置季节转换对中国季风的作用

地球上存在着 5 个风带，信风带、盛行西风带、极地东风带在南半球和北半球是对称分布的。这 5 个风带，在北半球的夏季都向北移动，而冬季则向南移动。这样，冬季西风带的南缘地带在夏季可以变成东风带。因此，冬夏盛行风就会发生 180° 的变化。

冬季，中国主要在西风带的影响下，强大的西伯利亚高压笼罩着全国，盛行偏北气流。夏季，西风带北移，中国在大陆热低压控制之下，副热带高压也北移，盛行偏南风。

3. 青藏高原对中国季风的作用

青藏高原占中国陆地面积的四分之一，平均海拔在 4000m 以上，对于周围地区具有热力作用。在冬季，高原上温度较低，周围大气温度较高，这样形成下沉气流，从而加强了地面高压系统，使冬季风增强；在夏季，高原相对于周围自由大气是一个热源，加强了高原周围地区的低压系统，使夏季季风得到加强。另外，在夏季，西南季风由孟加拉湾向北推行，沿着青藏高原东部的南北走向的横断山脉流向中国的西南地区。

（三）局地环流

1. 海陆风

海陆风的形成与季风相同，也是由大陆和海洋之间的温度差异的转变引起的。不过海陆风的范围小，以日为周期，势力也是相对薄弱。

由于海陆物理属性的差异,造成海陆受热不均,白天,陆上增温较海洋快,空气上升，而海洋上空气温相对较低，使地面有风自海洋吹向大陆，补充大陆地区上升气流，而陆上的上升气流流向海洋上空而下沉，补充海上吹向大陆的气流，形成一个完整的热力环流；夜间环流的方向正好相反，风从陆地吹向海洋。将这种白天从海洋吹向大陆的风称为海风，夜间从陆地吹向海洋的风称为陆风，将一天中海陆之间的周期性环流的风总称海陆风。

海陆风的强度在海岸最大，随着离岸距离的增加而减弱，一般影响距离约为 20 ~ 50km。海风的风速比陆风大，在典型的情况下，风速可达 4 ~ 7m/s。而陆风一般仅为 2m/s 左右。海陆风最强烈的地区，发生在温度日变化最大及昼夜海陆温差最大的地区。低纬度日照强，所以海陆风较为明显，尤以夏季为甚。

此外，在大湖附近同样日间有风自湖面吹向陆地，称为湖风；夜间风自陆地吹向湖面，称为陆风，合称湖陆风。

2. 山谷风

山谷风的形成原理跟海陆风是类似的。白天，山坡接受太阳光热较多，空气增温较多；而山谷上空，同高度上的空气因离地较远，增温较少。于是山坡上的暖空气不断上升，并从山坡上空流向谷地上空，谷底的空气则沿山坡向山顶补充，这样便在山坡与山谷之间形成一个热力环流。下层风由谷底吹向山坡，称为谷风。到了夜间，山坡上的空气受山坡辐射冷却影响，空气降温较多；而谷地上空，同高度的空气因离地面较远，降温较少。于是山坡上的冷空气因密度大，顺山坡流入谷地，谷底的空气因汇合而上升，并从上面向山顶上空流去，形成与白天相反的热力环流。下层风由山坡吹向谷地，称为山风。山风和谷风又总称为山谷风。

（四）中国风能资源的形成

风能资源的形成受多种自然因素的复杂影响，特别是天气气候背景及地形和海陆的影响至关重要。风能在空间分布上是分散的，在时间分布上也是不稳定和不连续的，也就是说风速对天气气候非常敏感，时有时无，时大时小，尽管如此，风能资源在时间和空间分布上仍存在着很强的地域性和时间性。对中国来说，风能资源丰富及较丰富的地区，主要分布在北部和沿海及其岛屿两个大带里，其他只是在一些特殊地形或湖岸地区呈孤岛式分布。

1. 三北（西北、华北、东北）地区风能资源丰富区

冬季（12 ~ 2 月），整个亚洲大陆完全受蒙古国高压控制，其中心位置在蒙古人民共和国的西北部，在高压中不断有小股冷空气南下进入中国。同时还有移动性的高压（反气旋）不时地南下，南下时气温较低，若一次冷空气过程中其最低气温5℃以下，且这次过程中日平均气温48h内最大降温达10℃以上，称为一次寒潮，不符合这一标准的称为一次冷空气。

影响中国的冷空气有5个源地，这5个源地侵入的路线称为路径。第一条路径来自新地岛以东附近的北冰洋面，从西北方向进入蒙古国西部，再东移南下影响中国，称西北1路径；第二条是源于新地岛以西北冰洋面，经俄罗斯、蒙古国进入中国，称西北2路径；第三条源于地中海附近，东移到蒙古国西部再影响中国，称西路径；第四条源于太梅尔半岛附近洋面，向南移入蒙古国，然后再向东南影响中国，称为北路径；第五条源于贝加尔湖以东的东西伯利亚地区，进入中国东北及华北地区，称为东北路径。

冷空气经这5条路径进入中国后，分两条不同的路径南下，一条是经河套、华北、华中，由长江中下游入海，有时可侵入华南地区，沿此路径入侵的寒潮可以影响中国大部分地区，出现次数占总次数的60%左右，冷空气经过之地有连续的大风、降温，并常伴有风沙。另一条经过华北北部、东北平原，冷空气路径东移进入日本海，也有一部分经华北、黄河下游，向西南移入西湖盆地。这一条出现次数约占总次数的40%。它常使渤海、黄海、东海出现东北大风，也给长江以北地区带来大范围的大风、降雪和低温天气。

这5条路径除东北路径外，一般都要经过蒙古人民共和国，当经过蒙古国高压时得到新的冷高压的补充和加强，这种高压往往可以迅速南下，进入中国。每当冷空气入侵一次，大气环流必定发生一次大的调整，天气也将发生剧烈的变化。

欧亚大陆面积广大，北部气温低，是北半球冷高压活动最频繁的地区，而中国地处亚欧大陆南岸，正是冷空气南下必经之路。三北地区的冷空气入侵中国的前沿，一般冷高压前锋称为冷锋，在冷锋过境时，在冷锋后面200km附近经常可出现大风，可造成一次6～10级（10.8～24.4m/s）大风。而对风能资源利用来说，就是一次可以有效利用的高质量风速。强冷空气除在冬季入侵外，在春秋也常有入侵。

从中国三北地区向南，由于冷空气从起源地经长途跋涉，到达中国黄河中下游再到长江中下游，地面气温有所升高，原来寒冷干燥的气流性质逐渐改变为较冷湿润的气流性质（称为变性），也就是冷空气逐渐变暖，这时气压差也变小，所以风速由北向南逐渐减少。

中国东部处于蒙古国高压的东侧和东南侧，所以中国东部盛行风向都是偏北风，只视其相对蒙古国高压中心的位置不同而实际偏北的角度有所区别。三北地区多为西北风，秦岭黄河下游以南的广大地区，盛行风向偏于北和东北之间。

春季（3～5月）是由冬季到夏季的过渡季节，由于地面温度不断升高，从4月份开始，中、高纬度地区的蒙古国高压强度已明显地减弱，而这时印度低压（大陆低压）及其向东北伸展的低压槽，已控制了中国的华南地区。与此同时，太平洋副热带高压也由菲律宾向北逐渐侵入中国华南沿海一带，这几个高、低气压系统的强弱、消长都对中国风能资源有着重要的作用。

在春季，这几种气流在中国频繁交替。春季是中国气旋活动最多的季节，特别是中国东北及内蒙古一带气旋活动频繁，造成内蒙古和东北的大风和沙暴天气。同样，江南气旋活动也较多，但造成的却是春雨和华南雨季。这也是三北地区风资源较南方丰富的一个主要原因。全国风向已不如冬季那样稳定少变，但仍以偏北风占优势，但风的偏南分量显著地增加。

夏季（6 ~ 8 月）东南地面气压分布形势与冬季完全相反。这时中、高纬度的蒙古国高压向北退缩地已不明显，相反地，印度低压继续发展控制了亚洲大陆，为全国最盛的季风。太平洋副热带高压此时也向北扩展和单路西伸。可以说，东亚大陆夏季的天气气候变化基本上受这两个环流系统的强弱和相互作用所制约。

随着太平洋副热带高压的西伸北跳，中国东部地区均可受到它的影响，此高压的西部为东南气流和西南气流带来了丰富的降水，但高、低压间压差小，风速不大，夏季是全国全年风速最小的季节。

夏季，大陆为热低压，海上为高压，高、低压间的等压线在中国东部几乎呈南北向分布的形式，所以夏季风盛行偏南风。

秋季（9 ~ 11 月）是由夏季到冬季的过渡季节，这时印度低压和太平洋高压开始明显衰退，而中高纬度的蒙古国高压又开始活跃起来。冬季风来得迅速，且维持稳定。此时，中国东南沿海已逐渐受到蒙古国高压边缘的影响，华南沿海由夏季的东南风转为东北风。三北地区秋季已确立了冬季风的形势。各地多为稳定的偏北风，风速开始增大。

2. 东南沿海及其岛屿风能资源丰富的地区

其形成的天气气候背景与三北地区基本相同，所不同的是海洋与大陆由两种截然不同的物质所组成，二者的辐射与热力学过程都存在着明显的差异。大陆与海洋间的能量交换不大相同，海洋温度变化慢，具有明显的热惰性，大陆温度变化快，具有明显的热敏感性，冬季海洋较大陆温暖，夏季较大陆凉爽。在冬季，每当冷空气到达海上时，风速增大，再加上海洋表面平滑，摩擦力小，一般风速比大陆增大 2 ~ 4m/s。

东南沿海又受台湾海峡的影响，每当冷空气南下到达时，由于狭管效应的结果使风速增大，因此是风能资源最佳的地区。

在沿海，每当夏秋季节均受到热带气旋的影响，当热带气旋风速达到 8 级（17.2m/s）以上时，称为台风。台风是一种直径为 1000km 左右的圆形气旋，中心气压极低，台风中心 10 ~ 30km 的范围内是台风眼，台风眼中天气极好，风速很小。在台风眼外壁，天气最为恶劣，最大破坏风速就出现在这个范围内，所以一般只要不是在台风正面登陆的地区，风速一般小于 10 级（26m/s），它的影响平均有 800 ~ 1000km 的直径范围，每当台风登陆后，沿海可以产生一次大风过程，而风速基本上在风力机切出风速范围之内，这是一次满发电的好机会。

每年登陆的中国台风有11个，而广东每年登陆台风最多，为3.5次，海南次之，为2.1次，台湾为1.9次，福建为1.6次，广西、浙江、上海、江苏、山东、天津、辽宁等合计仅为1.7次，由此可见，台风影响的地区由南向北递减，登陆南海和东海沿海频率远大于北部沿海，对风能资源来说也是南大北小。由于台风登陆后中心气压升高极快，再加上东南沿海东北——西南走向的山脉重叠，所以形成的大风仅在距海岸几十公里内。风能功率密度由300W/m^{2}锐减到100W/m^{2}以下。

综上所述，冬春季的冷空气、夏秋的台风，都能影响到沿海及其岛屿。相对内陆来说，这里形成了风能丰富带。由于台湾海湾的狭管效应的影响，东南沿海及其岛屿是风能最佳丰富区。中国的海岸线有18000多公里，有6000多个岛屿和近海广大的海域，这里是风能大有开发利用前景的地区。

3. 内陆风能资源丰富地区

在两个风能丰富带之外，风能功率密度一般较小，但是一些地区由于湖泊和特殊地形的影响，风能比较丰富，如鄱阳湖附近较周围地区风能较大，湖南衡山，湖北九宫山、利用，安徽的黄山，云南太华山等较平地风能大。但是这些只限于很小范围之内，不具有像两大带那样大的面积。

青藏高原海拔在4000m以上，这里的风速比较大，但空气密度大，如海拔4000m以上的空气密度大致为地面的67倍，也就是说，同样是8m/s的风速，在平原上风

能功率密度为313.6W/m^2，而在海拔4000m处只为209.9W/m^2，所以对风能利用来说仍属一般地区。

（五）中国风速变化特性

1. 风速年变化

各月平均风速的空间分布与造成风速的天气气候背景与地形及海陆分布等有直接关系，就全国而论，各地年变化有差异，如三北地区和黄河中下游，全国风速最大的时期绝大部分出现在春季，风速最小的时期出现在秋季。以内蒙古多伦为代表，风速最大的在3～5月，风速最小的在7～9月。冬季冷空气经三北地区奔腾而下，风速也较大，但春季不但有冷空气经过，而且春季气旋活动频繁，故而春季的风比冬季的风要大些。北京也是3月和4月全年风速最大，7～9月风速最小，但在新疆北部，风速年变化情况和其他地区有所不同，而是春末夏初（4～7月）风速最大，冬季风最小，这是由于冬季处于在蒙古国高压盘踞之下，冷空气聚集在盆地之下，下层空气极其稳定，风速最小，而在4～7月，特别是在5、6月，冷锋和高空低槽过境较多，地面温度较

高，冷暖平流很强，容易产生较大气压梯度，所以风速最大。

东南沿海全年风速变化以福建平潭为例，夏季风速较小，秋季风速最大。由于秋季北方冷高压加强南下，海上台风活跃北上，东南沿海气压梯度很大，再加上台湾海峡的狭管效应，因此风速最大；初夏因受到热带高压脊的控制，风速最小。

青藏高原以班戈为代表，它是春季风速最大，夏季最小。在春季，由于高空西风气流稳定维持在这一地区，高空动量下传，所以风速最大；在夏季，由于高空西风气流北移，地面为热低压，因此风速较小。

2. 风速日变化

风速日变化即风速在一日之内的变化。它主要与下垫面的性质有关，一般有陆地上和海上日变化两种类型。

陆地上风速日变化是白天风速大，14 时左右达到最大，晚上风速小，在清晨 6 时左右风速最小。这是由于白天地面受热，特别是午后地面最热，上下对流旺盛，高层风动量下传，使下层空气流动加速，而在午后加速最多，因此风速最大；日落后地面迅速冷却，气层趋于稳定，风速逐渐减小，到日出前地面气温最低，有时形成逆值，因此风速最小。

海上风速日变化与陆地相反，白天风速小，午后 14 时左右最小，夜间风速大，清晨 6 时左右风速最大，这是渤海钻井平台的观测资料，地面风速日变化是因高空动量向下传输引起的，而动量下传又与海陆昼夜稳定变化不同有关。由于海上夜间海温高于白天气温，大气层热稳定度比白天大，正好与陆地相反。另外海上风速日变化的幅度较陆面为小，这是因为海面上水温和气温的日变化都比陆地小，陆地上白天对流强于海上夜间的缘故。

但在近海地区或海岛上，风速的变化既受海面的影响又受陆地的影响，所以风速日变化便不太典型地属于哪一类型。稍大的一些岛屿一般受陆地影响较大，白天风速较大，如嵊泗、成山头、南澳、西沙等。但有些较大的岛屿，如平潭岛，风速日变化几乎已经接近陆上风速日变化的类型。

二、风能资源的计算及其分布

（一）风能的计算

风能的利用主要就是将它的动能转化其他形式的能，因此计算风能的大小也就是计算气流所具有的动能。

在单位时间内流过垂直于风速截面积 A（m^2）的风能，即风功率为

$$\overline{\omega}=\frac{1}{2}\rho v^{3}A \quad (4\text{-}1)$$

式中，$\overline{\omega}$ 为风能，W（即 $kg·m^{2}·s^{-3}$）；ρ 为空气密度，kg/m^{3}；v 为风速，m/s；A 为气流通过的面积，m^{2}。式（4–1）是常用的风功率公式。而风力工程上则又习惯称之为风能公式。

由式（4–1）可以看出，风能大小与气流通过的面积、空气密度和气流密度的立方成正比。因此，在风能计算中，最重要的因素是风速，风速取值准确与否对风能的估计有决定性作用。如风速大 1 倍，风能可达 8 倍。

为了衡量一个地方风能的大小，评价一个地区的风能潜力，风能密度是最方便、有价值的量。风能密度是气流在单位时间内垂直通过单位截面积的风能。将式（4–1）除以相应的面积 A，当 A=1，便得到风功率密度的公式，也称风能密度公式，即

$$\overline{\omega}=\frac{1}{2}\rho v^{3} \quad (4\text{-}2)$$

由于风速是一个随机性很大的量，必须通过一定时间的观测来了解它的平均状况。因此在一段时间长度内的平均风能密度，可以将上式对时间积分后平均。

当知道了在 T 时间内风速 v 的概率分布 P（v）后，平均风能密度便可计算出来。

风速分布 P（v）在研究了风速的统计特性后，可以用一定的概率分布形式来拟合，这样就大大简化了计算的手续。

由于风力机需要根据一个确定的风速来确定风力机的额定功率，这个风速称为额定风速。在这种风速下，风力机功率达到最大。风力工程中，把风力机开始运行做功时的风速称为启动风速或切入风速。大到某一极限风速时，风力机就有损坏的危险，必须停止运行，这一风速称为停机风速或切出风速。因此，在统计风速资料计算风能潜力时，必须考虑这两种因素。通常将切入风速到切出风速之间的风能称为有效风能。因此还必须引入有效风能密度这一概念，它是有效风能范围内的风能平均密度。

（二）风能资源分布

风能资源潜力的多少是风能利用的关键。

利用上述方法计算出的全国有效风能功率密度和可利用小时数，代表了风能资源丰欠的指标值。将这两张图综合归纳分析，可以看出如下几个特点：

1. 大气环流对风能分布的影响

东南沿海及东海、南海诸岛，因受台风的影响，最大年平均风速在 5m/s 以上。大陈岛台山可达 8m/s 以上，风能也最大。东南海沿岸有效风能密度≥ $200W/m^{2}$，其等值线平行于海岸线，有效风能出现时间百分率可达 80% ~ 90%。风速≥ 3m/s 的风全年出现累积小时数为 7000 ~ 8000h；风速≥ 6m/s 的风有 4000h 左右。岛屿上的有效风

能密度为 200 ~ 500W/m^2，风能可以集中利用。福建的台山、东山、平潭、三沙，台湾的澎湖湾，浙江的南麂山、大陈、嵊泗等岛，有效风能密度都在 500W/m^2 左右，风速≥ 3m/s 的风积累为 800h，换言之，平均每天可以有 21h 以上的风且风速≥ 3m/s。但在一些大岛，如台湾和海南，又具有独特的风能分布特点。台湾风能特点是南北两端大，中间小；海南风能特点是西部大于东部。

内蒙古和甘肃北部地区，高空终年在西风带的控制下。冬半年因其地面在蒙古国高原东南缘，冷空气南下，因此，总有 5 ~ 6 级以上的风速出现在春夏和夏秋之交。气旋活动频繁，当每一气旋过境时，风速也较大。这一地区年平均风速在 4m/s 以上，可达 6m/s。有效风能密度为 200 ~ 300W/m^2，风速≥ 3m/s 的风全年积累小时数在 5000h 以上，风速≥ 6m/s 的风在 2000h 以上。其从北向南递减，分布范围较大，从面积来看，是中国风能连成一片的最大地带。

云、贵、川、甘南、陕西、豫西、鄂西和湘西风能较小。这一地区因受西藏高原的影响，冬半年高空在西风带的死水区，冷空气沿东亚大槽南下很少影响这里。夏半年海上来的天气系统也很难到这里，所以风速较弱，年平均风速约在 2.0m/s 以上，有效风能密度在 500W/m^2 以下，有效风力出现时间仅 20% 左右。风速≥ 3m/s 的风全年出现累积小时数在 2000h 以下，风速≥ 6m/s 的风在 150h 以下。在四川盆地和西双版纳州最小，年平均风速小于 1m/s。这里全年静风频率在 60% 以上。风速≥ 3m/s 的风全年出现累积小时数仅 3000h 以上，风速≥ 6m/s 的风仅 20 多 h。换句话说，这里平均每 18 天以上才有 1 次 10min 的风速≥ 6m/s 的风。这样的风能是没有利用价值的。

2. 海陆和水体对风能分布的影响

中国沿海风能都比内陆大，湖泊都比周围的湖滨大。这是由于气流流经海面或湖面摩擦力较少，风速较大。由沿海向内陆或由湖面向湖滨，动能很快消耗，风速急剧减小。故有效风能密度，风速≥ 3m/s 和风速≥ 6m/s 的风的全年积累小时的等值线不但平行于海岸线和湖岸线，而且数值相差很大。

3. 地形对风能分布的影响山脉对风能的影响

气流在运行中遇到地形阻碍的影响，不但会改变大形势下的风速，还会改变方向。其变化的特点与地形形状有密切关系。一般范围较大的地形，对气流有屏障的作用，使气流出现爬绕运动，所以在天山、祁连山、秦岭、大小兴安岭、阴山、太行山、南岭和武夷山等的风能密度线和可利用小时数曲线大都平行于这些山脉。特别明显的是东南沿海的几条东北—西南走向的山脉，如武夷山、戴云山、鹫峰山、括苍山等。所谓华夏式山脉，山的迎风面风能是丰富的，风能密度为 200W/m^2，风速≥ 3m/s 的风出现的小时数为 7000 ~ 8000h。而在山区及其背风面风能密度在 50W/m^2 以下，风速≥ 3m/s 的风出现的小时数为 1000 ~ 2000h，风能是不能利用的。四川盆地和塔里木盆地由于天山和秦岭山脉的阻挡成为风能不能利用区。雅鲁藏布江河谷也由于喜马拉雅山脉和冈底斯山的屏障，导致其风能很小，不值得利用。

海拔高度对风能的影响。由于地面摩擦消耗运动气流的能量，在山地风速是随着海拔高度增加而增加的。对高山与山麓年平均风速对比，每上升100m，风速增加0.11 ~ 0.34m/s。

事实上，在复杂山地，很难分清地形和海拔高度的影响，二者往往交织在一起，如北京与八达岭风力发电试验站同时观测的平均风速分别为2.8m/s和5.8m/s，相差3.0m/s。后者风大，一是由于它位于燕山山脉的一个南北向的低地，二是由于它海拔比北京高500多米，是二者同时作用的结果。

青藏高原海拔在4000m以上，所以这里的风速比周围大，但其有效风能密度却较小，在150W/m^{2}左右。这是由于青藏高原海拔高，但空气密度较小，因此风能较小，如在4000m的空气密度大致为地面的67%。也就是说，同样是8m/s的风速，在平地海拔500m以下的地区为313.6W/m^2，而在4000m的地区只有209.9W/m^2。

中小地形的影响。蔽风地形风速较小，狭管地形风速增大。明显的狭管效应地区如新疆的阿拉山口、达坂城，甘肃的安西，云南的下关等，这些地方风速都明显的增大。即使在平原上的河谷，如松花江、汾河、黄河和长江等河谷，风能较周围地区大。

与盛行风向一致时，风速较大，如台湾海峡中的澎湖列马祖为5.9m/s，平潭为8.7m/s，南澳为8m/s，又如渤海海峡的长岛，年平均风速为5.9m/s等。

局地风对风能的影响是不可低估的。在一个小山丘前，气流受限，强迫抬升，所以在山顶流线密集，风速加强。山的背风面，因为流线辐射，风速减小。有时气流过一个障碍，如小山包等，其产生的影响在下方5 ~ 10km的范围。有些低层风是由于地面粗糙度的变化形成的。

第二节　风力发电机、蓄能装置

一、独立运行风力发电系统中的发电机

（一）直流发电机

1. 基本结构及原理

较早时期的小容量风力发电装置一般采用小型直流发电机。在结构上有永磁式及

电励磁式两种类型。永磁式直流发电机利用永久磁铁来提供发电机所需的励磁磁通，其结构形式如图 4-1 所示；电励磁式直流发电机则是借助励磁线圈，由于励磁绕组与电枢绕组连接方式的不同，分为他励与并励（自励）两种形式。

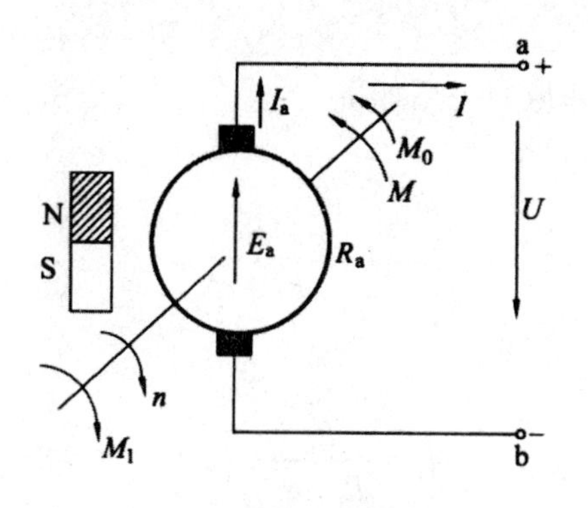

图 4-1 永磁式直流发电机

在风力发电装置中，直流发电机由风力机拖动旋转时，根据法拉第电磁感应定律，在直流发电机的电枢绕组中产生感应电势，在电枢的出线端（a，b 两端）若接上负载，就会有电流流向负载，即在 a，b 端有电能输出，风能也就转换成了电能。

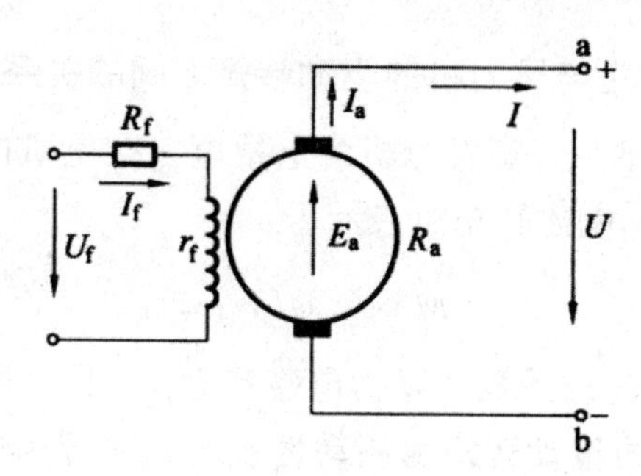

（a）他励式直流电动机

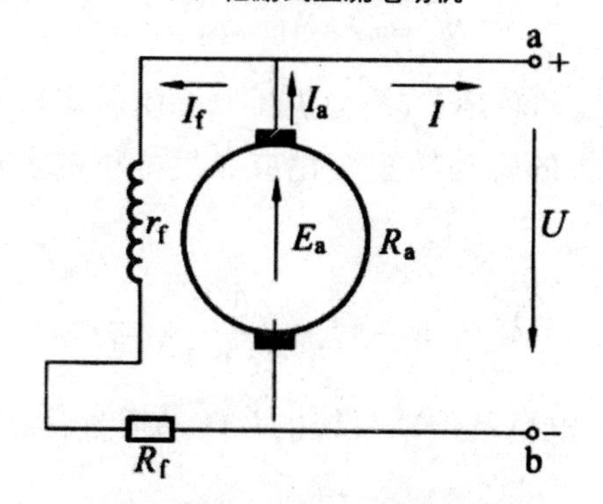

（b）并励式（自动）直流发电机

图 4-2 电励磁式直流发电机

直流发电机电枢回路中各电磁物理量的关系为

$$E_{\mathrm{a}}=C_{\mathrm{e}}\varphi n \quad (4\text{-}3)$$

$$U=E_{\mathrm{a}}-I_{\mathrm{a}}R_{\mathrm{a}} \quad (4\text{-}4)$$

励磁回路中各电磁物理量的关系如下

他励发电机

$$I_{\mathrm{f}}=\frac{U_{\mathrm{f}}}{R_{\mathrm{f}}+r_{\mathrm{f}}}$$

并励发电机

$$I_{\mathrm{f}}=\frac{E_{\mathrm{a}}}{R_{\mathrm{f}}+r_{\mathrm{f}}} \quad (4\text{-}5)$$

$$\varphi=f\left(I_{\mathrm{f}}\right) \quad (4\text{-}6)$$

以上三式中，C_{e}为电机的电势系数；φ为电机每极下的磁通量；R_{a}为电枢绕组电阻；R_{f}为励磁绕组的外接电阻；E_{a}为绕组感应电势；U为电枢端电压；n为发电机转速；I_{f}为励磁电流。

2. 发电机的电磁转矩与风力机的驱动转矩之间的关系

根据比奥—沙瓦定律，直流发电机的电枢电流与电机的磁通作用会产生电磁力，并由此而产生电磁转矩，电磁转矩可表示为

$$M=C_{\mathrm{M}}\varphi I_{\mathrm{a}} \quad (4\text{-}7)$$

式中，C_{M}为电机的转矩系数；M为电磁转矩；I_{a}为电枢电流。

电磁转矩对风力机的拖动转矩为制动性质的，在转速恒定时，风力机的拖动转矩与发电机的电磁转矩平衡，即

$$M_1=M+M_0 \quad (4\text{-}8)$$

式中，% 为风力机的拖动转矩；M_{o}为机械摩擦阻转矩。

当风速变化时，风力机的驱动转矩变化或者发电机的负载变化时，则转矩的平衡关系为

$$M_1=M+M_0+J\frac{\mathrm{d}\Omega}{\mathrm{d}t} \quad (4\text{-}9)$$

式中，J为风力机、发电机及传动系统的总转动惯量；Ω为发电机转轴的旋转角速率；$J\frac{\mathrm{d}\Omega}{\mathrm{d}t}$为动态转矩。

从公式（4–9）可见，当负载不变时，即M为常数时，若风速增大，发电机转速将

增加；反之，转速将下降。由公式（4-9）知，转速的变化将导致感应电势及电枢端电压变化，为此风力机的调速装置应动作，以调整转速。

3. 发电机与变化的负载连接时，电磁转矩与转速的关系

直流发电机与变化的负载电阻连接时的线路如图 4-3 所示。

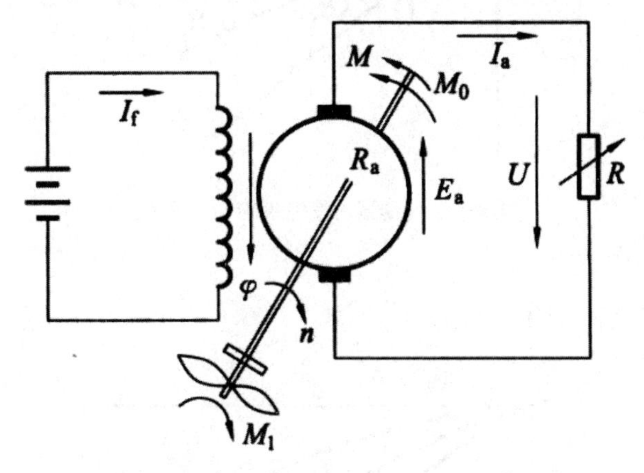

图 4-3　他励直流发电机与变化的负载电阻 R 连接

根据式（4-3）、式（4-9）及 $U=I_aR$，可知

$$M = C_M\varphi\frac{E_a}{R_a+R} = C_M\varphi\frac{C_e\varphi n}{R_a+R} = \frac{C_eC_M\varphi^2 n}{R_a+R} = K_n$$

$$K = \frac{C_eC_M\varphi^2}{R_a+R} \quad (4\text{-}10)$$

当励磁磁通 φ 及负载电阻 R 不变化时，K 为一常数。

故 M 与 n 的关系为直线关系，对应于不同的负载电阻，M 与 n 有不同的线性关系，如图 4-4 中的 A、B、C 三条直线，分别对应负载电阻为 R_1，R_2 及 R_3（$R_3 > R_2 > R_1$）时的 M–n 特性。并励直流发电机的 M–n 特性与他励的相似，只是在并励时励磁磁通将随电枢端电压的变化而改变，因此 M–n 的关系不再是直流关系，其 M–n 特性为曲线形状，如图 4-5 所示。

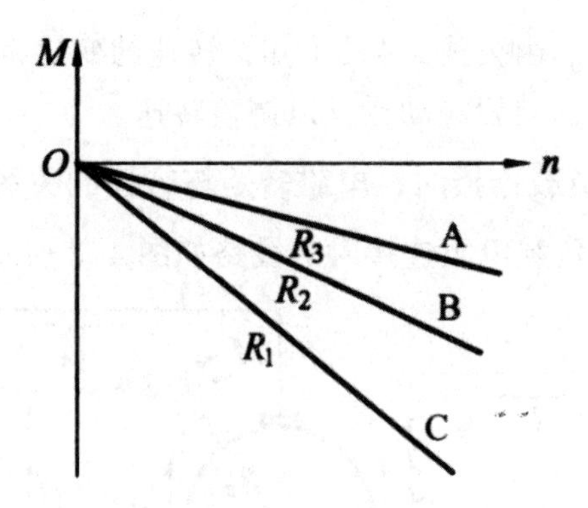

图 4-4　他励直流发电机的 M–n 特性

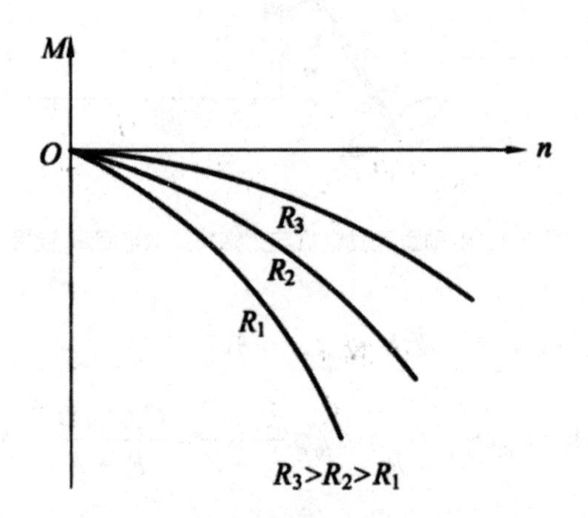

图 4-5　并励直流发电机的 M–n 特性

4. 并励直流发电机的自励

在采用并励发电机时，为了建立电压，在发电机具有剩磁的情况下，必须使励磁绕组并联到电枢两端的极性正确，同时励磁回路的总电阻 R_f+r_f 必须小于某一定转速下的临界值，如果并联到电枢两端的极性不正确（即励磁绕组接反了），则励磁回路中的电流所产生的磁势将削减发电机中的剩余磁通，发电机的端电压就不能建立，即电机不能自励。

当励磁绕组接法正确，励磁回路中的电阻为 (r_f+R_f) 时，则从图 4-6 中可知

$$\tan\alpha=\frac{U_o}{I_f}=\frac{I_{f_o}\left(r_f+R_f\right)}{I_{f_o}}=r_f+R_f$$

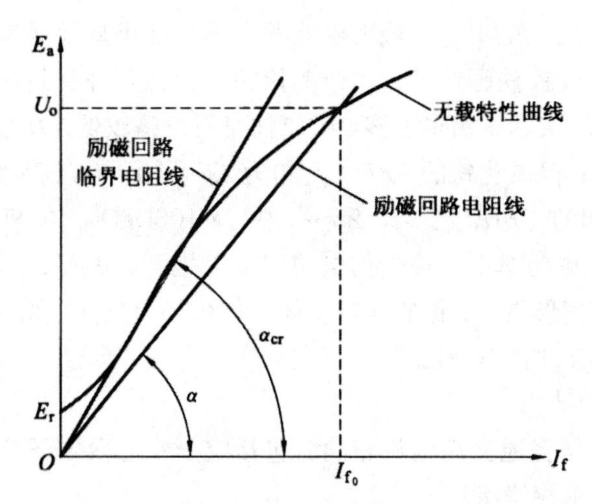

图 4-6 并励发电机的无载特性曲线及励磁回路电阻线

励磁回路电阻线与无载特性曲线的交点即为发电机自励后建立起来的电枢端电压 U_0。若励磁回路中串入的电阻值 R_f 增大，则励磁回路的电阻与无载特性曲线相切，无稳定交点，则不能建立稳定的电压。

从图 4-6 可见，此时的 $\alpha_{cr} > \alpha$；对应于此 α_{er} 的电阻值此 R_{cr}；此 R_{cr} 即为临界电阻值，所以为了建立电压，励磁回路的总电阻 R_f+r_f 必须小于临界电阻值。

必须注意，若发电机励磁回路的总电阻在某一转速下能够自励，当转速降低到某一转速数值时，可能不能自励，这是因为无载特性曲线与发电机的转速成正比。转速降低时，无载特性曲线也改变了形状，因此，对于某一励磁回路的电阻值，就对应地有一个最小的临界转速值 n_{cr}，若发电机转速小于 n_{cr}，就不能自励。在小型风力发电装置中，为了使发电机建立稳定的电压，在设计风电装置时，应考虑使风力机调速机构确定的转速值大于发电机最小的临界转速值。

（二）交流发电机

1. 永磁式发电机

（1）永磁发电机的特点

永磁发电机转子上无励磁绕组，因此不存在励磁绕组铜损耗，比同容量的电励磁式发电机效率高；转子上没有滑环，运转时更安全可靠；电机的重量轻，体积小，制造工艺简便，因此在小型及微型发电机中被广泛采用。永磁发电机的缺点是电压调节性能差。

（2）永磁材料

永磁电机的关键是永磁材料，表征永磁材料的性能的主要技术参数为 B_r（剩余磁密）、H_c（矫顽力）、（BH）$_{max}$（最大磁能积）等。在小型及微型风力发电机中常用的永磁材料有铁氧体及钕铁硼两种；由于铝镍钴、钐钴两种材料价格高且最大磁能积不够高，故经济性差，实际中用得不多。铁氧体材料价格较低，H_r 较高，能稳定运行，永磁铁的利用率较高；但氧化铁的（BH）$_{max}$ 约为 3.5 × 10OeGs（高奥），在 4000Gs（高斯）以下，而钕铁硼的（BH）$_{max}$ 为（25 ~ 40）× 106OeGs，电机的总效率可更高，因此在相同的输入机械功率下，输出的电功率可以提高，因而在微型及小型风力发电机中采用此种材料的情形更多，但它与铁氧体比较价格要贵些。无论是哪种永磁材料，都要先在永磁机中充磁才能获得磁性

（3）永磁电机的结构

永磁发电机定子与普通交流电机相同，包括定子铁芯及定子绕组；定子铁芯槽内安放定子三相绕组或单相绕组。

永磁发电机的转子按照永磁体的布置及形状，有凸极式爪、极式两类。

凸极式永磁电机磁通走向为：N 极 —— 气隙 —— 定子齿槽 —— 气隙 ——S 极，形成闭合磁通回路。

爪极式永磁电机磁通走向为：N 极 —— 左端爪极 —— 气隙 —— 定子 —— 右端爪极 ——S 极。

所有左端爪极皆为 N 极，所有右端爪极皆为 S 极，爪极与定子铁芯间的气隙距离远小于左右两端爪极之间的间隙，因此磁通不会直接由 N 极爪进入 S 极爪而形成短路，左端爪极与右端爪极皆做成相同的形状。

为了使永磁电机的设计能达到获得高效率及节约永磁材料的效果，应使永磁电机在运行时永磁材料的工作点接近最大磁能积处，此时永磁材料最节省。

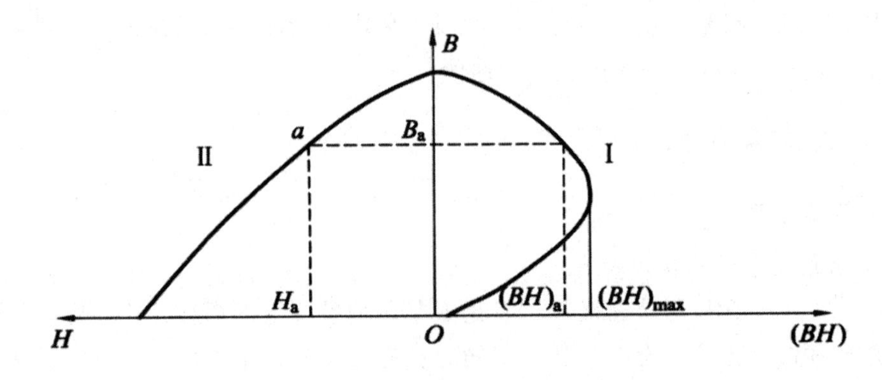

图 4-7　B，H 及（BH）的函数关系曲线

图 4-7 表示了永磁材料的磁通密度 B、磁场强度 H 及磁能积（BH）的关系曲线，图中第Ⅱ象限的曲线为永磁材料的退磁曲线，第Ⅰ象限的曲线为磁能积曲线，若永磁材料工作于 a 点，则显示其磁能积（BH）接近于最大磁能积（BH）$_{max}$。

2. 硅整流自励交流发电机

（1）结构及工作原理

硅整流自励交流发电机的定子由定子铁芯和定子绕组组成，定子绕组为三相，Y形连接，放在定子铁芯内圆槽内，转子由转子铁芯、转子绕组（即励磁绕组）、滑环和转子轴组成，转子铁芯可做成凸极式或爪形，一般多用爪形磁极，转子励磁绕组的两端接到滑环上，通过与滑环接触的电刷与硅整流器的直流输出端相连，从而获得直流励磁电流。

独立运行的小型风力发电机组的风力机叶片多数是固定桨距的，当风力变化时，风力机转速随之发生变化，与风力机相连接的发电机的转速也将发生变化，因而发电机的出口电压会发生波动，这将导致硅整流器输出的直流电压及发电机励磁电流的变化，并造成励磁磁场的变化，这样又会造成发电机出口电压的波动。这种连锁反应使得发电机出口电压的波动范围不断增加。显而易见，如果电压的波动得不到控制，在向负载独立供电的情况下将会影响供电的质量，甚至会造成用电设备损坏。此外，独立运行的风力发电机都带有蓄电池组，电压的波动会导致蓄电池组过充电，从而降低蓄电池组的使用寿命。

为了消除发电机输出端电压的波动，硅整流交流发电机配有励磁调节器，励磁调节器由电压继电器、电流继电器、逆流继电器及其所控制的动断触点和动合触点，以及电阻等组成。

（2）励磁调节器的工作原理

励磁调节器的作用是使发电机能自动调节其励磁电流（也即励磁磁通）的大小，来抵消因风速变化而导致的发电机转速变化对发电机端电压的影响。

当发电机转速较低，发电机端电压低于额定值时，电压继电器 V 不动作，其动断触点 J_1 闭合，硅整流器输出端电压直接施加在励磁绕组上，发电机属于正常励磁状况；当风速加大，发电机转速增高，发电机端电压高于额定值时，动断触点 J_1 断开，励磁回路中被串入了电阻 R_1，励磁电流及磁通随之减小，发电机输出端电压也随之下降；当发电机电压降至额定值时，触点 J_1 重新闭合，发电机恢复到正常励磁状况。电压继电器工作时发电机端电压与发电机转速的关系。

风力发电机组运行时，当用户投入的负载过多时，可能出现负载电流过大，超过额定值的状况，如不加以控制，使发电机过负荷运行，会对发电机的使用寿命有较大影响，甚至会损坏发电机的定子绕组。电流继电器的作用就是为了抑制发电机过负荷运行。电流继电器 I 的动断触点 J_2 串接在发电机的励磁回路中，发电机输出的负荷电流则通过电流继电器的绕组；当发电机的输出电流高于额定值时，继电器不工作，动断触点闭合，发电机属于正常励磁状况；当发电机输出电流高于额定值时，动断触点 J_2 断开，电阻 R_1 被串入励磁回路，励磁电流减小，从而降低发电机输出端电压并减小负载电流。电流继电器工作时，发电机负载电流与电机转速的关系如图 4-8 所示。

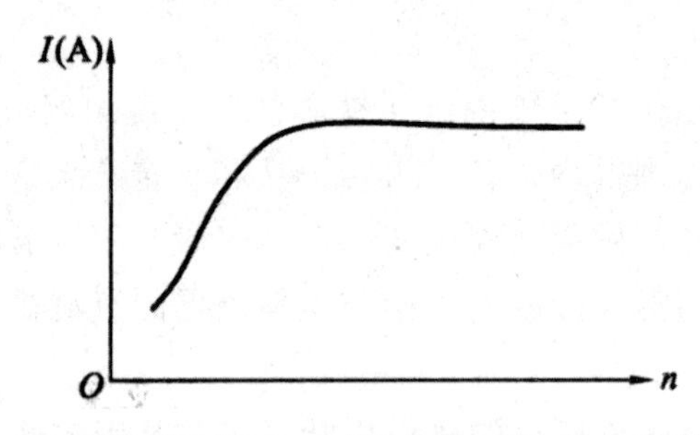

图 4-8　电流继电器工作时，发电机负载电流与发电机转速的关系

为了防止无风或风速太低时，蓄电池组向发电机励磁绕组送电，即蓄电池组由充电运行变为反方向放电状况，这不仅会消耗蓄电池所储电能，还可能烧毁励磁绕组，因此在励磁调节器装置中，还装有逆流继电器。逆电流继电器由电压线圈 V'、电流线圈 I'、动合触点 J_3 及电阻 R_2 组成。发电机正常工作时，逆电流继电器的电压线圈及电流线圈内流过的电流产生的吸力使动合触点 J_3 闭合；当风力太低，发电机端电压低于蓄电池组电压时，继电器电流线圈瞬间流过反向电流，此电流产生的磁场与电压线圈内流过的电流产生的磁场作用相反，而电压线圈内流过的电流由于发电机电压下降也减小了，由其产生的磁场也减弱了，故由电压线圈及电流线圈内电流产生的总磁场的吸力减弱，使得动合触点 J_3 断开，从而断开了蓄电池向发电机励磁绕组送电的回路。

采用励磁调节器的硅整流交流发电机，与永磁发电机比较，其特点是能随风速变化自动调节发电机的输出端电压，防止产生对蓄电池的过充电，延长蓄电池的使用寿命；同时还实现了对发电机的过负荷保护，但励磁调节器的动断触点，由于其断开和闭合的动作较频繁，需对触点材质及断弧性能做适当的处理。

用交流发电机进行风力发电时，发电机的转速要达到在该转速下的电压才能够对蓄电池充电。

（3）电容自励异步电机

从异步发电机的理论知道，异步发电机在并网运行时，其励磁电流是由电网供给的，此励磁电流对异步电机的感应电势而言是电容性电流，在风力驱动的异步发电机独立运行时，为得到此电容性电流，必须在发电机输出端接上电容，从而产生磁场并建立电压。

自励异步电机建立电压的条件：①发电机必须有剩磁，一般情况下，发电机都会有剩磁存在，万一失磁，可用蓄电池充磁的方法重新获得剩磁；②在异步发电机的输出端补上足够数量的电容。

二、并网运行风力发电系统中的发电机

（一）同步发电机

1. 同步发电机并网方法

（1）自动准同步并网

在常规并网发电系统中，利用三相绕组的同步发电机是最普遍的，同步发电机在运行时既能输出有功功率，又能提供无功功率，且频率稳定，电能质量高，因此被电力系统广泛接受。在同步发电机中，发电机的极对数、转速及频率之间有着严格不变的固定关系，即

$$f_s=\frac{pn_s}{60} \quad (4\text{-}11)$$

式中，p 为电机的极对数；n_s 为发电机转速，r/min；f_s 为发电机产生的交流电频率，Hz。

要把同步发电机通过标准同步并网方法连接到电网上必须满足以下 4 个条件：①发电机的电压等于电网的电压，并且电压波形相同。②发电机的电压相序与电网的电压相序相同。③发电机频率 f_s 与电网的频率 f_1 相同。④并联合闸瞬间发电机的电压相角与电网并联的相角一致。

满足上述理想并网条件的并网方式即为准同步并网方式，在这种并网条件下，并网瞬间不会产生冲击电流，不会引起电网电压的下降，也不会对发电机定子绕组及其他机械部件造成损坏。这是这种并网方式的最大优点，但对风力驱动的同步发电机而言，要准确到达这种理想并网条件实际上是不容易的，在实际并网操作时，电压、频率及相位都往往会有一些偏差，因此并网时仍会产生一些冲击电流。一般规定发电机与电网系统的电压差不超过 5% ~ 10%，频率差不超过 0.1% ~ 0.5%，使冲击电流不超出其允许范围。但如果电网本身的电压及频率也经常存在较大的波动，则这种通过同步发电机整步实现准同步并网就更加困难。

（2）自同步并网

自同步并网就是同步发电机在转子未加励磁，励磁绕组经限流电阻短路的情况下，由原动机拖动，待同步发电机转子转速升高到接近同步转速（为 80% ~ 90% 同步转速）时，将发电机投入电网，再立即投入励磁，靠定子与转子之间电磁力的作用，发电机自动牵入同步运行。由于同步发电机在投入电网时未加励磁，因此不存在准同步并网时的对发电机电压和相角进行调节和校准的整步过程，并且从根本上排除了发生非同步合闸的可能性。当电网出现故障并恢复正常后，需要把发电机迅速投入并联运行时，经常采用这种并网方法。这种并网方法的优点是不需要复杂的并网装置，并网操作简

单，并网过程迅速；这种并网方法的缺点是合闸后有电流冲击（一般情况下冲击电流不会超过同步发电机输出端三相突然短路时的电流），电网电压会出现短时间的下降，电网电压降低的程度和电压恢复时间的长短，同并入的发电机容量与电网容量的比例有关，在风力发电情况下还与风电场的风资源特性有关。

必须指出，发电机自同步过程与投入励磁的时间及投入励磁后励磁增长的速率密切有关。如果发电机是在非常接近同步转速时投入电网，则应迅速加上励磁，以保证发电机能迅速被拉入同步，而且励磁增长的速率愈大，自同步过程也就结束得愈快；但是在同步发电机转速距同步速较大的情况下应避免立即迅速投入励磁，否则会产生较大的同步力矩，并导致自同步过程中出现较大的振荡电流及力矩。

（3）同步发电机的转矩——转速特性

当同步发电机并网后正常运行时，其转矩 - 转速特性曲线如图 4-9 所示，图中 n_s 为同步转速，从图 4-8 可以看出，发电机的电磁转矩对风力机来讲是制动转矩性质，因此不论电磁转矩如何变化，发电机的转速应维持不变（即维持为同步转速 n_s），以便维持发电机的频率与电网的频率相同，否则发电机将与电网解裂。这就要求风力机有精确的调速机构，当风速变化时，能维持发电机的转速不变，等于同步转速，这种风力发电系统的运行方式称为恒速恒频方式。与此相对应，在变速恒频系统运行方式下，风力机不需要调速机构。

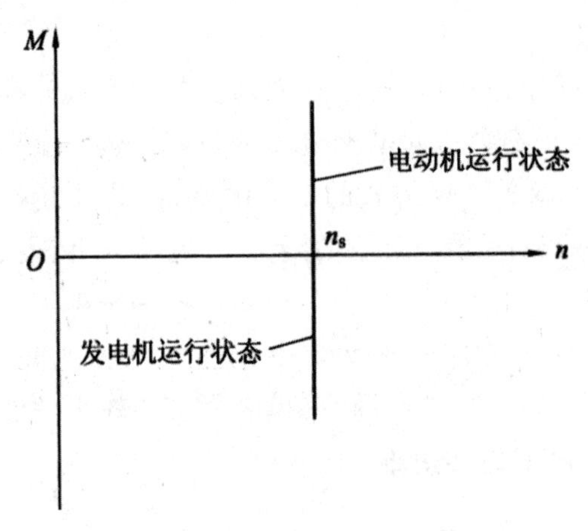

图 4-9 并网运行的同步电机的转矩转速特性

调速系统是用来控制风力机转速（即同步发电机转速）及有功功率的，励磁系统是调控同步发电机的电压及无功功率的，图中 n，U，P 分别代表风力机的转速、发电机的电压、输出功率。总之，同步发电机并网后，对发电机的电压、频率及输出功率必须进行有效的控制，否则会发生失步现象。

（二）异步发电机

1. 异步发电机的基本原理及其转矩 - 转速特性

风力发电系统中并网运行的异步电机，其定子与同步电机的定子基本相同，定子绕组为三相的，可按成三角形或星形接法；转子则有鼠笼型和绕线型两种。根据异步电机理论，异步电机并网时由定子三相绕组电流产生的旋转磁场的同步转速决定于电网的频率及电机绕组的极对数，即

$$n_s = \frac{60f}{p} \quad (4\text{-}12)$$

式中，n_s 为同步转速；f 为电网频率；p 为绕组极对数。

按照异步电机理论又知，当异步电机连接到频率恒定的电网上时，异步电机可以有不同的运行状态；当异步电机的转速小于异步电机的同步转速时（即 $n < n_s$），异步电机以电动机的方式运行，处于电动运行状态，此时异步电机自电网吸取电能，而由其转轴输出机械功率；而当异步电机由原动机驱动，其转速超过同步转速时（即 $n > n_s$），则异步电机将处于发电运行状态，此时异步电机吸收由原动力供给的机械能而向电网输出电能。异步电机的不同运行状态可用异步电机的滑差率 S 来区别表示。异步电机的滑差率定义为

$$S = \frac{n_s - n}{n_s} \times 100\% \quad (4\text{-}13)$$

由式（4–13）可知，当异步电机与电网并联后作为发电机运行时，滑差率 S 为负值。

由异步电机的理论知，异步电机的电磁转矩与滑差率 S 的关系如图 4–10 所示。根据式（4–13）所表明的 S 与 n 的关系，异步电机的 M–S 特性也即是异步电机的 M–n 特性。

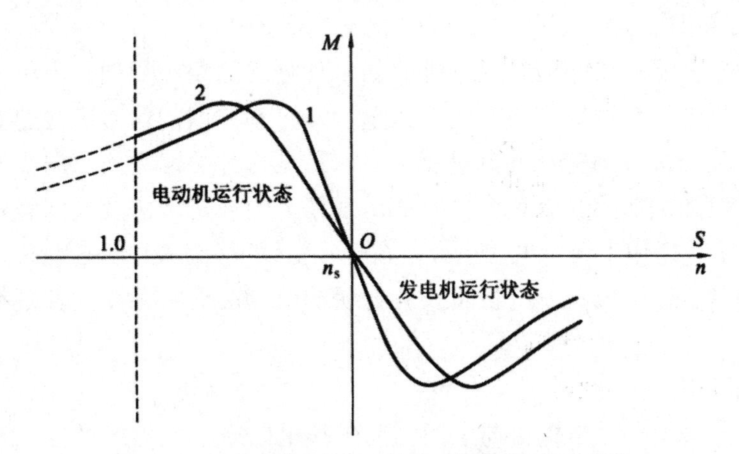

图 4-10　异步电机的转矩 - 转速（滑差率）特性曲线

改变异步电机转子绕组回路内电阻的大小可以改变异步电机的转矩－转速特性曲线，图 4-10 中曲线 2 代表转子绕组电阻较大的转矩－转矩特性曲线。

在由风力机驱动异步发电机与电网并联运行的风力发电系统中，滑差率 S 的绝对值取为（2 ～ 5）%；|S| 取值越大，则系统平衡阵风扰动的能力越好，一般与电网并联运行的容量较大的异步风力发电机，其转速的运行范围在 n_s 与 $1.05n_s$ 之间。

2. 异步发电机的并网方法

因为风力机为低速运转的动力机械，在风力机与异步发电机转子之间经增速齿轮传动来提高转速以达到适合异步发电机运转的转速，一般与电网并联运行的异步发电机多选 4 极或 6 极电机，因此异步电机转速必须超过 1500r/min 或 1000r/min，才能运行在发电状态，向电网送电。电机极对数的选择与增速齿轮箱关系密切，若电机的极对数选小，则增速齿轮传动的速比增大，齿轮箱加大，但电机的尺寸则小些；反之，若电机的极对数选大些，则传动速比减小，齿轮箱相对小些，但电机的尺寸则大些。

根据电机理论，异步发电机并入电网运行时，是靠滑差率来调整负荷的，其输出的功率与转速近乎呈线性关系，因此对机组的调速要求，不像同步发电机那么严格精确，不需要同步设备和整步操作，只要转速接近同步转速时就可并网，国内及国外与电网并联运行的风力发电机组中，多采用异步发电机。但异步发电机在并网瞬间会出现较大的冲击电流（为异步发电机额定电流的 4 ～ 7 倍），并使电网电压瞬时下降。随着风力发电机组单机容量的不断增大，这种冲击电流对发电机自身部件的安全及对电网的影响也愈加严重。过大的冲击电流，有可能使发电机与电网连接，与电网连接的主回路中的自动开关断开；而电网电压的较大幅度下降，则可能会使低压保护动作，从而导致异步发电机根本不能并网。当前在风力发电系统中采用的异步发电机并网方法有以下几种。

（1）直接并网

这种并网方法要求在并网时发电机的相序与电网的相序相同，当风力驱动的异步发电机转速接近同步转速时即可自动并入电网；自动并网的信号由测速装置给出，而后通过自动空气开关合闸完成并网过程，显而易见这种并网方式比同步发电机的准同步并网简单。但如上所述，直接并网时会出现较大的冲击电流及电网容量的下降，因此这种并网方法只适用于异步电动机容量在百千瓦以下，且在电网容量较大的情况下。中国最早引进的 55kW 风力发电机组及自行研制的 50kW 风力发电机组都是采用这种方法并网的。

（2）降压并网

这种并网方法是在异步电机与电网之间串接电阻或电抗器或者接入自耦变压器，以达到降低并网合闸瞬间冲击电流幅值及电网电压下降的幅度。因为电阻、电抗器等元件要消耗功率，在发电机并入电网以后，进入稳定运行状态时，必须将其迅速切除，这种并网方法适用于百千瓦以上、容量较大的机组，显而易见这种并网方法的经济性较差，中国引进的 200kW 异步风力发电机组就是采用这种并网方式，并网时发电机每相绕组与电网之间皆串接有大功率电阻。

（三）双馈异步发电机

1. 工作原理

众所周知，同步发电机在稳态运行时，其输出端电压的频率与发电机的极对数及发电机转子的转速有着严格固定的关系，即

$$f=\frac{pn}{60} \quad (4\text{-}14)$$

式中，f 为发电机输出电压频率，Hz；p 为发电机的极对数；n 为发电机旋转速度，r/min。

显而易见，在发电机转子变速运行时，同步发电机不可能发出恒频电能，由电机结构可知，绕线转子异步电机的转子上嵌装有三相对称绕组，根据电机原理知道，在三相对称绕组中通入三相对称交流电，则将在电机气隙内产生旋转磁场，此旋转磁场的转速与所通入的交流电的频率及电机的极对数有关，即

$$n_2=\frac{60f_2}{p} \quad (4\text{-}15)$$

式中，n_2 为绕线转子异步电机转子的三相对称绕组通入频率为 f_2 的三相对称电流后所产生的旋转磁场相对于转子本身的旋转速度，r/min；p 为绕线转子异步电机的极对数；f_2 为绕线转子异步电机转子三相绕组通入的三相对称交流电频率，Hz。

从式（4–15）可知，改变频率 f_2 即可改变 n_2，而且若改变通人转子三相电流的相序，还可以改变此转子旋转磁场的转向。因此，若设 n_1 为对应于电网频率为 50Hz（f=50Hz）时异步发电机的同步转速，而 n 为异步电机转子本身的旋转速度，则只要维持 $n \pm n_2=n_1$= 常数，见式（4–16），则异步电机定子绕组的感应电势，如同在同步发电机时一样，其频率将始终维持为 f 不变。

$$n \pm n_2 = n_1 = \text{同步转速} \quad (4\text{-}16)$$

异步发电机的滑差率 $S=\frac{n_1-n}{n_1}$，则异步电机转子三相绕组内通入的电流频率应为

$$f_2=\frac{pn_2}{60}=\frac{p\left(n_1-n\right)}{60}=\frac{pn_1}{60}\times\frac{n_1-n}{n_1}=f_1S \quad (4\text{-}17)$$

公式（4–17）表明，在异步电机转子以变化的转速转动时，只要在转子的三相对称绕组中通入滑差率（即 f_1S）的电流，则在异步电机的定子绕组中就能产生 50Hz 的

恒频电势。

根据双馈异步电机转子转速的变化，双馈异步电机可有以下 3 种运行状态：

（1）亚同步运行状态

此种状态下 $n < n_1$，由滑差率为 f_2 的电流产生的旋转磁场转速 n_2 与转子的转速方向相同，因此有 $n+n_2=n_1$。

（2）超同步运行状态

此种状态下 $n > n_1$，改变通人转子绕组的频率为 f_2 的电流相序，则其所产生的旋转磁场转速 n_2 的转向与转子相反，因此有 $n - n_2=n_1$。为了实现 n_2 转向反向，在由亚同步运行转向超同步运行时，转子三相绕组必须能自改变其相序；反之也是一样。

（3）同步运行状态

此种状态下滑差率 f_2=0，这表明此时通入转子绕组的电流的频率为 0，也即直流电流，因此与普通同步电机一样。

2. 等值电路及向量图

根据电机理论，双馈异步发电机的等值电路如图 4-10 所示。

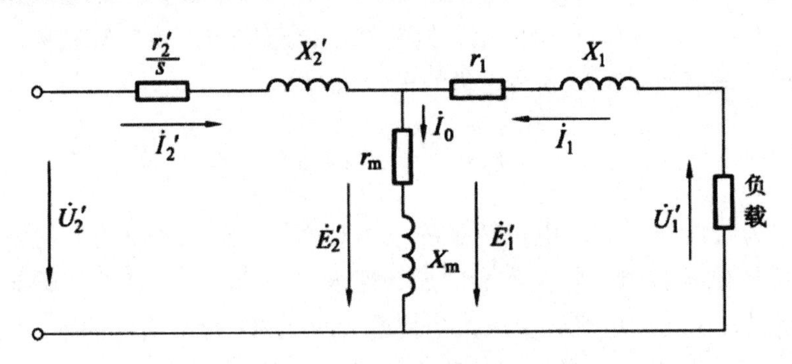

图 4-10　双馈异步发电机的等值电路

图 4-10 中，r_1，X_1，r_m，X_m，r_2'，X_2' 为定子、转子绕组及励磁绕组参数；U_1，I_1，E_1 及 U_2'，I_2'，E_2' 分别代表定子及转子绕组的电压、电流、感应电势；I_0 及 Φ_m 为励磁电流和气隙磁通。只要知道电机的参数，利用等值电路，就可以计算不同滑差率及负载的发电机的运行性能。

（四）低速交流发电机

1. 风力机直接驱动的低速交流发电机的应用场合

众所周知，火力发电厂中应用的是高速的交流发电机，核发电厂中应用的也是高速交流发电机，其转速为 3000r/min 或 1500r/min。在水力发电厂中应用的则是低速的交流发电机，视水流落差的高低，其转速为每分钟几十至几百转。这是因为火力发电厂是由高速旋转的汽轮机直接驱动交流发电机，而水力发电厂中则是由低速旋转的水轮机直接驱动交流发电机。

风力机也属于低速旋转的机械，中型及大型风力机的转速为 10 ~ 40r/min，比水轮机的转速还要低。大型风力发电机组在风力机与交流发电机之间装有增速齿轮箱，借助齿轮箱提高转速，因此应用的仍是高速交流发电机。如果由风力机直接驱动交流发电机，则必须应用低速交流发电机。

2. 低速交流发电机的特点

（1）外形特点

根据电机理论知，交流发电机的转速（n）与发电机的极对数（p）及发电机发出的交流电的频率（f）有固定的关系，即

$$p = \frac{60f}{n} \quad (4\text{-}18)$$

当 f=50Hz 为恒定值时，如若发电机的转速愈低，则发电机的极对数应愈多。从电机结构可知，发电机的定子内径（D_i）与发电机的极数（$2p$）及极距（τ）成正比，即

$$D_{\mathrm{i}} = 2p\tau \quad (4\text{-}19)$$

因此，低速发电机的定子内径大于高速发电机的定子内径。从电机设计的原理又可知，发电机的容量（P_{N}）与发电机定子内径（D_i）、发电机的轴向长度（l）有关，即

$$P_{\mathrm{N}} = \frac{1}{C} n D_{\mathrm{i}}^2 l \quad (4\text{-}20)$$

由式（4-20）可知，当发电机的设计容量一定时，发电机的转速愈低，则发电机的尺寸（$D_i^2 l$）愈大，而由式（4-19）知，对于低速发电机，发电机的定子内径大，因此发电机的轴向长度相对于定子内径而言是很小的，即 $D_i \gg l$ 也可以说，低速发电机的外形酷似一个扁平的大圆盘。

（2）绕组槽数

由于低速发电机极数多，发电机每极每相的槽数（q）少，当 q 为小的整数（例如 q=1）时，就不能利用绕组分布的方法来削减谐波磁密在定子绕组中感应产生的谐波电热，同时由定子上齿槽效应而产生的齿谐波电势也加大了，这将导致发电机绕组的电势波形不再是正弦形。根据电机绕组理论，采用分数槽绕组，则可以削弱高次谐波电势及高次齿谐波电势，使发电机绕组电势波形得到改善，成为正弦波形。所谓分数槽绕组就是发电机的每极每相槽数不是整数，而是分数，即

$$q=\frac{Z}{2pm}=\text{分数}=b+\frac{c}{d} \quad (4\text{-}21)$$

式中，Z 为沿定子铁芯内圆的总槽数；m 为发电机的相数。

大型水轮发电机多采用分数槽绕组，在中小型低速发电机中也可采用斜槽（把定子铁芯上的槽数或转子磁极扭斜一个定子齿距的大小）或采用磁性槽楔，也可减小齿谐波电势。

在风力发电系统中，若风力机为变速运行，并采用 AC—DC—AC 方式与电网连接，也可不采用分数槽绕组，而在逆变器中采用 PWM（脉宽调制）的方式来获得正弦形的交流电。

（3）结构形式

根据风力机的结构形式分为水平轴及垂直轴两种形式，低速交流发电机也有水平轴及垂直轴两种形式，德国采用的是水平轴结构，而加拿大采用的是垂直轴结构形式。

（五）无刷双馈异步发电机

1. 结构

无刷双馈异步发电机在结构上由两台绕线式三相异步电机组成，一台作为主发电机，其定子绕组与电网连接，另一台作为励磁电机，其定子绕组通过变频器与电网连接。两台异步电机的转子为同轴连接，转子绕组在电路上互相连接，因而在转子转轴上皆没有滑环和电刷。

2. 利用无刷双馈异步发电机实现变速恒频发电的原理

若风力风轮经升速齿轮箱（图中未画出）带动异步电机转子旋转的转速为 n_R，当风速变化时，则 n_R 也变化，即异步电机为变速运行。

设主发电机的极对数为 p，励磁机的极对数为 p_e，励磁机定子绕组是经变频器与电网连接的，设励磁机定子绕组由变频器输入的电流频率为 f_{e1}，则励磁机定子绕组产生的旋转磁场 n_{e1} 为

$$n_{e1}=\frac{60f_{e1}}{p_e} \quad (4\text{-}22)$$

这样，在励磁机转子绕组中将感应产生频率为 f_{e2} 的电势及电流，若 n_R 与 n_{e1} 转向相反，则

$$f_{e2}=\frac{p_e\left(n_R+n_{e1}\right)}{60} \quad (4\text{-}23)$$

若 n_R 与 n_{e1} 转向相同，则

$$f_{e2}=\frac{p_e(n_R+n_{el})}{60} \quad (4\text{-}24)$$

因为两台电机的转子绕组在电路上是互相连接的，故主发电机转子绕组中电流的频率 $f_2=f_{e2}$，即

$$f_2=f_{e2}=\frac{p_e(n_g+n_{el})}{60} \quad (4\text{-}25)$$

由电机原理又知，主发电机转子绕组电流产生的旋转磁场相对于主发电机转子自身的旋转速度 n_2 应为

$$n_2=\frac{60f_2}{p} \quad (4\text{-}26)$$

将式（4–25）代入上式，则有

$$n_2=\frac{p_e}{p}(n_R\pm n_{el}) \quad (4\text{-}27)$$

此主发电机转子旋转磁场相对于其定子的转速 n_1 为

$$n_1=n_R\pm n_2 \quad (4\text{-}28)$$

在式（4–28）中，当主发电机转子旋转磁场 n_2 与 n_R 的转向相反时，应取“–”号；反之，若 n_2 与 n_R 的旋转方向相同，则取“+”号，表明主发电机转子绕组与励磁机转子绕组是反相序连接的。

这样，定子绕组中感应电势频率 f_1 应为

$$f_1=\frac{pn_1}{60}=\frac{p(n_g\pm n_2)}{60} \quad (4\text{-}29)$$

将式（4–27）代入式（4–29），整理后可得

$$f_1=\frac{(p\pm p_e)n_g}{60}\pm f_{el} \quad (4\text{-}30)$$

由式（4–30）可以看出，当风力机的风轮以转速 n_R 做变速运行时，只需改变由变频器输入励磁机定子绕组电流的频率 f_{e1}，就可实现主发电机定子绕组输出电流的频率为恒定值（即 f_1=50Hz），即达到了变速恒频发电。

（六）高压同步发电机

1. 结构特点

这种发电机是将同步发电机的输出端电压提高到 10 ~ 20kV，甚至高达 40kV 以上。

发电机的定子绕组输出电压高，因而可以不用升压变压器而直接与电网连接，即兼有发电机及变压器的功能，是一种综合的发电设备，故称为 Powerformer，它是由 ABB 公司研制成功的。这种电机在结构上有两个特点：一是发电机的定子绕组不是采用传统发电机中带绝缘的矩形截面铜导体，而是利用圆形的电缆线制成，电缆具有坚固的绝缘，此外因为定子绕组的电压高，为满足绕组匝数的要求，定子铁芯槽形为深槽的；二是发电机转子采用永磁材料制成，且为多极的，因为不需要电流励磁，故转子上没有滑环。

2. 高压发电机（Powerformer）在风力发电系统中的应用

第一，高压发电机与风力机转子叶轮直接连接，不用增速齿轮箱，以低速运转，减少了齿轮箱运行时的能量损耗，同时由于省去了一台升压变压器，又免除了变压器运行时的损耗，转子上没有励磁损耗及滑环上的摩擦损耗，故与采用具有齿轮增速传动及绕线转子异步发电机的风力发电系统比较，系统的损耗降低，效率可调高 5% 左右。这种高压发电机应用在风力发电系统中，又称为 Windformer。

第二，由于不采用增速齿轮箱，减少了运行时的噪声及机械应力，降低了维护工作量，提高了运行的可靠性。与传统的发电机相比，采用电缆线圈可减少线圈匝间及相间绝缘击穿的可能性，也提高了系统运行的可靠性。

第三，采用 Windformer 技术的风电场与电网连接方便、稳妥。风电场中每台高压发电机的输入端可经过整流装置变换为高压直流电输出，并接到直流母线上，实现并网，再将直流电经逆变器转换为交流电，输送到地方电网；若需要远距离输送电力时，可通过再设置更高变比的升压变压器接入高压输电线路。

第四，这种高压发电机因采用深槽形定子铁芯，会导致定子齿抗弯强度下降，必须采用新型强固的槽楔，使定子铁芯齿得以压紧，同时因应用电缆来制造定子绕组，电机的质量增加 20% ~ 40%，但由于省去了一台变压器及增速齿轮箱，风电机组的总质量并未增加。

第五，这种发电机采用永磁转子，需要用大量的永磁材料，同时对永磁材料的性能稳定性要求高。

三、蓄能装置

风能是随机性的能源，具有间歇性，并且是不能直接储存起来的，因此，及时在风能资源丰富的地区，把风力发电机作为获得电能的主要方法时，必须配备适当的蓄能装置。在风力强的期间，除了通过风力发电机组向用电负荷提供所需的电能以外，还需将多余的风能转换为其他形式的能量在蓄能装置中储存起来；在风力弱或无风期间，再将蓄能装置中储存的能量释放出来并转换为电能，向用电负荷供电。可见蓄能装置是风力发电系统中实现稳定和持续供电必不可少的工具。

当前风力发电系统中的蓄能方式主要有蓄电池蓄能、飞轮蓄能、抽水蓄能、压缩空气蓄能、电解水制氢蓄能等几种。

（一）蓄电池蓄能

在独立运行的小型风力发电系统中，广泛使用蓄电池作为蓄能装置，蓄电池的作用是当风力较强或用电负荷减小时，可以将来自风力发电机发出的电能中的一部分蓄存在蓄电池中，也就是向蓄电池充电；当风力较弱、无风或用电负荷增大时，蓄存在蓄电池中的电能向负荷供电，以补足风力发电机所发电能的不足，达到维持向负荷持续稳定供电的作用。风力发电系统中常用的蓄电池有铅酸电池（亦称铅蓄电池）和镍镉电池（亦称碱性蓄电池）。

单格铅酸蓄电池的电动势为 2V，单格碱性蓄电池的电动势约为 1.2V 左右，将多个单格蓄电池串联组成蓄电池组，可获得不同的蓄电池组电势，例如 12，24，36V 等，当外电路闭合时蓄电池正负两极间的电位差即为蓄电池的端电压（亦称电压）。

蓄电池的端电压在充电和放电过程中，电压是不相同的，充电时蓄电池的电压高于其电动势，放电时蓄电池的电压低于其电动势，这是因为蓄电池有电阻的缘故，且蓄电池的内阻随温度的变化比较明显。

蓄电池的容量以 Ah 表示，容量为 100Ah 的蓄电池代表该蓄电池。若放电电流为 10A，可连续放电 10h；若放电电流为 5A，则可连续放电 20h。在放电过程中，蓄电池的电压随着放电而逐渐降低，放电时铅酸蓄电池的电压不能低于 1.4 ~ 1.8V，碱性蓄电池的电压不能低于 0.8 ~ 1.1V，蓄电池放电时的最佳电流值为 10h 放电率电流，蓄电池的最佳充电电流值等于其最佳放电电流值。

蓄电池经过多次充电及放电以后，其容量会降低，当蓄电池的容量降低到其额定值的 8% 以下时，就不能再使用了，也就是蓄电池有一定的使用寿命，影响蓄电池寿命的因素很多，如充电或放电过度、蓄电池的电解液溶度太大或纯度降低，以及在高温环境下使用等都会使蓄电池的性能变差，降低蓄电池的使用寿命。

（二）飞轮蓄能

从运动学知道，做旋转运动的物体皆具有动能，此动能也称为旋转的惯性能，其计算公式为

$$A=\frac{1}{2}J\Omega^2 \quad (4\text{-}31)$$

式中，A 为旋转物体的惯性能量，J；J 为旋转物体的转动惯量，$N\cdot m\cdot S^2$；Ω 为旋转物体的旋转角速度，rad/s。

式（4–31）所表示的为旋转物体达到稳定的旋转角速率Ω时所具有的动能，若旋转物体的旋转角速度是变化的，例如由Ω_1增加到Ω_2，则旋转物体增加的动能为

$$\Delta A=\int_{\Omega_2}^{\Omega_1}\Omega \mathrm{d}\Omega=\frac{1}{2}J\Omega_2^2-\Omega_1^2 \quad (4\text{-}32)$$

这部分增加的动能即储存在旋转体中，反之，若旋转物体的旋转角速度减小，则有部分旋转的惯性动能被释放出来。

同时由动力学原理知，旋转物体的转动惯量J与旋转物体的重力及旋转部分的惯性直径有关，即

$$J=\frac{GD^2}{4g} \quad (4\text{-}33)$$

式中，G为旋转物体的重力，N；D为旋转物体的惯性直径，m；g为重力加速度，$9.81\mathrm{m/s^2}$。

风力发电系统中采用飞轮蓄能，即在风力发电机的轴系上安装一个飞轮，利用飞轮旋转时的惯性储能原理，当风力强时，风能即以动能的形式储存在飞轮中；当风力弱时，储存在飞轮中的动能则释放出来驱动发电机发电，采用飞轮蓄能可以平抑由于风力起伏而引起的发电机输出电能的波动，改善电能的质量。

风力发电系统中采用的飞轮一般多由钢制成，飞轮的尺寸大小则视系统所需储存和释放能量的多少而定。

（三）电解水制氢蓄能

众所周知，电解水可以制氢，而且氢可以贮存，在风力发电系统中采用电解水制氢蓄能就是在用电负荷小时，将风力发电机组提供的多余电能用来电解水，使氢和氧分离，把电能贮存起来；当用电负荷增大，风力减弱或无风时，使贮存的氢和氧在燃料电池中进行化学反应而直接产生电能，继续向负荷供电，从而保证供电的连续性，故这种蓄能方式是将随时的不可贮存的风能转换为氢能贮存起来；而制氢、贮氧及燃料电池则是这种蓄能方式的关键技术和部件。

燃料电池是一种化学电池，其作用原理是把燃料氧化时所释放出来的能量通过化学变化转化为电能。以氢为燃料时，就是利用氢和氧化合时的化学变化所释放出来的化学能通过电极反应，直接转化为电能，即$H_2+\frac{1}{2}O_2\rightarrow H_2O$电能。由此化学反应式看出，除产生电能外，只能产生水，因此，利用燃料电池发电是一种清洁的发电方式，而且由于没有运动条件，工作起来更安全可靠，利用燃料电池发电的效率很高，例如碱性燃料电池的发电效率可达到50% ~ 70%。

在这种蓄能方式中，氢的贮存也是一个重要环节，贮氢技术有多种形式，其中以

金属氧化物贮氢最好，且贮氢度高，优于气体贮氢及液态贮氢，不需要高压和绝热的容器，安全性能好。

国外还研制出一种再生式燃料电池，这种燃料电池既能利用氢氧化合直接产生电能，反过来应用它可以电解水而产生氢和氧。

毫无疑问，电制水制氢蓄能是一种高效、清洁、无污染、工作安全、寿命长的蓄能方式，但燃料电池及贮氢装置的费用则较贵。

（四）抽水蓄能

这种蓄能方式在地形条件合适的地区可采用，所谓地形条件合适就是在安装风力发电机的地点附近有高地，在高地处可以建造蓄水池或水库，而在低地处有水。当风力强而用电负荷所需要的电能少时，风力发电机发出的多余的电能驱动抽水机，将低地处的水抽到高处的蓄水池或水库中存储起来；在无风期或是风力较弱时，则将高地蓄水池或水库中存储的水释放出来流向低地水池，利用水流的动能推动水轮机转动，并带动与之相连接的发电机发电，从而保证用电负荷不断电，实际上，这时已是风力发电机和水力发电同时运行，共同向负荷供电。当然，在无风期，只要是在高地蓄水池或水库中有一定的蓄水量，就可靠水力发电来维持供电。

（五）压缩空气蓄能

与抽水蓄能方式相似，这种蓄能方式也需要特定的地形条件，即需要有挖掘的坑或是废弃的矿坑或是地下的岩洞。当风力强，用电负荷少时，可将风力发电机发出的多余的电能驱动一台由电动机带动的空气压缩机，将空气压缩后存储在地坑内；而在无风期或用负荷增大时，则将存储在地坑内的压缩空气释放出来，形成高速气流，从而推动涡轮机转动，并带动发电机发电。

第三节　风力发电系统的构成及运行

一、独立运行的风力发电系统

（一）直流系统

图 4 11 为一个风力机驱动的小型直流发电机经蓄能装置向电阻性负载供电的电路

图，图中 J 代表电阻性负载（如照明灯等），J 为逆流继电器控制的动断触点。当风力减小，风力机转速降低，致使直流发电机电压低于蓄电池组电压时，则发电机不能对蓄电池充电，而蓄电池却要向发电机反向送电。为了防止这种情况出现，在发电机电枢电路与蓄电池组之间装有由逆流继电器控制的动断触点，当直流发电机电压低于蓄电池组电压时，逆流继电器动作，断开动断触点 J 使蓄电池不能向发电机反向供电。

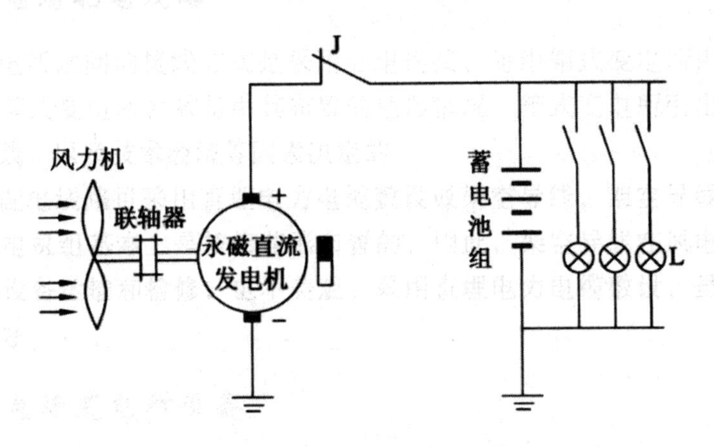

图 4-11　独立运行的直流风力发电系统

以蓄电池组作为蓄能装置的独立运行风力发电系统中，蓄电池组容量的选择至关重要，因为这是保证在无风期能对负载持续供电的关键因素，一般来说，蓄电池容量的选择与选定的风力发电机的额定数值（容量、电压等）、日负载（用电量）状况以及该风力发电机安装地区的风况（无风期持续时间）等有关；同时还应按 10h 放电率电流值（蓄电池的最佳充放电电流值）的规定来计算蓄电池组的充电及放电电流值，以保证合理地使用蓄电池，延长蓄电池的使用寿命。

（二）交流系统

如果在蓄电池的正负极两端接上电阻性的直流负载（如图 4-12 所示的情况），则构成一个由交流风力发电机组经整流器组整流后向蓄电池充电及向直流负载供电的系统，如果在蓄电池的正负极端接上逆变器，则可向交流负载供电，如图 4-12 所示。

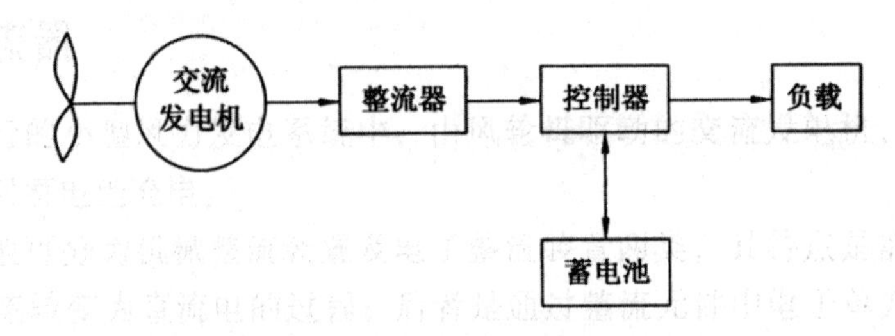

图 4-12　交流发电机向直流负载供电

逆变器可以是单相逆变器，也可以是三相逆变器，视负载为单相或三相而定。照明及家用电器（如电视机、电冰箱等）只需单相交流电源，选单相逆变器；对于动力负载（如电动机等），必须采用三相逆变器，对逆变器输出的交流电的波形按负载的要求可以是正弦波形或方波。

交流发电机除了永磁式交流发电机及硅整流自励交流发电机外，还可以采用无刷励磁的硅整流自励交流发电机。这种形式的发电机转子上没有滑环，因此工作时更加可靠。

无刷励磁硅整流自励交流发电机在结构上由主发电机及励磁机两部分组成，励磁机为转枢式，即励磁机的三相绕组与主发电机的励磁绕组皆在主发电机的同一转轴上，并经联轴器及齿轮箱与风力机转轴连接，主发电机内除了定子三相绕组及转子励磁绕组外，尚有附加绕组；励磁机的励磁绕组则为静止的。

当风力机驱动主发电机转子转动后，由于发电机有剩磁，在发电机的附加绕组中产生感应电动势，经二极管全波整流后得到的直流电流则作为励磁电流，流经励磁机的励磁绕组；而此时风力机与励磁机的三相绕组同轴旋转，故在三相绕组中感应产生交流电动势，再经过与之连接的每相一支旋转二极管的三相半波整流，产生的直流电供给主发电机的励磁绕组，主发电机的励磁绕组通电后，则在主发电机三相绕组中产生交变感应电动势；同时也在附加绕组中感应电动势，使附加绕组中的感应电动势增加，增大了励磁机的励磁绕组中的电流，而这又会增大励磁机三相绕组及主发电机励磁绕组中的电流，从而导致主发电机三相绕组内的感应电动势也随之增大；如此重复，主发电机三相绕组内的感应电动势越来越大，最后趋于稳定而完成建立起电压的过程。

为了控制主发电机在向负载供电时的电压及电流数值不超过其额定值，可以在主发电机的主回路中装设电压及电流继电器，分别控制接触器动断触点 J_1 及 J_2。当风力增大，主发电机输出电压高于额定值时，电压继电器动作，触点打开，则励磁机的励磁电流将流经电阻 R，电流减小，并导致主发电机励磁电流减小，从而迫使主发电机输出电压下降；当风速下降，主发电机电压降低到一定程度时，电压继电器复位，J_1 触点恢复闭合，发电机输出电压又升高，如此不断调节，即能保持主发电机的输出电压维持在额定值附近。当主发电机电流超过额定值时，电流继电器动作，J_2 触点打开，电阻 R 被串入励磁机的励磁绕组电路中，励磁电流下降，进而导致主发电机的输出电压下降，迫使输出电流也下降。

有蓄能电池的独立运行的交流风力发电系统中，蓄电池容量大的选择方法与直流系统相同。

二、并网运行的风力发电系统

（一）风力机驱动双速异步发电机与电网并联运行

1. 双速异步发电机

在与电网并联运行的风力发电系统中大多采用异步发电机，由于风能的随机性，风速的大小经常变化，驱动异步发电机的风力机不可能经常在额定风速下运转，通常风力机在低于额定风速下运行的时间占风力机全年运行时间的60% ~ 70%。为了充分利用低风速时的风能，增加全年的发电量，近年来广泛应用双速异步发电机。

双速异步发电机系统指具有两种不同的同步转速（低同步转速及高同步转速）的电机。根据前述的异步电机理论，异步电机的同步转速与异步电机定子绕组的极对数及所并联电网的频率有如下关系，即

$$n_s = \frac{60f}{p} \quad (4\text{-}34)$$

式中，n_s 为异步电机的同步转速，r/min；p 为异步电机定子绕组的极对数；f 为电网的频率，我国电网的频率为 50Hz。

因此并网运行的异步电机的同步转速是与电机的极对数成反比的，例如 4 极的异步电机的同步转速为 1500r/min，6 极的异步电机的同步转速为 1000r/min，可见只要改变异步电机定子绕组的极对数，就能得到不同的同步转速，如何改变电机定子绕组的极对数呢？有以下 3 种方法：①采用两台定子绕组极对数不同的异步电机，一台为同步转速的，一台为高同步转速的；②在一台电机的定子上放置两套极对数不同的相互独立的绕组，即双绕组双速电机；③在一台电机的定子上仅安置一套绕组，靠改变绕组的连接方式获得不同的极对数，即单绕组双速电机。

双速异步发电机的转子皆为鼠笼式，因为鼠笼式转子能自动适应定子绕组极对数的变化，双速异步发电机在低速运转时的效率较单速异步发电机高，滑差损耗小；在低风速时获得多发电的良好效果，国内外由定桨距失速叶片风力机驱动的双速异步发电机皆采用 4/6 极变极的，即其同步转速为 1500 或 1000r/min，低速时对应于低功率输出，高速时对应于高功率输出。

2. 双速异步发电机的并网

如前所述，近代异步发电机并网时多采用晶闸管软并网方法来限制并网瞬间的冲击电流，双速异步发电机与单速异步发电机一样也是通过晶闸管软并网方法来限制启动并网时的冲击电流，同时也在低速（低功率输出）与高速（高功率输出）绕组相互切换过程中起限制瞬变电流的作用。

3. 双速异步发电机的运行控制

双速异步发电机的运行状态即高功率输出或低功率输出（在采用两台容量不同发电机的情况下，即大电机运行或小电机运行），是通过功率控制来实现的。

（1）小容量电机向大容量电机的切换

当小容量发电机的输出在一定时间内（例如 5min）平均值达到某一设定值（例如小容量电机额定功率的 75% 左右），通过计算机控制将自动由小容量电机切换到大容量电机。为完成此过程，发电机暂时从电网中脱离出苿，风力机转速升高，根据预先设定的启动电流值，当转速接近同步速时通过晶闸管并入电网，所设定的电流值应根据风电场内变电所所允许的最大电流来确定。由于小容量电机向大容量电机的切换是由低速向高速的切换，故这一过程是在电动机状态下进行的。

（2）大容量电机向小容量电机的切换

当双速异步发电机在高输出功率（即大容量）运行时，若输出功率在一定时间内（例如 5min）平均下降到小容量电机额定容量的 50% 以下，通过计算机控制系统，双速异步发电机将自动由大容量电机切换到小容量电机（即低输出功率）运行。必须注意的是，当大容量电机切出、小容量电机切入时，虽然由于风速的降低，风力机的转速已逐渐减慢，但因小容量电机的同步转速较大容量电机的同步转速低，故异步发电机将处于超同步转速状态下，小容量电机在切入（并网）时所限定的电流值应小于小容量电机在最大转矩下相对应的电流值，否则异步发电机会发生超速，导致超速保护动作而不能切入。

（二）风力机驱动滑差可调的绕线式异步发电机与电网并联运行

1. 基本工作原理

现代风电场中应用最多的并网运行的风力发电机是异步发电机。异步发电机在输出额定功率时的滑差率数值是恒定的，在 2% ~ 5%。众所周知，风力机自流动的空气中吸收的风能随风速的起伏而不停地变化，风力发电机组的设计都是在风力发电机输出额定功率时使风力机的风能利用系数（C_p 值）处于最高数值区。当来流风速超过额定风速时，为了维持发电机的输出功率不超过额定值，必须通过风轮叶片失速效应（即定桨距风轮叶片的失速控制）或是调节风力机叶片的桨距（即变桨距风轮叶片的桨距调节）来限制风力机自流动空气中吸收的风能，以达到限制风力机的出力，这样风力发电机组将在不同的风速下维持不变的同一转速。按照风力机的特性可知，风力机的风能利用系数（C_p 值）与风力机运行时的叶尖速比（TSR）有关。因此，当风速变化而风力机转速不变化时，风力机的 C_p 值将偏离最佳运行点，从而导致风电机组的效率降低，为了提高风电机组的效率，国外的风力发电机制造厂家研制了滑差可调的绕线式异步发电机，这种发电机可以在一定的风速范围内，以变化的转速运转，而同时发电机则输出额定功率，不必借助调节风力机叶片桨距来维持其额定功率输出，这样就避免了风速频繁变化时的功率起伏，改善了输出电能的质量；同时也减少了变桨距控制系统的频繁动作，提高了风电机组运行的可靠性，延长使用寿命。

2. 滑差可调的异步发电机的结构

滑差可调异步发电机从结构上讲与串电阻调速的绕线式异步电动机相似，其整个结构包括绕线式转子的异步电机、绕线转子外接电阻、由电力电子器件组成的转子电流控制器及转速和功率控制单元。

由电流互感器测量出的转子电流值与由外部控制单元给定的电流基准值比较后计算得出转子回路的电阻值，并通过电力电子器件 IGBT（绝缘栅极双极型晶体管）的导通和关断来进行调整；而 IGBT 的导通与关断则由 PWM（脉冲宽度调制器）来控制。因为由这些电力电子器件组成的控制单元，其作用是控制转子电流的大小，故称为转子电流控制器，此转子电流控制器可调节转子回路的电阻值，使其在最小值（只有转子绕组自身电阻）与最大值（转子绕组自身电阻与外接电阻之和）之间变化，使发电机的滑差率能在 0.6% ~ 10% 之间连续变化，维持转子电流为额定值，从而维持发电机输出的电功率为额定值。

3. 滑差可调的异步发电机的功率调节

在采用变桨距风力机的风力发电系统中，由于桨距调节有滞后时间，特别在惯量大的风力机中，滞后现象更为突出，在阵风或风速变化频繁时会导致桨距大幅度频繁调节，发电机输出功率也将大幅波动，对电网造成不良影响。因此单纯靠变桨距来调节风力机的功率输出，并不能实现发电机输出功率的稳定性，利用具有转子电流控制器的滑差可调异步电机与变桨距风力机的配合，共同完成发电机输出功率的调节，则能实现发电机电功率的稳定输出。

（三）变速风力机驱动双馈异步发电机与电网并联运行

现代兆瓦级以上的大型并网风力发电机组多采用风力机叶片桨距可以调节及变速运行的方式，这种运行方式可以是实现优化风力发电机组内部件的机械负载及优化系统内的电网质量。众所周知，风力机变速运行时将使其连接的发电机也做变速运行，因此必须采用在变速运转时能发出恒频恒压电能的发电机，才能实现与电网的连接。将具有绕线转子的双馈异步发电机与应用最新电力电子技术的 IGBT 变频器及 PWM 控制技术结合起来，就能实现这一目的，也即变速恒频发电系统。

1. 系统组成

由变桨距风力机及双馈异步发电机组成的变速恒频发电系统与电网的连接情况

下。当风速降低时，风力机转速降低，异步发电机转子转速也降低，转子绕组电流产生的旋转磁场转速将低于异步电机的同步转速 n_s，定子绕组感应电动势的频率 f 低于 f_1（50Hz），与此同时转速测量装置立即将转速降低的信息反馈到控制转子电流频率的电路，使转子电流的频率增高，则转子旋转磁场的转速又回升到同步转速 n_s，这样定子绕组感应电动势的频率 / 又恢复到额定频率（50Hz）。

同理，当风速增高时，风力机及异步电机转子转速升高，异步发电机定子绕组的感应电动势的频率将高于同步转速所对应的频率 f_1（50Hz），测速装置会立即将转速和频率升高的信息反馈到控制转子电流频率的电流，使转子电流的频率降低，从而使转子旋转磁场的转速回降至同步转速 n_s，定子绕组的感应电动势频率重新恢复到频率 f_1（50Hz）。必须注意，当超同步运行时，转子旋转磁场的转向应与转子自身的转向相反，因此当超同步运行时，转子绕组应能自动变化相序，以使转子旋转磁场的旋转方向倒向。

当异步电机转子转速达到同步转速时，转子电流的频率应为零，即转子电流为直流电流，这与普通同步发电机转子励磁绕组内通入直流电是相同的。实际上，在这种情况下双馈异步发电机已经和普通同步发电机一样了。

双馈异步发电机输出端电压的控制是靠控制发电机转子电流的大小来实现。当发电机的负载增加时，发电机输出端电压降低，此信息由电压检测获得，并反馈到控制转子电流大小的电路，也即通过控制三相半控或全控整流桥的晶闸管导通角，使导通角增大，从而使发电机转子电流增加，定子绕组的感应电动势增高，发电机输出端电压恢复到额定电压。反之，当发电机负载减小时，发电机输出端电压升高，通过电压检测后获得的反馈信息将使半控或全控整流桥的晶闸管的导通角减小，从而使转子电流减小，定子绕组输出端电压降回至额定电压。

2. 变频器及控制方式

在双馈异步发电机组成的变速恒频风力发电系统中，异步发电机转子回路中可以采用不同类型的循环变流器作为变频器。

（1）采用交 - 直 - 交电压型强迫换流变频器

采用此种变频器可实现由亚同步运行到超同步运行的平稳过渡，这样可以扩大风力机变速运行的范围；此外，由于采用了强迫换流，可实现功率因数的调节，但转子电流为方波，会在电机内产生低次谐波转矩。

（2）采用交 - 交变频器，可以省去交 - 直 - 交变频器中的直流环节；同样可以实现由亚同步到超同步运行的平稳过渡及实现功率因数的调节，其缺点是需应用较多的晶闸管，同时在电机内也会产生低次谐波转矩。

（3）脉宽调制（PWM）控制的由 IGBT 组成的变频器

最新电力电子技术的 IGBT 变频器及 PWT 控制技术，可以获得正弦形转子电流，电机内不会产生低次谐波转矩，同时能实现功率因数的调节。现代兆瓦级以上的双馈异步发电机多采用这种变频器。

3. 系统的优越性

第一，这种变速恒频发电系统有能力控制异步发电机的滑差在恰当的数值范围内变化，因此可以实现优化风力机叶片的桨距调节，也就是可以减少风力机叶片桨距的调节次数，这对桨距调节机构是有利的。

第二，可以降低风力发电机组运转时的噪声水平。

第三，可以降低机组剧烈的转矩起伏，从而能够减小所有部件的机械应力，这为减轻部件质量或研制大型风力发电机组提供了有力的保证。

第四，由于风力机是变速运行，其运行速度能够在一个较宽的范围内被调节到风力机的最优化效率数值，使风力机的 C_p 值得到优化，从而获得高的系统效率。

第五，可以实现发电机低起伏的平滑的电功率输出，达到优化系统内电网质量，同时减小发电机温度变化的目的。

第六，与电网连接简单，并可实现功率因数的调节。

第七，可实现独立（不与电网连接）运行，几个相同的运行机组也可实现并联运行。

第八，这种变速恒频系统内的变频器的内容取决于发电机变速运行时最大滑差功率，一般电机的最大滑差率为 ±（25 ~ 35）%，因此变频器的最大容量仅为发电机额定容量的 1/4 ~ 1/3。

（四）变速风力机驱动交流发电机经变频器与电网并联运行

在这种风力发电系统中，风力机可以是水平轴变桨距控制或失速控制的定桨距风力机，也可以是立轴的风力机。

在这种风力发电系统中，风力机为变速运行，因而交流发电机发出的为变频交流电，经整流 – 逆变装置（AC–DC–AC）转换后获得恒频交流电输出，再与电网并联，因此这种风力发电系统也是属于变速恒频风力发电系统。

如前所述，风力机变速运行时可以做到使风力机维持或接近在最佳叶尖速比下运行，从而使风力机的 C_p 值达到或接近最佳值，达到更好地利用风能的目的。

在这种关系中，由于交流发电机是通过整流 – 逆变装置与电网连接，发电机的频率与电网的频率是彼此独立的，因此通常不会发生同步发电机并网时由于频率差而产生的冲击电流或冲击力矩问题，是一种较好的平稳的并网方式。

这种系统的缺点是需要将交流发电机发出的全部交流电能经整流 – 逆变装置转换后送入电网，因此采用大功率高反压的晶闸管，电力电子器件的价格相对较高，控制也较复杂。此外，非正弦形逆变器在运行时产生的高频谐波电流流入电网，会影响电网的电能质量。

（五）风力机直接驱动低速交流发电机经变频器与电网连接运行

这种并网运行风力发电系统的特点：由于采用了低速（多极）交流发电机，因此在风力机与交流发电机之间不需要安装升速齿轮箱，而成为无齿轮箱的直接驱动型。

这种系统中的低速交流发电机，其转子的极数大大多于普通交流同步发电机的极数，因此这种电机的转子外圆及定子内径尺寸大大增加，而其轴向长度则相对很短，呈圆环状。为了简化电机的结构，减小发电机的体积和质量，采用永磁体励磁是有利的。

由于 IGBT（绝缘栅双极型晶体管）是一种结合大功率晶体管及功率场效应晶体管两者特点的复合型电力电子器件，它既具有工作速度快、驱动功率小的优点，又兼有大功率晶体管的电流能力大、导通压降低的优点，因此在这种系统中多采用 IGBT 逆变器。

无齿轮箱直接驱动型风力发电系统的优点主要有以下几点：①由于不采用齿轮箱，机组水平轴向的长度大大减小，电能产生的机械传动路径被缩短了，避免了因齿轮箱旋转而产生的损耗、噪声以及材料的磨损甚至漏油等问题，使机组的工作寿命更加有保障，也更适于环境保护的要求。②避免了齿轮箱部件的维修及更换，不需要齿轮箱润滑油以及对油温的监控，因而提高了投资的有效性。③发电机具有大的表面，散热条件更有利，可以使发电机运行时的温升降低，减小发电机温升的起伏。

德国及加拿大都曾研究开发过中、大型无齿轮箱直接驱动型风力发电机组，德国已批量生产容量为 500kW 及 1.5MW 的大、中型机组。

（六）变速风力机经滑差连接器驱动同步发电机与电网并联运行

如前所述，风力机驱动同步发电机与电网并联时，当风速变化风力机变速运行时，同步发电机输出端将发出变频变压的交流电，是不能与电网并联的。如果在风力机与同步发电机之间采用电磁滑差连接器来连接，则当风力机做变速运行时，借助电磁滑差连接器，同步发电机能发出恒频恒压的交流电，实现与电网的并联运行。

电磁滑差连接器是一个特殊的电力机械，它起着离合器的作用，由两个旋转的部分组成，一个旋转部分与原动机相连，另一个旋转部分与被驱动机械相连，这两个旋转部分之间没有机械上的连接，而是以电磁作用的方式来实现从原动机到被驱动机械之间的弹性连接并传递力矩的。从结构上看，电磁滑差连接器与滑差电机相似，电磁滑差连接器由电枢、磁极、励磁绕组、滑环及电刷组成。其励磁绕组由晶闸管整流器供给电流，励磁电流的大小则由晶闸管控制。

三、风光互补发电

由太阳光电池组成的太阳光电池方阵（阵列）供电系统称为太阳光发电系统。目前太阳光发电系统有三种运行方式：一种是将太阳光发电系统与常规的电力网连接，即并网连接运行；一种是由太阳光发电系统独立地向用电负荷供电，即独立运行；一种是由风力发电系统与太阳光发电系统联合运行。

独立运行的太阳光发电系统由太阳光电池方阵、阳光跟踪系统、电能储存装置（蓄电池）、控制装置、辅助电源及用户负荷等组成。

采用风力－太阳光联合发电系统的目的是更高效地利用可再生能源，实现风力发电与太阳光发电的互补。在风力强的季节或时间内以风力发电为主，以太阳光发电为辅向负荷供电。中国西北、华北、东北地区冬春季风力强，夏秋季风力弱，但太阳辐射强，从资源的利用上恰好可以互补，因此在电网覆盖不到的偏远地区或海岛利用风力－太阳光发电系统是一种合理的和可靠的获得电力供应的方法。

（一）设计风力-太阳光发电系统的步骤

第一，汇集及测量当地风能资源、太阳能资源、其他天气及地理环境数据。包括每月的风速、风向数据、年风频数据、每年最长的持续无风时数、每年最大的风速及发生的月份、韦布尔（Weble）分布系数等；全年太阳日照时数、在水平表面上全年每平方米面积上接收的太阳辐射能、在具有一定倾斜角度的太阳光电池组件表面上每天太阳辐射峰值时数及太阳辐射能等；当地在地理上的纬度、经度、海拔高度、最长连续阴雨天数、年最高气温及发生的月份、年最低气温及发生的月份等。

第二，当地负荷状况，包括负荷性质、负荷工作电压、负荷额定功率、全天耗电量等。

第三，确定风力发电及太阳光发电分担的向负荷供电份额。

第四，根据确定的负荷份额计算风力发电及太阳光发电装置的容量。

第五，选择风力发电机及太阳光电池阵列的型号确定及优化系统的结构。

第六，确定系统内其他部件（蓄电池、整流器、逆变器及控制器、辅助后备电源等）。

第七，编制整个系统的投资预算及计算电镀（kW·h）发电成本。

（二）太阳光电池方阵容量的确定

设计风力－太阳光发电系统时，应根据用户负荷来确定太阳光电池方阵的容量，一般应该按照用户负荷所需电能全部由光电池供给来考虑，计算方法及步骤如下：

1. 确定太阳光电池方阵内太阳光电池单体（或组件）的串联个数

独立运行的太阳光电池供电系统，总是与蓄电池配套使用，也即同用电系数组成浮充电路，一部分电能供负载使用，另一部分电能则储存到蓄电池内以备夜晚或阴雨天使用。

设太阳光电池对蓄电池的浮充电压值为 U_f，则有

$$U_F = U_f + U_d + U_t \quad (4\text{-}35)$$

式中，U_f 为根据负载的工作电压确定的蓄电池在浮充状态下所需电压；U_d 为线路损耗及防反充二极管的电压降；U_d 为太阳电池工作时温升导致的电压降。

假设太阳光电池单体（或组件）的工作电压为 U，则太阳光电池单体（或组件）的串联数为

$$N_s = \frac{U_f + U_d + U_t}{U_m} = \frac{U_F}{U_m} \quad (4\text{-}36)$$

2. 确定太阳光电池方阵内太阳光电池单体（或组件）的并联个数太阳光电池单体（或组件）的并联个数 N_p 可按下式计算，即

$$N_P = \frac{Q_L}{I_m H}\eta_C F_C \quad (4\text{-}37)$$

式中，Q_L 为负载每天耗电量；H 为平均日照时数；I_m 为太阳光电池单体（或组件）平均工作电流；η_c 为蓄电池的充、放电效率修正系数；F_c 为其他因素修正系数。

3. 确定太阳光电池方阵的容量

太阳光电池方阵的容量 P_m 可按下式确定，即

$$P_m = \left(N_s U_m\right)\cdot\left(N_p I_m\right) = N_s N_p U_m I_m \quad (4\text{-}38)$$

（三）风力-太阳光发电系统的结构

风力－太阳光发电联合供电系统根据风力及太阳辐射的变化情况可以在 3 种模式下运行：①风力发电机独自向负荷供电；②风力发电机及太阳光电池方阵联合向负荷供电；③太阳光电池方阵独立向负荷供电。

太阳光电池方阵独立供电时蓄电池容量为

$$Q_B = 1.2DQ_L K \quad (4\text{-}39)$$

式中，Q_B 为蓄电池容量；D 为最长连续阴雨日数；K 为蓄电池允许释放容量修正系数；1.2 为安全系数。

第四节　并网风力发电机组的设备

一、风力发电机组设备

（一）风力发电机组结构

1. 水平轴风力发电机

关于各种形式的风力发电机组前面已做了详细的论述，这里根据风电场建设项目中对设备选型的要求，重点论述不同结构风电机组的选型原则，以便读者在风电场建设中选择机组时参考。

（1）结构特点

水平轴风力发电机是目前国内外广泛采用的一种结构形式。主要的优点是风轮可以架设到离地面较高的地方，从而减少了由于地面扰动对风轮动态特性的影响。它的主要机械部件都在机舱中，如主轴、齿轮箱、发电机、液压系统及调向装置等。水平轴风力发电机的优点：①由于风轮架设在离地面较高的地方，随着高度的增加发电量增高。②叶片角度可以调节功率直到顺桨（即变桨距）或采用失速调节。③风轮叶片的叶型可以进行空气动力最佳设计，达到最高的风能利用效率。④启动风速低，可自启动。

（2）上风向与下风向

水平轴风力发电机组也可分为上风向和下风向两种结构形式。这两种结构的不同主要是风轮在塔架前方还是在后面。欧洲的丹麦、德国、荷兰、西班牙的一些风电机组制造厂家等都采用水平轴上风向的机组结构形式，有一些美国的厂家曾采用过下风向机组。顾名思义，对于上风向机组，风先通过风轮，然后再达塔架，因此气流在通过风轮时因受塔架的影响，要比下风向时受到的扰动小得多。上风向必须安装对风装置，因为上风向风轮在风向发生变化时无法自动跟随风向。在小型机组上多采用尾翼、尾轮等机构，人们常称这种方式为被动式对风偏航。现代大型风电机组多采用在计算机控制下的偏航系统，采用液压马达或伺服电动机等通过齿轮传动系统实现风电机组机舱对风，称为主动对风偏航。上风向风电机组其测风点的布置是人们常感到困难的问题，如果布置在机舱的后面，风速、风向的测量准确性会受到风轮旋转的影响。有人曾把测风系统装在轮毂上，但实际上也会受到气流扰动而无法准确地测量风轮处的风速。对于下风向风轮，塔影效应使得叶片受到周期性大的载荷变化的影响，又由于风轮被动自由对风产生的陀螺力矩，这样使风轮轮毂的设计变得复杂。此外，每一叶片在塔架外通过时气流扰动，从而引起噪声。

（3）主轴、齿轮箱和发电机的相对位置

①紧凑型

这种结构是风轮直接与齿轮箱低速轴连接，齿轮箱高速轴输出端通过弹性联轴节与发电机连接，发电机与齿轮箱外壳连接。这种结构的齿轮箱是专门设计的。由于结构紧凑，可以节省材料和相应的费用。风轮上的力和发电机的力，都是通过齿轮箱壳体传递到主框架上的。这样的结构主轴与发电机轴将在同一平面内。这样的结构在齿轮箱损坏拆下时，需将风轮、发电机都拆下来，拆卸麻烦。

②长轴布置型

风轮通过固定在机舱主框架的主轴，再与齿轮箱低速轴连接。这时的主轴是单独的，有单独的轴承支承。这种结构的优点是风轮不是作用在齿轮箱低速轴上，齿轮箱可采用标准的结构，减少了齿轮箱低速轴受到的复杂力矩，降低了费用，减少了齿轮箱受损坏的可能性。刹车安装在高速轴上，减少了由于低速轴刹车造成齿轮箱的损害。

（4）叶片数的选择

从理论上讲，减少叶片数提高风轮转速可以减小齿轮箱速比，减小齿轮箱的费用，叶片费用也有所降低，但采用 1 ~ 2 个叶片的，动态特性降低，产生振动；为避免结构的破坏，必须在结构上采取措施，如跷跷板机构等，而且另一个问题是当转速很高时，会产生很大的噪声。

2. 垂直轴风力发电机

顾名思义，垂直轴风力发电机是一种风轮叶片绕垂直于地面的轴旋转大的风力机械，通常见到的是达里厄型（Darrieus）和 H 型（可变几何式）。过去人们利用的古老的阻力型风轮，如 Savonius 风轮、Darrieus 风轮，代表着升力型垂直轴风力机的出现。

自 20 世纪 70 年代以来，有些国家又重新开始设计研制立轴式风力发电机，一些兆瓦级立轴式风力发电机在北美投入运行，但这种风轮的利用仍有一定的局限性，它的叶片多采用等截面的 NACA0012 ~ 18 系列的翼形，采用玻璃钢或铝材料，利用拉伸成型的办法制造而成。这种方法使一种叶片的成本相对较低，模具容易制造。由于在一个圆周运行范围内，当叶片运行在后半周时，它非但不产生升力反而产生阻力，使得这种风轮的风能利用率低于水平轴。虽然它质量小，容易安装，且大部件如齿轮箱、发电机等都在地面上，便于维护检修，但是它无法自启动，而且风轮离地面近，风能利用率低，气流受地面影响大。

3. 其他形式

其他形式如风道式、龙卷风式、热力式等，这些系统仍处于开发阶段，在大型风电场机组选型中还无法考虑，因此不再详细说明。

（二）风力发电机组部件

在选择机组部件时，应充分考虑部件的厂家、产地和质量等级要求，否则如果部件出现损坏，日后修理是个很大的问题。

1. 风轮叶片

风轮叶片是叶片式风力发电机组最关键的部件，一般采用非金属材料（如玻璃钢、木材等）。风力发电机组中的叶片不像汽轮机叶片是在密封的壳体中，它的外界运行条件十分恶劣。

它要承受高温、暴风雨（雪）、雷电、盐雾、阵（飓风）风、严寒、沙尘暴等的袭击。由于处于高空（水平轴），在旋转过程中，叶片要受重力变化的影响以及由于地形变化引起的气流扰动的影响，因此，叶片上的受力变化十分复杂。由于这种动态部件的结构材料的疲劳特性，在风力发电机选择时要格外慎重考虑。当风力达到风力发电机组设计的额定风速时，在风轮上就要采取措施以保证风力发电机的输出功率不会超过允许值。这里有两种常用的功率调节方式，即变桨距和定桨距。

（1）变桨距

变桨距风力机是指整个叶片绕叶片中心轴旋转，使叶片攻角在一定范围（一般0° ~ 90° ）内变化，以便调节输出功率不超过设计容许值。在机组出现故障时需要紧急停机，一般应先使叶片顺桨，这样机组结构中受力小，可以保证机组运行的安全可靠性。变桨距叶片一般叶宽小，叶片轻，机头质量比失速机组小，不需很大的刹车，启动性能好。在低空气密度地区仍可达到额定功率，在额定风速后，输出功率可保持相对稳定，保证较高的发电量，但由于增加了一套变桨距机构，增加了故障发生的几率，而且处理变距结构中叶片轴承故障难度大。变距机组比较适合高原空气密度低的地区运行，避免了当失速机安装角确定后，有可能夏季发电低，而冬季又超发的问题。变桨距机组适合于额定风速以上风速较多的地区，这样发电量的提高比较显著。上述特点应在机组选择时加以考虑。

（2）定桨距（带叶尖刹车）

定桨距确切地说应该是固定桨距失速调节式，即机组在安装时根据当地风资源情况，确定一个桨距角度（一般 -4° ~ 4° ），按照这个角度安装叶片。风轮在运行时叶片的角度就不再改变了，当然如果感到发电量明显减小或经常过功率，可以随时进行叶片角度调整。

定桨距风力机一般装有叶片刹车系统，当风力发电机需要停机时，叶尖刹车打开，当风轮在叶尖（气动）刹车的作用下转速低到一定程度时，再由机械刹车使风轮刹住到静止。当然也有极个别风力发电机没有叶尖刹车，但要求有较昂贵的低速刹车以保证机组的安全运行。定桨距失速式风力发电机的优点是轮毂和叶根部件没有结构运动部件，费用低，因此控制系统不必设置一套程序来判断控制变桨距过程，在失速的过程中功率的波动小；但这种结构也存在一些先天的问题，叶片设计制造中由于定桨距失速叶宽大，机组动态载荷增加，要求一套叶尖刹车，在空气密度变化大的地区，在季节不同时输出功率变化很大。

综合上述，两种功率调节方式各有优缺点，适合范围和地区不同，在风电场风电机组选择时，应充分考虑不同机组的特点及当地风资源情况，以保证安装的机组达到最佳的出力效果。

2. 齿轮箱

齿轮箱是联系风轮与发电机之间的桥梁。为减少使用更昂贵的齿轮箱，应提高风轮的转速，减小齿轮箱的增速比，但实际应用中叶片数受到结构限制，不能太少。从结构平衡等特性来考虑，还是选择三叶片比较好。风电机组齿轮箱的结构有下列几种：

（1）二级斜齿

这是风电机组中常采用的齿轮箱结构之一，这种结构简单，可采用通用先进的齿轮箱，与专门设计的齿轮箱比，价格可以降低。在这种结构中，轴之间存在距离，与发电机轴是不同轴的。

（2）斜齿加行星轮结构

由于斜齿增速轴要平移一定距离，机舱由此而变宽。另一种结构是行星轮结构，行星轮结构紧凑，比相同变比的斜齿价格低一些，效率在变比相同时要高一些，在变距机组中常考虑液压轴（控制变距）的穿过，因此采用二级行星轮加一级斜齿增速，使变距轴从行星轮中心通过。

①升速比

根据前面所述，为避免齿轮箱价格太高，因此升速比要尽量小，但实际上风轮转速在 20 ~ 30r/min 之间，发电机转速为 1500r/min，那么升速比应在 50 ~ 75 之间变化。风轮转速受到叶尖速度不能太高的限制，避免了太高的叶尖噪声。

②润滑方式及各部件的监测

齿轮箱在运行中由于要承担动力的传递，会产生热量，这就需要良好的润滑和冷却系统以保证齿轮箱的良好运行。如果润滑方式和润滑剂选择不当，润滑系统失效就会损坏齿面或轴承。润滑剂的选择问题在后面讨论运行维护时还将详细论述。冷却系统应能有效地将齿轮动力传输过程中发出的热量散发到空气中。在运行中还应监视轴承的温度，一旦轴承的温度超过设定值，就应该及时报警停机，以避免更大的损坏。

当然，在冬季，如果气温长期处于 0℃以下，应考虑给齿轮箱的润滑油加热，以保证润滑油不至于在低温黏度变低时无法飞溅到高速轴轴承上进行润滑而造成高速轴轴承损坏。

3. 发电机

风电场中有如下几种形式发电机可供风电机组选型时选择：①异步发电机。②同步发电机。③双馈异步发电机。④低速永磁发电机。

4. 电容补偿装置

由于异步发电机并网需要无功，如果全部由电网提供，无疑对风电场经济运行不利。因此绝大部分风电机组中带有电容补偿装置，一般电容器组由若干个几十千瓦的电容器组成，并分成几个等级，根据风电机组容量大小来设计每级补偿多少。每级补偿切入和切出都要根据发电机功率的多少来增减，以便功率因数向 1 趋近。

根据上面的论述可以看出，在风力机组选型时，发电机选择应考虑如下几个原则：①考虑高效率、高性能的同时，应充分考虑结构简单和高可靠性；②在选型时应充分考虑质量、性能、品牌，还要考虑价格，以便在发电机组损坏时修理，以及机组国产化时减少费用。

5. 塔架

塔架在风力发电机组中主要起支撑作用，同时吸收机组振动。塔架主要分为塔筒状和桁架式。

（1）塔筒状塔架

国外引进及国产机组绝大多数采用塔筒式结构。这种结构的优点是刚性好，冬季时人员登塔安全，连接部分的螺栓与桁架式塔相比要少得多，维护工作量少，便于安装和调整。目前我国完全可以自行生产塔架，有些达到了国际先进水平。40m 塔筒主要分上下两段，安装方便。一般两者之间用法兰及螺栓连接。塔筒材料多采用 Q235D 板焊接而成，法兰要求采用 Q345 板（或 Q235D 冲压）以提高层间抗剪切力。从塔架底部到塔顶，壁厚逐渐减少，如 6，8，12mm。从上到下采用 5° 的锥度，因此塔筒上每块钢板都要计算好尺寸再下料。在塔架的整个生产过程中，对焊接的要求很高，要保证法兰的平面度以及整个塔筒的同心。

（2）桁架式塔架

桁架式是采用类似电力塔的结构形式。这种结构风阻小，便于运输，但组装复杂，并且需要每年对塔架上的螺栓进行紧固，工作量很大。冬季爬塔条件恶劣。多采用 16Mn 钢材料的角钢结构（热镀锌），螺栓多采用高强型（10.9 级）。它更适于南方海岛使用，特别是阵风大、风向不稳定的风场使用，桁架塔更能吸收机组运行中产生的扭矩和振动。

塔架与地基的连接主要有两种方式：一种是地脚螺栓；一种是地基环。地脚螺栓除要求塔架底法兰螺孔有良好的精度外，还要求地脚螺栓强度高，在地基中需要良好定位，并且在底法兰与地基间还要打一层膨胀水泥。而地基环则要加工一个短段塔架并要求良好防腐放入地基，塔架底端与地基采用法兰直接对法兰连接，便于安装。

塔架的选型原则上应充分考虑外形美观、刚性好、便于维护、冬季登塔条件好等特点（特别在中国北方）。当然，在特定的环境下还要考虑运输和价格等问题。

6. 控制系统

（1）控制系统的功能和要求

控制系统总的功能和要求是保证机组运行的安全可靠。通过测试各部分的状态和数据，来判断整个系统的状况是否良好，并通过显示和数据远传，将机组的各类信息及时准确地报告给运行人员，帮助运行人员追忆现场，诊断故障原因，记录发电数据，实施远方复位，启停机组。

（2）远控系统

远方传输控制系统指的是风电机组到主控制室直至全球任何一个地方的数据交换，具有远方监控界面与风电机组的实时状态及现场控制器显示屏完全相同的监视和操作功能。远传系统主要由上位机（主控系统）中通信板、通信程序、通信线路、下位机和 Modem 以及远控程序组成。远控系统应能控制尽可能多的机组，并尽量使远控画面与主控画面一致（相同）。应有良好的显示速度、稳定的通信质量。远控程序应可靠，界面友好，操作方便。通信系统应加装防雷系统；具有支持文件输出、打印功能；具有图表生成系统，可显示功率曲线（如棒图、条形图和曲线图）。

二、风电场升压变压器、配电线路及变电所设备

（一）风电场升压变压器

风电机组发出的电量需输送到电力系统中去，为了减少线损应逐级升压送出。国际市场上的风电机组出口电压大部分是 0.69kV 或 0.4kV，因此要对风电机组配备升压变压器升压至 10kV 或 35kV 接入电网，升压变压器的容量根据风电机组的容量进行配置。升压变压器的接线方式可采用一台风电机组配备一台变压器，也可采用二台机组或以上配备一台变压器。一般情况下，一台风电机组配备一台变压器，简称一机一变。原因是风电机组之间的距离较远，若采用二机一变或几机一变的连接方式，使用的 0.69kV 或 0.4kV 低压电缆太长，增加电能损耗，也使得变压器保护获得控制电源更加困难。

接入系统一般选用价格较便宜的油浸变压器或者是较贵的干式变压器，并将变压器、高压断路器和低压断路器等设备安装在钢板焊接的箱式变电所内，也有将变压器设备安装在钢板焊接的箱体外的，有利于变压器的散热和节约钢板材料，但需将原来变压器进出线套管从二次侧出线改为从一次侧出线。风电机组发出的电量先送到安装

在机组附近的箱式变电所，升压后再通过电力电缆输送到与风电场配套的变电所，或直接输送到当地电力系统离风电场最近的变电所。随着风电场规模的不断扩大，通常采用10kV或35kV箱式变压器升压后直接将电量输送到电力系统中去，一般都通过电力电缆输送到风电场自备的专用变电所，再经高压线路输送到电力系统中去。

（二）风电场配电线路

各箱式变电所之间的接线方式是采用分组连接，每组箱式变电所由3～8台变压器组成，每组箱式变电所台数是由其布置的地形情况、箱式变电所引出的电力电缆载流量或架空导线，以及技术经济等因素决定的。

风电场的配电线路可采用直埋电力电缆敷设或架空导线，架空导线投资低，由于风电场内的风电机组基本上是按梅花形布置的，因此，架空导线在风电场内条形或格形布置不利于设备运输和检修，也不美观。采用直埋电力电缆敷设，虽然投资较高但风电场内景观好。

（三）风电场变电所设备

随着环保要求的提高和风电技术的发展，增大风电场的规模和单片容量，可获得容量效益，降低风电场建设工程千瓦投资额和上网电价。

风电场专用变电所的规模、电压等级是根据风电场的规划和分期建设容量及风电机组的布置情况进行技术经济比较后确定的。

变电所的设计和相应的常规变电所设计是相同的，仅在选用变压器时，如果风电场内配电设备选用电力电缆，由于电容电流较大，因此为补偿电容电流，需选用折线变压器，也即选用接地变压器。

第五节　风力发电机变流装置的研究

一、整流器

在独立运行的小型风力发电系统中，由风轮机驱动的交流发电机，须配以适当的整流器，才能对蓄电池充电。

整流器一般可分为机械整流装置及电子整流装置两类，其特点是前者通过机械动作来完成从交流转变为直流电的过程；后者是通过整流元件中电子单方向的运动来完成从交流到直流的整流过程。机械整流装置一般为旋转机械装置，故又称旋转整流装置；

电子整流装置的元器件皆为静止的部件，故称为静止整流装置。风力发电系统中主要采用静止型电子整流装置。

电子整流装置又可分为不可控整流装置与可控整流装置两类。

（一）不可控整流装置

不可控整流装置是由二极管组成，常见的整流电路形式有单相半波整流电路、单相全波（双半波）整流电路、单相桥式整流电路、三相半波整流电路（零式整流电路）及三相桥式整流电路。各种整流电路的线路图、输出电压（整流电压）波形、输出直流电压大小、输出直流电流大小、二极管承受的最大反压以及每支二极管流过的平均电流等。

（二）可控整流装置

可控整流装置是由晶闸管（或称可控硅整流元件）组成。众所周知，可控硅整流器是由四层半导体（P_1,N_2,P_2,N_2）及三个结（J_1,J_2,$J_2$3 组成的电子器件，它与外部接有三个电极，即阳极 A、阴极 C 和控制极 G，如图 4-13 所示。

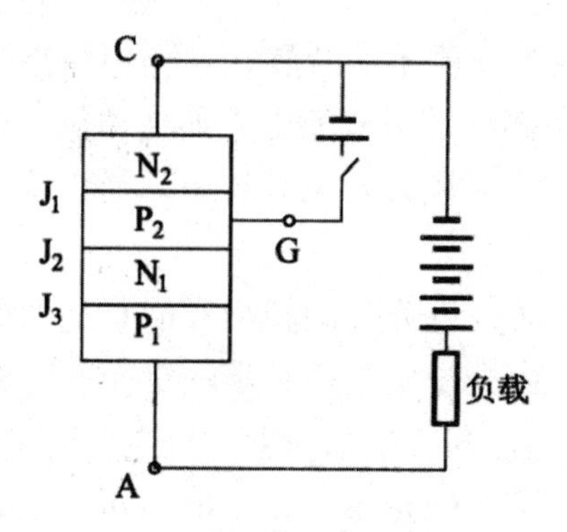

（a）晶闸管正向道通接线

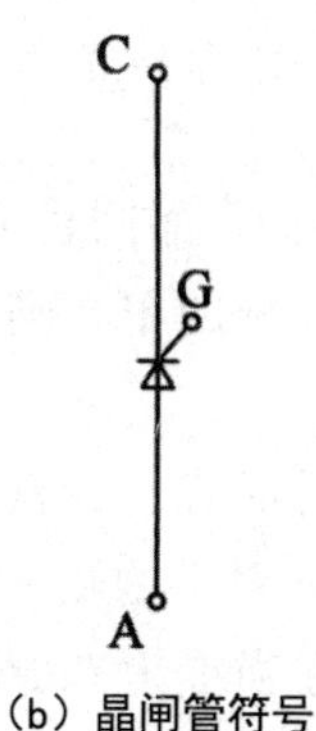

（b）晶闸管符号

图 4-13　晶闸管正向导通接线及晶闸管符号

当可控硅整流器阳极接电源正极，阴极接电源负极，控制极接上对阴极为正的控制电压时（即正向连接时），则可控硅导通，与可控硅连接的外电路负载上将有电流通过，如图 4-13a 示。可控硅一旦导通，即使取消控制电压，可控硅仍将维持导通，因此控制电压经常采用触发脉冲的形式，也即可控硅导通后，控制电压就失去作用。要使可控硅关断，必须把正向阳极电压降低到一定数值，或者将可控硅断开，或者在可控硅的阳极与阴极之间施加反向电压。

根据可控硅的触发导通的特点可知，改变触发电压信号距离起点的角度 α（称为控制角或起燃角），就可控制可控硅导通的角度 θ（称为导通角）。在单相电路中以正弦曲线的起点作为计算 α 角的起点，在多相电路中以各相波形的交点作为计算 α 角的起点。由于可控硅的导通角变化，则与可控硅连接的外电路负载上的整流电压（直流电压）的大小也跟着改变，此即可控整流。

常见的可控整流电路形式有单相全波可控整流电路、单相桥式可控整流电路、三相半波可控整流电路、三相桥式半控整流电路及三相桥式整流电路等。

二、逆变器

逆变器是将直流电变换为交流电的装置，其作用与整流器的作用恰好相反。现代大部分电气机械及电气用品都是采用交流电，如电动机、电视机、电风扇、电冰箱及洗衣机等。在采用蓄电池蓄能的风力发电系统中，当由蓄电池向负荷（电气器具）供电时，就必须要用逆变器。

如同整流器一样，逆变器也可分为旋转型和静止型两类。旋转型逆变器是指由直流电动机驱动交流发电机，由交流发电机给出一定频率（50Hz）及波形为正弦波的交流电。静止型逆变器则是使用晶闸管或晶体管组成逆变电路，没有旋转部件，运行平稳。静止型逆变器输出的波形一般为矩形波，需要时也可给出正弦波。在风力发电系统中多采用静止型逆变器。

（一）三相逆变器

与晶闸管整流器的主电路形式相似，晶闸管（可控硅）逆变器的接线方式也很多，有单相、三相、零式、桥式等。最常见的单相逆变器、单相桥式逆变器及三相逆变器的电路、输出电压电路及电压波形。

三相逆变器也有许多不同的接线形式，较常使用的是三相逆变电路，它们都是由三个同样的逆变电路组成。只要按照固定的顺序触发 6 个可控硅（晶闸管）就可在负载上得到对称的三相电压。所谓串联逆变电路是指逆变器的换向电容与输出负载串联的接线方式。

（二）三相桥式逆变器

晶体管同样也可以用作逆变器，在这种情况下，晶体管是作为开关元件使用的。由晶体管组成的逆变器具有与晶闸管组成的逆变器相同结构的电路。

逆变器的标称功率是以阻性负载（如灯泡、电阻发热丝）来计算的。对于感性负载（如风扇、洗衣机）和感容性负载（如彩色电视机），在启动时电流是其额定标称电流的几倍，所以应选择功率较大的逆变器，以便使带有感性或感容性的负载能够启动。通常标称功率 100W 的逆变器只适用于灯泡、收录机等设备；200W 的逆变器适用于黑白电视机、日光灯、风扇等；400W 的逆变器适用于彩色电视机、洗衣机等。

第五章　光伏发电的应用与研究

第一节　光伏发电基础及工作原理

一、光伏效应

光伏效应是光生伏特效应的简称，是指一定波长的光照射非均匀半导体（特别是PN结），在内建电场作用下，半导体内部产生的光电压现象。

（一）光伏效应的实质

一般而言，光伏效应过程中电子吸收太阳光光子能量激发电子－空穴对，且这些非平衡载流子有足够长的寿命，在分离前不会复合消失；产生的非平衡载流子在内建电场作用下完成电子－空穴对分离，电子集中在一侧，空穴集中在另一侧，在PN结两侧产生异性电荷积累，从而产生光生电动势；在PN结两侧通过端电极供给负载电能，即获得功率输出。同时，这也是光伏效应电子器件工作的三个必要步骤，这三要素也是决定光伏电池转换效率高低的重要因素。

PN结空间电荷区域电子和空穴的漂移运动形成的电流称为漂移电流（光电流）。光电流不仅出现在空间电荷区域，在准电中性区域也会出现，光子在准电中性区域被吸收产生的光电流通常称为扩散电流。扩散电流的大小由少数载流子决定，多数载流子不参与扩散电流的形成。半导体扩散电流的形成过程包括：P型半导体准电中性区域电子，在空间电荷区域附近向N型区域扩散来降低其浓度，相反，N型半导体准电中性区域空穴，在空间电荷区域附近向P型区域扩散，形成扩散电流。因此，光伏效应中光电流主要来源于空间电荷区域电子和空穴的漂移电流和准电中性区域中少数载流子产生的扩散电流，而扩散电流又分为P型和N型区域的扩散电流。

（二）电阻效应及相关性效应

1. 电池结构及功率特性

光伏电池（组件）的输出功率取决于太阳辐照度、太阳光谱分布和光伏电池（组件）的工作温度，因此光伏电池性能的测试需在标准条件（STC）下进行。测量标准被欧洲委员会定义为 101 号标准，其测试条件是：光谱辐照度为 1000W/m^2，大气质量为 AM1.5 时的光谱分布；电池温度为 25℃。在该条件下，光伏电池（组件）输出的最大功率为峰值功率。

2. 特征电阻

光伏电池的特征电阻是指电池在输出最大功率时的输出电阻。如果外接负载的电阻大小等于电池本身的输出电阻,那么电池输出的功率达到最大,即工作在最大功率点。此参数在分析电池特性，特别是研究寄生电阻损失机制时非常重要。特征电阻也可以写成

$$R_{CH}=\frac{U_{mp}}{I_{mp}}=\frac{U_{OC}}{I_{SC}} \quad (5\text{-}1)$$

3. 寄生电阻

电池的电阻效应以在电阻上消耗能量的形式降低了电池的发电效率，其中最常见的寄生电阻为串联电阻和并联电阻。寄生电阻对电池最主要的影响便是减小了填充因子。

在大多数情况下，当串联电阻和并联电阻处在典型值时，寄生电阻对电池的最主要影响便是减小填充因子。串联电阻和并联电阻的阻值以及它们对电池最大功率点的影响都取决于电池的几何结构。在光伏电池中，电阻的单位是 U/cm^2。

（1）串联电阻的影响

在光伏电池中，产生串联电阻的因素有三种：第一种，穿过电池发射区和基区的电流；第二种，金属电极与硅之间的接触电阻；第三种是顶部和背部之间产生的金属电阻。串联电阻对电池的主要影响是减小填充因子，此外，沟阻值过大时还会减小短路电流。串联电阻并不会影响电池的开路电压，因为此时电池的总电流为零，电池处于开路状态，其中光伏电池电路没有电流，也不会产生串联电阻，可认为此时串联电阻为零。然而，在接近开路电压处，伏安特性曲线会受到串联电阻的强烈影响。

（2）并联电阻的影响

并联电阻引起功率损失的原因是漏电产生的损耗，而不是因为电池设计不合理。小的并联电阻以分流的形式造成功率损失，此电流转移不仅减小了流经 PN 结的电流，同时还减小了电池的电压。在光照强度很低的情况下，并联电阻对电池的影响最大，

因为此时电池的电流很小。通过测量伏安特性曲线在接近短路电流处的斜率，可以估算出电池内并联电阻的阻值。

（3）串联电阻和并联电阻的共同影响

当并联电阻和串联电阻同时存在时，光伏电池的电流与电压的关系为

$$I = I_L - I_0\left\{\exp\left[\frac{q(U+IR_S)}{nkT}\right] - \frac{U+IR_S}{R_{sh}}\right\} \quad (5\text{-}2)$$

二、光伏电池的主要技术参数及其分类

（一）光伏电池的主要技术参数

1. 开路电压

受光照的光伏电池处于开路状态，光生载流子只能积累于PN结两侧产生光生电动势，此时在光伏电池两端测得的电压叫作开路电压，用符号 U_{oc} 表示。

2. 短路电流

如果把光伏电池从外部短路，测得的最大电流称为短路电流，用符号 I_{sc} 表示。硅光电池开路电压（光生电压）和短路电流（光生电流）与光照度的关系。

3. 最大输出功率

把光伏电池接上负载，负载电阻中便有电流通过，该电流称为光伏电池的工作电流 I，也称负载电流或输出电流；负载两端的电压称为光伏电池的工作电压负载两端的电压与通过负载的电流的乘积称为光伏电池的输出功率 P（$P=UI$）。

光伏电池的工作电压和电流是随负载电阻而变化的，将不同阻值所对应的工作电压和电流值制成曲线，就得到光伏电池的伏安特性曲线。如果选择的负载电阻值能使输出电压和电流的乘积最大，即可获得最大输出功率，用符 P_m 表示。此时的工作电压和工作电流称为最佳工作电压和最佳工作电流，分别用符号 U_m 和 I_m 表示，$P_m=U_mI_m$。

4. 填充因子

光伏电池的另一个重要参数是填充因子（FF），它是最大输出功率与开路电压和短路电流乘积的比值，即

$$\mathrm{FF} = \frac{P_m}{U_{OC}I_{SC}} = \frac{U_mI_m}{U_{OC}I_{SC}}$$

填充因子是评价光伏电池输出特性的一个重要参数，其值越高，表明光伏电池输出特性曲线越趋近于矩形，电池的转换效率也越高。

串并联电阻对填充因子有较大影响：串联电阻越大，则短路电流下降得越多，填

充因子也随之减小得多；并联电阻越小，则电流就越大，开路电压就下降得越多，填充因子随之也减小得多。因此，通常优质光伏电池的填充因子皆大于 0.7。

5. 转换效率

光伏电池的转换效率 η 是指在外部回路中连接最佳负载电阻时的最大能量转换效率，等于光伏电池的最大输出功率 P_m 与入射到光伏电池表面的能量之比，即

$$\eta = \frac{P_{\text{m}}}{P_{\text{in}}} \times 100\% = \text{FF} \cdot \frac{U_{\text{OC}} I_{\text{SC}}}{P_{\text{in}}} \times 100\% \quad (5\text{-}3)$$

式中，P_m 为单位面积入射光的功率。

光伏电池的转换效率主要与它的结构、PN 结特性、材料性质、电池的工作温度、放射性粒子辐射损坏和环境变化等因素有关。材料的禁带宽度直接影响光生电流（即短路电流）的大小。由于太阳辐射中光子的能量大小不一，只有那些能量比禁带宽度大的光子才能在半导体中产生电子－空穴对，从而形成光生电流。所以，材料禁带宽度小，能小于它的光子数量就多，获得的短路电流就大；反之，禁带宽度大，能量大于它的光子数量就少，短路电流就小。但禁带宽度太小也不合适，因为能量大于禁带宽度的光子在激发出电子－空穴对后剩余的能量会转换为热能，从而降低了光子能量的利用率。再有，禁带宽度又直接影响开路电压的大小。而开路电压的大小与 PN 结反向饱和电流的大小成反比；禁带宽度越大，反向饱和电流越小，开路电压越高。

（二）光伏电池的结构及分类

光伏电池多为半导体材料制造，发展至今，种类繁多，形式各样。光伏电池的分类方法有多种，如按照结构的不同分类、按照材料的不同分类、按照用途的不同分类，按照工作方式的不同分类等。

1. 按照结构的不同分类

（1）同质结光伏电池

由同一种半导体材料所形成的 PN 结或梯度结称为同质

结，用同质结构成的光伏电池称为同质结光伏电池，如硅光伏电池、砷化镓光伏电池等。

（2）异质结光伏电池

由两种禁带宽度不同的半导体材料形成的结称为异质结，用异质结构成的光伏电池称为异质结光伏电池，如氧化锡 / 硅光伏电池、硫化亚铜 / 硫化镉光伏电池、砷化镓 / 硅光伏电池等。如果两种异质材料的晶格结构相近，界面处的晶格匹配较好，则称为异质面光伏电池，如砷化铝镓 / 砷化镓异质面光伏电池。

（3）肖特基光伏电池

是指利用金属半导体界面的肖特基势垒面构成的光伏电池，也称为 MS 光伏电池，如铂/硅肖特基光伏电池、铝/硅肖特基光伏电池等。其原理是，在金属－半导体接触时，在一定条件下可产生整流接触的肖特基效应。目前已发展成为金属－氧化物－半导体（MOS）结构制成的光伏电池和金属－绝缘体－半导体（MIS）结构制成的光伏电池。这些又总称为导体－绝缘体－半导体（CIS）光伏电池。

（4）多结光伏电池

是指由多个 PN 结形成的光伏电池，又称为复合结光伏电池，如垂直多结光伏电池、水平多结光伏电池等。

（5）液结光伏电池

是指用浸入电解质中的半导体构成的光伏电池，也称为光电化学电池。

2. 按照材料的不同分类

（1）硅光伏电池

是指以硅为基体材料的光伏电池，有单晶硅光伏电池、多晶硅光伏电池等。多晶硅光伏电池又有片状多晶硅光伏电池、铸锭多晶硅光伏电池、筒状多晶硅光伏电池、球状多晶硅光伏电池等多种。

（2）化合物半导体光伏电池

是指由两种或两种以上元素组成的具有半导体特性的化合物半导体材料制成的光伏电池，如硫化镉光伏电池、砷化镓光伏电池、碲化镉光伏电池、硒铟铜光伏电池、磷化铟光伏电池等。化合物半导体主要包括：晶态无机化合物及其间溶体；非晶态无机化合物，如玻璃半导体；有机化合物，如有机半导体；氧化物半导体等。

（3）有机半导体光伏电池

是指用含有一定数量的碳－碳键且导电能力介于金属和绝缘体之间的半导体材料制成的光伏电池。有机半导体可分为三类：分子晶体，如萘、蒽、芘（嵌二萘）、酞菁酮等；电荷转移络合物，如芳烃－卤素络合物、芳烃－金属卤化物等；高聚物。

（4）薄膜光伏电池

是指用单质元素、无机化合物或有机材料等制作的薄膜为基体材料的光伏电池，通常把膜层无基片而能独立成形的厚度作为薄膜厚度的大致标准，一般规定其厚度为 12μm，这些薄膜通常由辉光放电、化学气相沉积、溅射、真空蒸镀等方法制得，目前主要有非晶硅薄膜光伏电池、多晶硅薄膜光伏电池、化合物半导体薄膜光伏电池、纳米晶薄膜光伏电池、微晶硅薄膜光伏电池等。非晶硅薄膜光伏电池是指用非晶硅材料及其合金制造的光伏电池，也称为无定形硅薄膜光伏电池，简称 a-Si 光伏电池，目前主要有 PIN（NIP）非晶硅薄膜光伏电池、集成型非晶硅薄膜光伏电池、叠层（级联）非晶硅薄膜光伏电池等。

光伏电池按照结构来分类，其物理意义比较明确，因而我国的国家标准将其作为光伏电池型号命名方法的依据。

此外，按照应用还可将光伏电池分为空间用光伏电池和地面用光伏电池两大类。地面用光伏电池又可分为电源用光伏电池和消费品用光伏电池两种，其对光伏电池的技术经济要求因应用而异；空间用光伏电池的主要要求是耐辐照性好、可靠性高、光电转换效率高、功率面积比和功率质量比优等；地面电源用光伏电池的主要要求是光电转换效率高、坚固可靠、寿命长、成本低等；地面消费品用光伏电池的主要要求是薄小轻、美观耐用等。

三、新型光伏电池简介

（一）新型高效单晶硅光伏电池

为了提高光伏电池的转换效率，采用多种结构和技术来改进电池的性能；采用背电场减小背表面处的复合，提高了开路电压；浅结电池减小了正表面复合，加大了短路电流；金属－绝缘体－半导体－NP（MINP）光伏电池则进一步降低了电池的正表面复合。近年来随着表面钝化技术的进步，氧化层从薄（< 10nm）到厚（约 110mn），使表面态密度和表面复合速度大大降低，单晶硅光伏电池的转换效率得到了迅速提高。

1. 发射极钝化及背表面局部扩散光伏电池（PERL 电池）

PERL 电池正反两面都进行钝化，并采用光刻技术将电池表面的氧化层制作成倒金字塔形。两面的金属接触面都进行缩小，其接触点进行硼与磷的重掺杂，局部背场（LBSF）技术使背接触点处的复合得到了减少，且背面由于铝在二氧化硅上形成了很好的反射面，使入射的长波光反射回电池体内，增加了对光的吸收。这种单晶硅电池的光电效率已达 24.7%，多晶硅电池的光电效率已达 19.9%。

2. 埋栅光伏电池（BCSC 电池）

BCSC 电池采用激光刻槽或机械刻槽，激光在硅片表面刻槽，然后化学镀铜，制作电极。批量生产的这种电池的光电效率已达 17%，我国实验室这种电池的光电效率为 19.55%。

3. 高效背表面反射器光伏电池（BSR 电池）

BSR 电池的背面和背面接触之间用真空蒸镀的方法沉积一层高反射率的金属表面（一般为铝）。背反射器就是将电池背面做成反射面，它能发射透过电池基体到达背表面的光，从而增加光的利用率，使电池的短路电流增大。

4. 高效背表面场和背表面反射器光伏电池（BSFK 电池）

BSFR 电池也称为漂移场光伏电池，它是在 BSR 电池结构的基础上再做一层 p^+ 层，这种场有助于光生电子－空穴对的分离和少数载流子的收集。目前，BSFR 电池的光电效率为 14.8%。

（二）多晶硅薄膜光伏电池

多晶硅薄膜由许多大小不等且具有不同晶面取向的小晶粒构成，其特点是在长波段具有高光敏性，能有效吸收可见光；又具有与晶体硅一样的光照稳定性，因此被认为是高效、低耗的理想光伏器件材料。

目前多晶硅薄膜光伏电池的光电效率达 16.9%，但仍处于实验室阶段，如果能找到一种好的方法在廉价的衬底上制备性能良好的多晶硅薄膜光伏电池，该电池就可以进入商业化生产，这也是目前研究的重点。多晶硅薄膜光伏电池因其良好的稳定性和丰富的材料来源，是一种很有前途的地面用廉价光伏电池。

（三）非晶硅光伏电池

晶体硅光伏电池通常的厚度为 300pm 左右，这是因为晶体硅是间接吸收半导体材料，光的吸收系数小，需要较厚的厚度才能充分吸收阳光。非晶硅又称无定形硅或 a-Si，是直接吸收半导体材料，光的吸收系数很大，仅几微米厚度就能完全吸收阳光，因此光伏电池可以做得很薄，材料和制作成本较低。

无定形硅从微观原子排列看，是一种“长程无序”而“短程有序”的连续无规则网络结构，其中包含大量的悬挂键、空位等缺陷。在技术上有实用价值的是 a-Si-H 合金，在这种合金膜中，氢补偿了 a-Si 中的悬挂键，使缺陷态密度大大降低，使掺杂成为可能。

1. 非晶硅的优点

（1）有较大的光学吸收系数，在 0.315 ~ 0.75pm 的可见光波长范围内，其吸收系数比单晶硅高一个数 M 级，因此很薄（1μn 左右）的非晶硅就能吸收大部分可见光，制备材料成本也低。

（2）禁带宽度为 1.5 ~ 2.0eV，比晶体硅的 1.12eV 大，与太阳光谱有更好的匹配。

（3）制备工艺和所需设备简单、沉积温度低（300 ~ 4001）、耗能少。

（4）可沉积在廉价的衬底上，如玻璃、不锈钢甚至耐温塑料等，也可做成能弯曲的柔性电池。

由于非晶硅有上述优点，许多国家都很重视非晶硅光伏电池的研究开发

2. 非晶硅光伏电池结构及性能

性能较好的非晶硅光伏电池一般为 P-I-N 结构，非晶硅光伏电池的性能如下：

（1）非晶硅光伏电池的电性能

非晶硅光伏电池的实验室光电转换效率达 15%，稳定效率为 13%。商品化非晶硅光伏电池的光电效率一般为 6% ~ 7.5%。非晶硅光伏电池的温度变化情况与晶体硅光伏电池不同，温度升高对其效率的影响比晶体硅光伏电池要小。

（2）光致衰减效应

非晶硅光伏电池经光照后，会产生 10% ~ 30% 的电性能衰减，这种现象称为非晶硅光伏电池的光致衰减效应，此效应限制了非晶硅光伏电池作为功率发电器件的大规模应用。为减小这种光致衰减效应，又开发了双结和三结的非晶硅叠层光伏电池，实验室中光致衰减效应已减小至 10%。

由于非晶硅光伏电池价格比单晶硅光伏电池便宜，在市场上已占有较大的份额，但性能不够稳定，尚没有广泛作为大功率电源，主要用于计算器、电子表、收音机等弱光和微功率器件。

（四）化合物薄膜光伏电池

光伏电池（单晶硅、多晶硅电池）价格偏高，原因之一就是电池材料贵且消耗大，因而开发研制薄膜光伏电池就成为降低光伏电池价格的重要途径。薄膜光伏电池由沉积在玻璃、不锈钢、塑料、陶瓷衬底或薄膜上的几微米或几十微米厚的半导体膜构成，由于其半导体层很薄，可以大大节省光伏电池材料，降低生产成本，是最有前景的新型光伏电池。晶体硅光伏电池的基片厚度通常为 300μm 以上，而薄膜光伏电池在适当的衬底上只需生长几微米至几十微米厚度的光伏材料即能满足对光的大部分吸收，实现光电转换的需要。这样，就可以减少价格昂贵的半导体材料，从而大大降低成本。薄膜化的活性层必须用基板来加强其机械性能，在基板上形成的半导体薄膜可以是多品多晶的，也可以是非晶的，不一定用单晶材料。因此，研究开发出不同材料的薄膜光伏电池是降低价格的有效途径。

1. 化合物多晶薄膜光伏电池

除上面介绍的 a-Si 光伏电池和多晶硅薄膜光伏电池外，已开发出的化合物多晶薄膜光伏电池主要有硫化镉/碲化镉（CdS/CdTe）电池、硫化镉/铜镓铟硒（CdS/$CuGaInSe_2$）、硫化镉/硫化亚铜（CdS/Cu_2S）等，其中相对较好的有 CdS/CdTe 电池和 CdS/$CuGahSe_2$ 电池。

2. 化合物薄膜光伏电池的制备

研究各种化合物半导体薄膜光伏电池的目的是找出一种价格低廉、成品率高的工艺方法，这是走向工业化生产的关键。由于所采用材料性能的差异，成功的工艺方法也各异，这里仅介绍两种薄膜光伏电池。

（1）CdS/CdTe 薄膜光伏电池

Cds/CdTe 薄膜光伏电池制造工艺完全不同于硅光伏电池，不需要形成单晶，可以连续大面积生产，与晶体硅光伏电池相比，虽然效率低，但价格比较便宜。这类电池存在性能不稳定、长期使用电性能严重衰退等问题，技术上还有待于改进。

（2）CdS/CidnSe$_2$ 薄膜光伏电池

CdS/CulnSe$_2$ 薄膜光伏电池是以铜铟硒三元化合物半导体为基本材料制成的多晶薄膜光伏电池，性能稳定，光电转换效率较高，成本低，是一种发展前景良好的光伏电池。

（五）聚光光伏电池

聚光光伏电池是在高倍太阳光下工作的光伏电池。通过聚光器，使大面积聚光器上接收的太阳光汇聚在一个较小的范围内，形成“焦斑”或“焦带”位于焦斑或焦带处的光伏电池得到较高的光能，使单体电池输出更多的电能，潜力得到了发挥。只要有高倍聚光器，一只聚光光伏电池输出的功率相当于几十只甚至更多常规电池的输出功率之和。这样，用廉价的光学材料节省昂贵的半导体材料，可使发电成本降低。为了保证焦斑汇聚在聚光光伏电池上，聚光器和聚光光伏电池通常安装在太阳跟踪装置上。

聚光光伏电池的种类很多，而且器件理论、制造和应用都与常规电池有很大不同，这里仅简单介绍平面结聚光硅光伏电池。

一般说来，硅光伏电池的输出功率基本与光照强度成比例增加。一个直径为 3cm 的圆形常规电池，在一个太阳辐照度下输出功率约为 70MW。同样面积的聚光光伏电池，如在 100 个太阳辐照度下工作，则输出功率约为 7W。聚光光伏电池的短路电流基本上与光照强度成比例增加，处于高光照强度下工作的电池，开路电压也有所提高。填充因子同样取决于电池的串联电阻，聚光光伏电池的串联电阻与光照强度及光的均匀性密切相关，其对串联电阻的要求很高，一般要求特殊的密栅线设计和制造工艺。高的光照强度可以提高填充因子，但电池上各处光照强度的不均匀也会降低填充因子。

在高光照强度下工作时，电池的温度会上升很多，此时必须使电池强制降温，并且由于需要对太阳进行跟踪，需要额外的动力控制装置和严格的抗风措施。随着聚光比的提高，聚光系统接收光线的角度范围就会变小，为了更加充分地利用太阳光，使太阳总是能够精确地垂直入射在聚光光伏电池上，尤其是对于高倍聚光系统，必须配备跟踪装置。

太阳每天从东向西运动，高度角和方位角在不断改变，同时在一年中，太阳赤纬角还在 -23.45° ~ 23.45° 之间来回变化。当然，太阳位置在东西方向的变化是主要的，在地平坐标系中，太阳的方位角每天差不多都要改变 180° ，而太阳赤纬角在一年中的变化也只有 46.9° ，所以跟踪方法又有单轴跟踪和双轴跟踪之分。单轴跟踪只在东西方向跟踪太阳，双轴跟踪则除东西方向外，同时还在南北方向跟踪。显然，双轴跟踪的效果要比单轴跟踪好。但双轴跟踪的结构比较复杂，价格也较高。太阳能自动跟踪聚光系统的关键技术是精确跟踪太阳，其聚光比越大，跟踪精度要求越高，例如聚光比为 400 时的跟踪精度要求小于 0.2° 。在一般情况下，跟踪精度越高，跟踪装置的结构就越复杂，控制要求也越高，造价也就越高，有的甚至要高于光伏发电系统中光伏电池的造价。

点聚焦型聚光器一般要求双轴跟踪，线聚焦型聚光器仅需单轴跟踪，有些简单的低倍聚光系统也可不用跟踪装置。

跟踪装置主要包括机械结构和控制部分，形式多样。例如，有的采用石英晶体为振荡源，驱动步进机构，每隔 4min 驱动 1 次，每次立轴旋转 1°，每昼夜旋转 360° 的时钟运动方式，进行单轴间歇式主动跟踪。比较普遍的是采用光敏差动控制方式，其主要由传感器、方位角跟踪机构、高度角跟踪机构和自动控制装置等组成。当太阳光辐照度达到工作照度时自动开机，在太阳光线发生倾斜时，高灵敏探头将检测到的“光差变化”信号转换成电信号，并传给自动跟踪控制器，自动跟踪控制器驱使电动机开始工作，通过机械减速及传动机构，使光伏电池板旋转，直到正对太阳的位置时，光差变化为零，高灵敏探头给自动跟踪控制器发出停止信号，自动跟踪控制器停止输出高电平，从而使其主光轴始终与太阳光线相平行。当太阳西下且亮度低于工作照度时，自动跟踪系统停止工作。第二天早晨，太阳从东方升起，跟踪系统转向东方，再自东向西转动，实现自动跟踪太阳的目的。

（六）光电化学光伏电池

电化学体系的光效应，即将铂、金、铜、银卤化物作电极，浸入稀酸溶液中，当以光照射电极一侧时，就产生电流。从 20 世纪 70 年代初开始，该领域的研究日渐增多。利用半导体 - 液体结制成的电池称为光电化学光伏电池，这种电池有如下优点：①形成半导体 - 电解质界面很方便，制造方法简单，没有固体器件形成 PN 结和栅线时的复杂工艺，从理论上讲，其转换效率可与 PN 结或金属栅线接触相比较。②可以直接由光能转换成化学能，解决了能源储存问题。③几种不同能级的半导体电极可结合在一个电池内，使光可以透过溶液直达势垒区。④可以不用单晶材料而用半导体多晶薄膜，或用粉末烧结法制成电极材料。

用简单方法能制成大面积光电化学光伏电池，为降低光伏电池生产成本提供了新的途径，因而光电化学光伏电池被认为是太阳能利用的一个崭新方法。

光电化学光伏电池主要分为两类：光生化学电池和半导体 - 电解质光电化学电池。

1. 光生化学电池

光生化学电池由阳极、阴极和电解质溶液组成，两个电极（电子导体）浸在电解质溶液（离子导体）中。当受到外部光照时，光被溶液中的溶质分子所吸收，引起电荷分离，在光照电极附近发生氧化还原反应，由于金属电极和溶质分子之间的电子迁移速度差别很大而产生电流，这类电池也称为光伽伐尼电池，但目前所能达到的光电转换效率还很低。

2. 半导体－电解质光电化学电池

半导体电解质光电化学电池是照射光被半导体电极所吸收，在半导体电极－电解质界面进行电荷分离，若电极为N型半导体，则在界面发生氧化反应。由于在光电转换形式上它与一般光伏电池有些类似，都是光子激发产生电子和空穴，故也称为半导体－电解质光伏电池或湿式光伏电池。但它与PN结光伏电池不同，是利用半导体－电解质界面进行电荷分离而实现光电转换的，所以也称它为半导体－液体结光伏电池。

三、光伏发电原理及互联效应

（一）光伏发电系统的构成与分类

1. 光伏发电系统的构成

光伏发电系统一般由三部分组成：光伏组件、中央控制器、充放电控制器、逆变器，蓄电池、储能元件及辅助发电设备等。

（1）光伏组件

光伏组件按照系统的需要串联或并联而组成的矩阵或方阵称为光伏阵列，它能在太阳光照射下将太阳能转换成电能，是光伏发电的核心部件。

（2）中央控制器、逆变器

除了对蓄电池或其他中间蓄能元件进行充放电控制外，一般还要按照负载电源的需求进行逆变，使光伏阵列转换的电能经过变换后可以供一般的用电设备使用。这个环节要完成许多比较复杂的控制，如提高太阳能转换最大效率的控制、跟踪太阳的轨迹控制以及可能与公共电网并网的变换控制与协调等。

（3）蓄电池、蓄能元件

蓄电池或其他蓄能元件如超级电容器等是将光伏阵列转换后的电能储存起来，以使无光照时也能够连续并且稳定地输出电能，满足用电负载的需求。蓄电池一般采用铅酸电池，对于要求较高的系统，通常采用深放电阀控式密封铅酸电池或深放电吸液式铅酸电池等。

2. 光伏发电系统的分类

太阳能光伏发电就是在太阳光的照射下，将光伏电池产生的电能通过对蓄电池或其他中间储能元件进行充放电控制，或者直接对直流用电设备供电；或者将转换后的直流电经由逆变器逆变成交变电源供给交流用电设备，或者由并网逆变控制系统将转换后的直流电进行逆变并接入公共电网以实现并网发电。光伏发电系统一般可分为独立系统、并网系统及混合系统。

（二）光伏发电互联效应

1. 组件电路的设计

通常将多块光伏电池单元串联成一块光伏组件，以提高输出电压。独立光伏发电系统中，光伏组件的输出电压通常被设计成与12V 蓄电池相匹配。由 36 块电池片组成的光伏组件，在标准测试条件下，输出的开路电压将达到21V 左右，最大功率点处的工作电压为17 ~ 18V。

2. 错配效应

错配损耗是由互相连接的电池或组件，因性能不同或者工作条件不同而造成的。在工作条件相同的情况下，错配损耗是由其性能不同造成的，这是一个相当严重的问题，因为整个光伏模组的输出取决于表现最差的光伏电池的输出。一个电池与其余电池在 I–U 曲线上任何一处的差异都将引起错配损耗。

3. 串联电池的错配

因为大多数光伏组件都是串联形式连接的，所以串联错配是最常遇到的错配类型。在两种最简单的错配类型（短路电流错配和开路电压错配）中，短路电流的错配比较常见，它很容易被组件的阴影部分所引起。同时，这种错配类型也是最严重的。

4. 旁路二极管

通过使用旁路二极管可以避免错配对组件造成的破坏，这也是通常使用的方法，二极管与电池并联且方向相反。要计算旁路二极管对 I–U 曲线的影响，首先要画出单个光伏电池（带有旁路二极管）的 I–U 曲线，然后再与其他电池的 I–U 曲线进行比较。旁路二极管只有在电池出现电压反向时才对电池产生影响，如果反向电压高于电池的反向电压，则二极管将导通并让电流流过。

5. 并联电池的错配

在小的电池组件中，电池都是以串联形式连接的，所以不用考虑并联错配问题。通常在大型光伏阵列中组件以并联形式连接，所以错配通常发生在组件与组件之间，而不是电池与电池之间。

（三）光伏局部阴影特性

由于光伏电池的制造过程较为复杂，会造成每个光伏电池的特性不完全一致，再加上环境因素（例如灰尘、云层的阻碍，建筑物造成的阴影等）的影响，使得每一个光伏电池片所产生的电压、电流都不尽相同，造成组件中某些电池片成为其他电池片的负载。在这种情况下，因为能量的消耗会使负载电池片温度上升，而当其内部温度超过 75 ~ 85℃时，可能会造成光伏电池片的损坏；或者肖光伏串中有几组组件的装设地点被建筑物遮挡时，造成阴影覆盖在光伏组件上，从而造成该组串无法与其他组串产生相同的电压、电流时，也会发生局部发热，这种现象叫作热斑效应。

如果光伏发电系统中有一块光伏组件被遮挡，被遮挡电池片将会通过旁路二极管工作，当被遮挡电池的二极管超过击穿电压后，形成热斑效应，长久下去该电池将被击穿或损坏。众所周知，光伏发电系统是由多块光伏组件串联结构组成经汇流再通过逆变器产生交流电，若阵列中的某一块组件 $I-U$ 和 $P-U$；特性曲线受到影响，将影响整个串联回路 $I-U$ 输出特性曲线，串联回路输出电流减小，从而降低整个系统的光伏发电转换效率。经多项研究发现，若有不同程度遮挡，则发电道较无遮挡时会减少 10% ~ 30%。

一块光伏组件上的一片电池片有 80% 的阴影时，组件的 $I-U$ 输出特性曲线。如果这块有阴影的组件串联在组串中，则影响整串的电流输出，由 6 串 4 并构成的光伏阵列 $I-U$ 特性曲线比较图。

热斑效应可导致电池局部烧毁，形成暗斑、焊点熔化、封装材料老化等永久性损坏，是影响光伏组件输出功率和使用寿命的重要因素，甚至可能导致安全事故。解决热斑效应的通常做法是在组件上加装旁路二极管。旁路二极管的作用是在被遮挡组件一侧提供电流通路，通常，旁路二极管处于反向偏压，不影响组件正常工作。当组串中有电池组件出现遮挡时，二极管导通光伏组串中超过被遮电池光生电流的那部分电流被旁路二极管分流，从而避免被遮电池片过热损坏。光伏组件中一般不会给每个电池片都配一个旁路二极管，而是若干个电池为一组配一个，如 18 片（36 片或 54 片电池串联的组件）或 24 片（72 片电池串联的组件）电池串联后并联一个二极管。组件的热斑效应可以通过比较组件衰减前后输出特性曲线的变化或用红外摄像仪查看获得。

第二节　光伏发电系统的运行方式

一、光伏发电独立运行方式

独立光伏发电系统是指未与公共电网相连接的光伏发电系统，其输出功率提供给本地负载（交流负载或直流负载）。其主要应用于远离公共电网的无电地区和一些特殊场所，如为公共电网难以覆盖的边远偏僻农村、海岛和牧区提供照明等基本生活用电，也可为通信中继站、气象站和边防哨所等特殊处所提供电源。

（一）小型光伏发电系统

小型光伏发电系统中只有直流负载而且负载功率比较小，光伏阵列在有光照的情况下将太阳能转换为电能，通过光伏控制器给负载供电，同时给蓄电池充电；在无光照时，通过光伏控制器由蓄电池给直流负载供电。系统主要由光伏阵列、光伏控制器、直流负载和蓄电池组成。

小型光伏发电系统的核心部分是光伏组件，它的单体光伏电池是光电转换的最小单元，一般工作电压为 0.45 ~ 0.5V，工作电流为 25 ~ 30mA/m^2，常常多个进行串并联封装形成光伏组件后，作为电源来使用。它的功率一般是几瓦到几百瓦不等（根据负载不同需要进行合理的封装）。当光伏组件再次经过串并联固定在支架上，就形成光伏阵列，这样能满足负载所需的输出功率。

蓄电池在小型光伏发电装置中的用途是快速地把系统发出的电量储存起来。它的作用主要有两个：①进行储能，把电量储存起来。②当供电装置不能满足负载的供电时，需要蓄电池对负载提供电能，使负载继续正常工作。

光伏控制器的作用是把输出的电压电流转换成负载（或蓄电池）所需要的电压电流。光伏阵列的输出是非线性的，容易受到外部因素的影响，因此输出的电能不能直接与负载（或蓄电池）进行连接。光伏控制器对电能进行转换，变成适合负载（或蓄电池）工作需要的电能。

小型光伏发电系统在如今的农业生产中能够起到重要作用。如今基于物联网的精细农业技术已经非常成熟，而供电系统的选择却存在很多问题。如果让大范围的采集系统都并入电网中集中供电，会增加电网线路的布置，首先在成本上就会给整个系统增加很大经济负担。在国外，一些地区首先尝试了在农田灌溉中结合光伏供电系统。

在这种系统中，温度与光照强度是影响光电转换的主要因素，也是造成光电转换后的电流与电压不稳定的原因，光伏电池在进行光电转换后的电能是不稳定的，如果直接给设备供电会造成设备损坏，一些设备在正常使用时需要在额定电压下运行。所以，需要在光伏电池与设备之间配备蓄电池，在这里蓄电池的作用是存储电能。当白天日照较强时，光伏电池将太阳能转换为电能并储存到蓄电池中，蓄电池的电压是稳定的，然后蓄电池再对整个系统进行供电。小型太阳能供电系统的特点如下：①负载功率比较小。②利用蓄电池实现电能的平衡与储存。③与简单直流系统相比，它可以实现每个用电部件的持久有效运行，结构比较简单，操作简便。④系统中采用多种控制模块，包括采光控制模块、能量转化模块等，可以使系统运行在更为稳定的状态。

（二）大型光伏发电系统

与小型光伏发电系统相比，大型光伏发电系统仍适用于直流电源系统，但是这种光伏系统的负载功率较大，为了保证可靠地给负载供应稳定的电力，其相应的系统规模也较大，需要配备较大的光伏阵列和较大的蓄电池组，常应用于通信、遥测、监测设备电源、农村的集中供电站以及海岛等与外界隔离的环境。大型光伏发电系统由光伏阵列、蓄电池、控制装置、连接装置和低压负载组成。

发电系统与为输配电系统以及负载共同构成一个完整独立的光伏发电系统。这种系统不与大的电网相连，系统独立运行，具有其自身的结构和运行方式。独立运行的光伏发电系统同样具备发电、输配电和用电负载三个部分。

1. 发电系统

独立运行光伏发电系统的发电部分，就是一个独立的光伏发电系统。在独立运行光伏发电系统中，因为系统的容量相对较大，所以采用集中的光伏电站作为系统的发电设备，采用集中供电的方案。这种光伏电站主要由光伏阵列、储能蓄电池组、逆变器、控制监测装置和备用电源组成。

2. 输配电系统

光伏电站的交流配电系统是用来接收和分配交流电能的电力设备。中小型光伏电站一般供电范围较小，采用低压交流供电基本可以满足用电要求。但对于大型光伏发电系统，尤其是负载分布较分散、系统容量较大的情况，就需要在系统中设计主要由升降压变压器和输电线路构成的输电系统，常用的输电电压等级为10kV。为了保证安全可靠的电力输送，输电系统还要装备控制装置和保护装置等配套设备。配电系统主要由控制电器（断路器、隔离开关、负荷开关）、保护电路（熔断器、继电器、避雷器等）、测量电器（电流互感器、电压互感器、电压表、电流表、电度表、功率因数表等）以及母线和载流导体组成。常见的独立运行光伏发电系统的配电系统采用220/380V 工频配电方案。

3. 用电负载

独立光伏发电系统主要是为偏远地区的用户提供电能供应，这些用户的基本用电负载为照明负载，和以电视机为主的家用电器负载，一般没有旋转动力设备负载。照明负载大量采用节能灯，这种负载因为镇流器的存在，所以功率因数相对较低。而以电视机为主的电器负载，均为整流性负载，具有非线性负载特性。

我国在西部地区实施的“光明工程”中，一些无电地区建设的部分乡村光伏电站就是采用这种形式。中国移动和中国联通公司在偏僻无电网地区建设的通信基站也采用了这种太阳能光伏发电系统供电。

一种大型离网光伏发电系统主要包括光伏组件、光储一体机、储能单元、负载以及监控系统。光伏组件将太阳能转换为电能，通过汇流箱和光伏控制器将电能存储在储能单元或者经过逆变器转换为交流电，光伏组件是光伏发电系统的能源生产单元，也是系统投资较大的部分；储能单元主要用来储存系统过剩的电能，并在光伏发电功率不足、晚上以及阴雨天时，将储存的直流电能经逆变器输出供给负载使用，也是系统投资较大的部分；光储一体机是将直流电转换为交流电的设备，通常和控制器集成在一起，兼顾逆变和控制功能，其作用是将直流电转换为满足一定要求的交流电；监控系统用于集中记录并显示光伏组件运行情况、系统运行参数及电能输出情况，以及用户用电量等数据，便于运行维护人员实时掌握系统运行状况。

大型离网光伏发电系统的特点如下：①充分利用当地的太阳能资源，能够较经济地满足偏远区和无电区的用电问题，克服了传统采用柴油发电机发电带来的污染和高耗能问题。②逆变器、控制器都是发电系统中非常重要的设备，这些设备任何参数的变化都直接会给输出带来危害，这个危害直接威胁到所接负载。如在家庭供电中，逆变器、控制器损坏或参数发生变化会直接损坏家用电器，给用户带来损失。

（三）混合供电系统

混合供电系统中除了使用光伏阵列之外，还使用了柴油发电机或其他新能源电源作为备用电源。它能够同时为直流负载和交流负载提供电能，在系统结构上增加了逆变器，用于将直流电转换为交流电以满足交流负载的需求。

然而，由于柴油发电机启动阶段的动态行为缓慢，此时电力不足会导致电能质量下降。所以，在柴油发电机起动期间，可以使用超级电容器来补偿功率平衡，因为它的特点是快速响应和高功率密度。超级电容器不同于传统的化学电源，是一种介于传统电容器与电池之间、具有特殊性能的电源，主要依靠双电层和氧化还原假电容电荷储存电能。但其储能过程中并不发生化学反应，这种储能过程是可逆的，也正因此，超级电容器可以反复充放电数十万次。此外，超级电容器还可用于克服电化学存储限制，如其充电状态和最大电流。

多种类型的电源通过其专用功率转换器连接在公共 DC 总线上。每个元件由独立控制器控制，但每个部件的功率布置由能管理系统管理。作为系统的主要能源，光伏组件通过 DC/DC 转换器连接在 DC 总线上，DC/DC 转换器在大多数情况下由最大功率点跟踪（MPPT）方法控制。然而，它也可以操作以输出约束功率。柴油发电机、超级电容器和蓄电池作为备用能源设备，根据可能发生的不同功率波动，这三个备用组件中的每一个对于微电网操作具有不同的作用。电化学储存是用于较长波动周期（在分钟/小时范围内）的主要备用能量。如果蓄电池充电状态达到最低限度后，必须打开柴油发电机并用于为负载供电，甚至为蓄电池充电。然而，由于柴油发电机的响应迟缓，发电机不能立即响应功率波动，并且DC总线电压不能保持恒定。通过使用超级电容器抵抗柴油发电机起动时的功率不足，可以提高系统的电能质量。因此，控制超级电容器以在起动和保持DC总线电压时补偿柴油发电机的初始慢动态不变。此外，柴油发电机也可以作为电池充电功率的补充，或者反过来作为电池放电的缓冲器。

混合供电系统的使用就是综合利用各种发电技术的优点，避免各自的缺点。比如，上述几种独立太阳能光伏发电系统的优点是维护少，缺点是能量输出依赖天气，不稳定。综合使用柴油发电机和光伏组件的混合供电系统与单能源的独立系统相比，所提供的能源对天气的依赖性要小，它的优点如下：①可以更好地利用可再生能源。②具有较高的系统实用性。在独立系统中，因为可再生能源的变化和不稳定会导致系统出现供电不能满足负载需求的情况，也就是存在负载缺电情况，使用混合系统会大大降低负载缺电率。③与单用柴油发电机的系统相比，需要较少的维护和使用较少的燃料。④较高的燃油效率。在低负荷的情况下，柴油发电机的燃油利用率很低，会造成燃油的浪费。在混合系统中可以进行综合控制以使得柴油发电机在额定功率附近工作，从而提高燃油效率。⑤负载匹配更佳。使用混合系统之后，因为柴油发电机可以即时提供较大的功率，所以混合系统可以适用于范围更加广泛的负载系统。如可以使用较大的交流负载、冲击载荷等。还可以更好地匹配负载和系统的发电，只要在负载的高峰时打开备用能源即可。有时候，负载的大小决定了需要使用混合系统，大的负载需要很大的电流和很高的电压，如果只是使用光伏发电系统成本就会很高。

很多在偏远无电地区的通信电源和民航导航设备电源，因为对电源的要求很高，都采用混合系统供电，以求达到最好的性价比。我国新疆、云南建设的很多乡村光伏电站就是采用光/柴混合系统。

二、光伏发电并网运行方式

在并网发电系统中，光伏组件产生的直流电经过并网逆变器转换成符合市电电网要求的交流电之后，直接接入公共电网。

世界光伏产业的突出特点是：光伏并网发电的应用比例越来越大，已经成为太阳能光伏发电的主要发展方向。

光伏并网发电系统可分为集中式大型联网光伏系统和分散性小型联网光伏系统。并网发电系统中集中式大型并网电站一般都是国家级电站，主要特点是将所发电能直接输送到电网，由电网统一调配向用户供电。这种电站投资大、建设周期长、占地面积大，发展相对较难。我国正在以国家政策性投资引导大型并网光伏电站的发展；小型外网光伏发电系统的主要特性是所发的电能直接分配给用户，多余或不足部分地通过电网调节，与电网形成有效的供需互动，双向收费一般容量较小，从几千瓦到上百千瓦不等。

（一）集中式大型联网光伏系统

随着光伏发电技术的迅速发展，我国光伏发电系统已经逐渐从过去的离网型分布式系统逐步向大规模集中式并网方向发展。光伏发电建设成本逐年下降、发电效益持续增加，大型光伏电站越来越受到重视，我国许多地区开始筹备建设大型光伏电站以充分利用太阳能，大型光伏电站成为具有广阔发展前景的新能源。相比小型光伏发电系统，大型光伏电站能够更加集中地利用太阳能。

与中小型光伏电站不同，大型光伏电站并网将对电网规划、电能质量、电网安全稳定运行等方面产生重大影响。大型光伏电站的额定容量较大，需要额定功率大的并网逆变器，与小容量逆变器相比，大型光伏电站的逆变器更容易受到干扰，低光照、公共并网点电压干扰、电网自身畸变不平衡、LCL 滤波器谐振等问题都是导致并网逆变器电能质量降低的主要因素。当光照不足时，如果能够合理设置光伏阵列和逆变器之间的连接方式，可以提高并网逆变器的逆变效率，而大多数大型光伏电站并网逆变器之间还没有相应的集中控制方案。

光伏发电系统受光照强度、温度变化等影响会发生并网电压波动甚至越限，电网要求大型光伏电站必须参与调压控制，必要时能够提供紧急无功支撑。另外，对于电网来说，光伏电站可以看成是一个不具有旋转惯量的电流源，光伏电站并网在一定程度上降低了电网的稳定裕度，大型光伏电站接入电网还会带来潮流问题，增加了馈线电压调节和保护整定的困难。因此，从电网的安全稳定运行角度出发，还需要大型光伏电站具备相应的电源特性，在电网紧急情况下光伏电站能够提供无功支撑。集中式大型联网光伏发电系统特点如下：①受地域限制较少，安全可靠、无噪声、低污染、无须消耗燃料。②相对于离网光伏发电系统，大型并网光伏电站可以省去蓄电池用作储能的环节，采用最大功率点跟踪（MPPT）技术提高系统效率。③相对小型并网光伏发电系统，大型并网光伏电站可更加集中地利用太阳能，更多地使用逆变器并联、集中管理与控制技术，可以在适当的条件下充分利用太阳能的时间分布特性和储能技术，起到削峰、补偿电网无功功率等满足电网友好需求的作用。

因此，在能源紧缺和环境污染日益严重的形势下，建设大型光伏电站是优化能源配置和保护环境、减少雾霾天气的主要途径。随着光伏电站装机容量的增加，大型光伏电站也面临诸多亟待解决的技术问题。

我国电网针对光伏发电并网采取优先调度和全额收购的政策，而光伏发电功率的波动则由电网系统中用于调频调峰的常规旋转备用机组进行补偿以保证电网的功率平衡，防止因为光伏发电功率波动引起的电网功率失衡，造成电网频率变化等更严重的问题。然而，随着光伏电站并网规模越来越大，大规模光伏发电所带来的功率波动性、随机性和间歇性问题对电网的稳定运行和功率平衡造成的影响会越来越大，电网为保证功率平衡，则需要更多的旋转备用容量，即需要增加备用的调频调峰机组数量，这就会造成光伏电站建设成本及其发电成本的提高，降低了光伏发电以及电网运行的经济性。另外，由于光伏发电容量在电力系统总容量中比重的增加，光伏电站向电网输送的功率大幅度波动对电网的稳定运行也产生了不可忽视的隐患。为规范光伏电站接入电网，国家电网公司按照光伏电站的特性，制定了《光伏电站接入电网技术规定》，其中包含了对光伏电站功率控制的技术要求，要求光伏电站的有功功率输出可控，并能接受电网调度，能够根据电网要求调节光伏电站的有功功率输出；还要求光伏发电参与电网电压调节，具体方式包括调节电站的无功功率、调节无功补偿设备投入量以及调整光伏电站升压变压器的电压比等。可见，光伏电站的功率控制技术（即能源管理系统）对于光伏电站起着非常重要的作用，因此，提高大型光伏电站的并网电能质量、增强大型光伏电站并网可靠性、实现并网友好型光伏电站、促进光伏发电真正成为未来城市电网优质电源亟待解决的问题。

（二）分散性小型联网光伏系统

并网型户用光伏储能系统是分散性小型联网光伏系统的一种，具有很大的发展前景，它不仅可给户用负载和户用储能电池供电，而且还可将多余电能回馈到交流电网、在户用光伏发电系统中引入储能技术，同时可以解决户用光伏发电系统中供电不平衡的问题，满足负载正常工作的要求，可以保证整个户用光伏发电系统的可靠运行，也是解决户用光伏电池和交流电网瞬时供电同时中断的有效方法，还能孤网运行、削峰填谷、提高电能质量。储能技术的引入使得户用光伏发电系统就像一个蓄水池，可以把用电低谷期多余的电能储存起来，在用电高峰期再供给家庭负载使用，这样做不仅可减少电能的浪费，而且还能为家庭用户节约用电费用。

户用光伏储能系统的能源管理装置控制着户用光伏电池、户用储能电池、户用负载、交流电网之间能量的合理流动，在整个户用光伏储能系统中起着至关重要的作用。

户用光伏储能系统的四种工作模式如下：

1. 户用光伏发电模式

当户用光伏电池功率大于户用负载功率且户用储能电池未达到充电上限时，能源管理装置可发出控制命令使户用光伏储能电池进入充电模式。

2. 户用光伏并网模式

在户用光伏发电模式中，当户用储能电池已经达到设定的充电上限时，能源管理装置会发出控制命令停止对户用储能电池进行充电，将户用光伏电池产生的多余电量注入交流电网。

3. 户用储能电池供电模式

当户用光伏电池功率小于户用负载功率且户用储能电池未达到设定的放电下限时，能源管理装置会发出控制命令使户用储能电池进入放电模式，满足户用负载的正常使用。

4. 交流电网供电模式

在户用储能电池供电模式中，如果出现户用储能电池的输出功率不能满足户用负载的正常使用，则能源管理装置会发出控制命令使交流电网自动接入，满足户用负载的正常使用，同时能源管理装置也会发出命令控制交流电网对户用储能电池进行充电，直至达到户用储能电池设定的充电上限。

户用光伏储能系统实现的主要功能包括：

（1）数据采集

通过传感器可实时采集各个户用光伏面板输出的电压、电流、功率以及户用光伏阵列的总发电址、总输出电压、总输出电流、总输出功率；外界环境因素如温度、风速、光照、气压；户用储能电池的电池组电压、充放电电压电流、单体电池电压电流和温度、充放电截止电压电流、充放电时间、储能电池容量百分比等；交流电网电压、电流以及频率等。

（2）数据存储

将实时采集到的户用光伏储能系统的相关数据参数保存到后台数据库中，方便用户对历史数据查询，同时不间断记录系统设备的运行情况和状态，能以表格、曲线图等样式进行直观展现。其中通过曲线图可分别展现户用光伏、户用负载、户用电池在最近一天、最近一周、最近一月的运行情况信息。

（3）数据通信

采用有线通信和无线通信；采用以太网与上位机进行数据通信，方便上位机对户用光伏储能系统进行实时监测和远程控制。

（4）故障监测

实时监测户用光伏储能系统内设备的运行状态，一旦系统内设备发生某种故障，可以立即发出告警信号，同时还能将故障信息存储到数据库中，方便用户查找故障原因，为系统稳定提供保障。

（5）界面显示

系统运行信息实时显示在人机界面上，方便用户对系统运行状况的掌握，同时也方便用户对系统内运行设备的操作管理。

户用光伏储能系统的优点如下：①可以离网或并网使用。②并网时多余电量输送给电网。③夜间或阴雨天可由储能电池或交流电网对负载进行供电。④缓解当前能源危机。⑤改善环境污染问题。⑥家庭用户用电灵活、方便，节约用户资金成本等。

三、光伏发电系统与分布式微电网

分布式发电（Distributedgeneration，DG）及其应用是21世纪最受重视的高科技领域之一，也是电力系统一个新的发展方向，然而处于电力系统管理边缘的大量分布式电源并网有可能造成电力系统的不可控、不安全和不稳定，从而造成电能质量和电网效益的降低。将分布式电源以微电网的形式接入配电网，被普遍认为是利用分布式电源有效的方式之一。微电网是一种小型发配电系统，尽管现阶段国际上对微电网的定义不尽相同，但各种方案均认为：微电网应该是由各种微能源（风力、太阳能、柴油发电机组、燃料电池、微型燃气轮机、微水电等）、储能装置（蓄电池、超级电容器、飞轮等）、负载以及控制保护系统组成的集合；具有并网运行和独立运行能力，能够实现即插即用和无缝切换；根据实际情况，系统容量一般为数千瓦至数兆瓦；通常接在低压或中压配电网中。

光伏发电微电网系统也是一个完整的电力系统，主要由光伏组件、光伏控制器、蓄电池组、逆变器和负载组成。在这种系统中，光伏控制器是核心控制部分，光伏发电产生的电流具有随机波动性，光伏控制器通过高速CPU微处理器和高精度A/D转换器对数据进行采集、监测和调节控制，稳定电流输出，起到保护蓄电池和负载的作用。此外，光伏控制器还具有通信功能，可在各光伏发电系统子站中进行数据传输，实现对子站的集中管理和远距离控制。光伏发电系统的发电效率随机波动性较大，这会造成发电功率的不稳定，因此在光伏发电微电网系统中，必须配备蓄电池组，在光伏发电能量过大时储存电能，过少时补充电能，以起到调节的作用。

（一）多种新能源的结合

多种新能源相结合的形式能够缓和光伏发电的波动性，同时能够因地制宜，充分利用系统所在地区的各种资源。

（二）储能技术

无论采用何种新能源，都不能完全保证微电网供电的绝对稳定。另外，在电源事故或电网故障的情况下，为了保证用电负载的安全，储能系统作为备用电源也是必不可少的。

（三）电力质量控制与保护系统

每个微电网都需要有一个微电网控制中心，除了监控每个电源、负载和储能的电力参数、开关状态、电力质量和能量参数外，还要通过开关控制对上述内部的电力调度进行控制。此外，微电网控制中心还要对每个装置内部进行控制和调节，这种调控可以通过每个装置的本地控制器来进行，但必须与微电网控制中心联网。

（四）智能光伏微电网的信息系统

微电网内部的控制系统需要与主电网的电力调度系统联网以进行信息通信，要做到在电源或负载变化时，先用储能系统调节供电。同时，通过信息系统将信息通报给主电网，并给主电网以充足的时间进行调度，这样就可以保证微电网的供电和主电网的稳定。

在微电网结构下，多个分布式能源局部就地向重要负载提供电能和电压支撑，这能够在很大程度上减少直接从大电网买电和电力线传输的负担，并可增强重要负载抵御来自主网故障影响的能力。

光伏发电微电网系统包含了多个分布式能源和储能元件，这些系统和元件联合向负载供电，整个微电网相对大电网来说是一个整体，通过一个断路器和上级电网的变电站相连。微电网内的分布式能源可以含有多种能源形式，包括可再生能源发电（如风力发电、光伏发电等）、不可再生能源发电（如微型燃气轮机发电等），另外还可通过热电联产或是冷热电联产的形式向用户供热或制冷，提高能源多级利用的效率。

电网的元件主要有开关、微型电源、储能元件、电力电子装置和通信设施等。

微电网中的开关可分为用于隔离微电网与大电网的静态开关和用于切除线路或微电源的断路器。静态开关又叫固态转换开关，在故障或者扰动时，有能力自动地把微电网隔离出来，故障清除后，再自动地重新与主电网连接。静态开关安装在用户低压母线上，其规划设计非常重要，应确保有能力可靠运行和具有预测性，有能力测量静态开关两侧的电压和频率以及通过开关的电流。通过测量，静态开关可以检测到电能质量问题，以及内部和外部的故障。而当同步性标准可以接受时，使微电网和主网重新连接。静态开关也被纳入各种智能控制水平，连续监控耦合点的状态。

微电源指安装在微电网中的各分布式电源，包括微型燃气轮机发电机、柴油发电机、燃料电池，以及风力发电机、光伏电池等可再生能源。

常用的储能设备包括蓄电池、超级电容器、飞轮等。储能设备的主要作用在于，在微电源所发功率大于负载总需求时，将多余的能量存储在储能单元中，反之，将存储在设备中的能量以恰当的方式释放出来及时供电以维护系统供需平衡；当微电网孤网运行时，储能设备是微电网能否正常运行的关键性元件，它起到一次调频的作用。储能设备的响应特性以及由微电源及储能设备组成的微电网的外响应特性值得深入研究。

相比较而言，微电网运行方式有如下优点：

1. 应用范围更广

离网系统只能脱离大电网而使用，而微电网系统则包括了离网系统和并网系统所有的应用，包括以下多个工作模式：①当有电网或者发电机时，太阳能如果能量不足，光伏发电系统可以并网和电网同时工作，为负载提供能量。②当有电网且光伏发电超过负载功率时，可以选择“自发自用，余量上网”的工作模式，也可以选择“自发自用，余量储存”的工作模式。③当有电网且在电价峰值时，可以选择光伏和蓄电池同时供电的工作模式，为用户节省电费；在电价谷值时，可以选择市电为蓄电池充电和为负载供电的工作模式。④当有电网或者发电机但系统电压不稳定时，PCS 双向变换器可以稳定交流母线电压，为用户提供安全的用电环境。⑤当和发电机组成微电网系统时，并网逆变器、双向变换器和发电机可以同步工作，发电机可以选择给蓄电池充电，也可以不充电。⑥当没有电网和发电机时，系统可以工作在纯离网模式下。

2. 系统配置灵活

并网逆变器可以根据客户的实际情况选择单台或者多台自由组合，可以选择组串式逆变器或者集中式逆变器，甚至可以选择不同厂家的逆变器。并网逆变器和 PCS 变换器功率可以相等，也可以不一样。而离网逆变器只能安装在一个地方，大型系统中电缆要配置很多，造价高，损耗比较多。

3. 系统效率高

微电网系统中光伏发电经过并网逆变器，可以就近直接给负载使用，实际效率高达 96%，双向变换器主要起稳压作用。而离网逆变器系统中光伏发电要经过控制器、蓄电池、逆变器和变压器才能到达负载，蓄电池充放电损耗很大，光伏发电实际利用效率为 85% 左右。

4. 带载能力强

微电网系统并网逆变器和双向变换器可以同时给负载供电，带载能力可以增加一倍。在有电动机等感性负载的系统中，起动功率一般是额定功率的 3 ~ 5 倍，工频离网逆变器最大超载 150%，还必须增加 1 倍的功率。而微电网逆变器本身也可以超载 150%，加上并网逆变器和双向变换器同时工作，不需要再增加设备，可以节约初始投资成本。

第三节　光伏发电技术与微电网

一、光伏发电技术与直流微电网

（一）直流微电网的背景

作为一种新兴的电网形式，直流微电网不需要对电网的电压和频率进行追踪，系统的可控性和可靠性大大提高，更加适合分布式电源与负载的接入。此外，直流微电网减少了大量的电能转换环节，具有更高的系统转换效率；同时，其不需要考虑配电线路的涡流损耗和线路吸收的无功能量，线路损耗能够得到进一步降低。因此，探究直流微电网，对新能源发电技术的应用与普及非常有利，对缓解世界能源危机和环境污染也具有重要的意义。

（二）直流微电网的特点

1. 没有无功问题

直流系统中不存在无功电流分量，在提供同样有功功率的情况下，直流系统电流幅值及相应损耗较交流系统更小。没有无功问题也使电压分布与线路的电感、电容参数无关，从而更有利于电压控制。

2. 没有相位问题

交流电网中的设备（主要是电源设备）切换与相位、相序、频率等交流电特征量密切相关，连接于直流微电网上的设备无须考虑相位问题，设备切换更容易，电压稳定性也得到增强。

3. 没有价格问题

直流系统结构简单，省略了许多变换环节，降低了换流损耗，由此也降低了冷却系统的投资与运行费用。

4. 设备体积更小

DC/DC 变换器多为高频开关过程，因此装置的功率密度远远大于工频变压器，设备体积更小。

5. 供电可靠性高

与交流系统相比，直流系统结构更简单，省略了许多变换环节，因此供电可靠性更高。直流电网易于接入储能装置，更适于敏感负载供电。

6. 有环保优势

直流电流不会产生交变的电磁场，因此电磁辐射小，更加环保。

当然，直流微电网也存在自身的缺点，如直流断路器实现过程复杂、成本较高。除此之外，直流电网通常必须通过 DC/AC 与交流电网互连，形成交直流微电网，这也增加了整体网络控制的复杂性。

（三）直流微电网的发展

直流微电网这个术语虽然是近年才提出的，但直流供电系统早已在工业领域获得应用。数据中心、通信控制中心通常采用直流方式连接主电源、负载及储能设备。半导体、纺织、造纸和化工等工业用电因为大量使用变频器，车间往往设立直流母线，为多个变频器提供直流电压支撑。在变电站、冶金等大功率用电场合，其控制、操作系统通常采用直流供电，多个设备间通过专设的直流线路连接。这些直流供电系统可以看作直流微电网的雏形，但还不能称为直流微电网。作为直流微电网，应该具备下述基本条件：

1. 具有孤网及并网两种运行模式，并可实现两种模式的无缝切换

这就要求微电网中具备与储能连接的 DC/DC 变换器及与交流电网连接的 DC/AC 逆变器。

2. 可全网优化与协调控制

具备针对全网的监控系统，全网设备信息可用，从而实现面向全网的能量优化及协调控制。

3. 电源及负载的通用性好

以往直流供电系统通常是针对专用负载的，作为直流微电网，供电负载可能各式各样，且在不断发展。

4. 电源及负载即插即用

作为通用电网，直流微电网必须支持直流微电网电源及负载设备的即插即用功能。设备的接入或退出，应不影响包括全局优化在内的协调控制。

5. 供电负载比例足够高

一个企业或家庭的个别设备采用直流供电时不能称为微电网，微电网的形成需要通过微电网供电的负载容量达到较高的比例。

（四）光伏直流微电网的网络结构

1. 独立光伏直流微电网

独立光伏直流微电网系统主要应用于偏远山区及能源匮乏地区，产生的电能对当地居民供电，由于直流微电网系统中供电部分的能源类型多种多样，包括可再生能源、非可再生能源、储能单元，使得直流微电网的结构具有多样性，但其整体结构主要由分布式电源、储能装置、电力电子器件以及负载组成。其中，可再生能源包括光伏电池、风力发电机等，并作为直流微电网主要的分布式发电单元，通常非可再生能源有燃料电池、燃气轮机等，储能装置常见的有蓄电池、超级电容器，通过电力电子器件将上述供电单元与直流母线进行连接，形成一个网络结构。

在可再生能源部分，此系统采用光伏电池，通过 DC/DC 变换器进行能景的传输。为了使微电网中能量平衡以及在夜间光伏电池停止工作时，系统能继续为负载供电，应安装储能装置。尤其是在微电网处于孤岛运行时，储能装置至关重要，它决定着系统能否安全运行，本系统采用铅酸电池作为储能装置，在直流母线与蓄电池两者之间通过连接双向 DC/DC 变换器去实现能量的流动。另外，储能装置在改善电能质量、提供短时供电、提供能量缓冲、优化微型电源的运行等方面也起到很重要的作用。非可再生能源采用燃料电池，当系统能量匮乏或在夜间时作为补充能源使用。通过催化剂将化学能转换为电能的化学反应来实现燃料电池的发电，该过程实现了能量的直接转换，利用效率比较高，除了此特点外，燃料电池发电还具有如下优点：①产物没有有害气体，只有水，为清洁能源。②燃料电池发电的原材料种类较多。③燃料电池输出功率以及电压的扩展，可通过多个单体电池的串并联来实现，可根据实际条件的需求安置在任意地点。

2. 并网光伏直流微电网

直流微电网经由换流器连接至大电网，当微电网中的微源发出的能量过多，供给微电网内的负载并为蓄电池充电后仍有剩余时，利用换流器将微电网中剩余的直流电逆变成交流电，供给负载，此时直流微电网相当于一个电源，而换流器具有逆变器的功能；当直流微电网中的能量不足，无法满足微电网内负载的电能需求时，大电网中的交流电能通过并网换流器供给直流微电网，此时直流微电网可看作负载，而换流器起到整流器的作用。另外，当直流电网与大电网相连时，换流器还承担稳定直流母线电压的作用，通过对并网换流器的控制，系统的母线电压在一定范围内稳定，从而确保系统稳定运行。如果交流电网产生故障，即交流电网停电或者交流电网的供电品质不合格，系统就会自动断开交流电网，转成独立工作模式，由蓄电池和逆变器提供负载所需的交流电能。

（五）直流微电网的电压水平

直流微电网的电压水平还未实现标准化。从开展的实验平台及工程示范来看，电压水平从48V、120V、170V、220V，300V，380V，750V，到1500V都有。依据IEC关于低压直流的相关标准，电压水平应不超过1500V。制订直流微电网电压标准已经迫在眉睫。

（六）直流微电网的关键设备

1. DC/DC变换器

（1）采用合适的控制策略以提高变换器的控制性能

DC/DC变换器的控制目标是稳态下保证直流电压稳态输出误差满足要求；控制系统具有好的控制性能，对电路参数和外界环境的变化鲁棒性较强，具有好的动态负载响应。

（2）采用软开关技术以减少变换器的开关损耗，提高换流效率，抑制电磁干扰。软开关技术是使功率变换器得以高频化的重要技术之一，它应用谐振的原理，使开关器件中的电流（或电压）按正弦或准正弦规律变化，当电流自然过零时，使器件关断（或电压为零时，使器件开通），从而减少开关损耗。它不仅可以解决硬开关变换器中的硬开关损耗、容性开通、感性关断及二极管反向恢复问题，而且还能解决由硬开关引起的电磁干扰等问题。

2. 直流断路器

直流断路器是直流系统中一种重要的开关电气设备，它具有通断直流电路的开关功能和可靠切断故障电流的保护功能，已广泛应用于直流输电、地铁牵引和船电系统等领域。在交流系统中，电流每周波有两次自然过零，交流断路器就是充分利用此时机熄灭电弧，完成介质恢复，而直流系统不存在自然过零点。因此，开断直流电路就要困难许多。直流开断的首要任务是熄灭电弧。其次，由于直流系统中电感的存在，系统储存了大量的能量，需要采取有效手段来耗散这些能量。同时需要抑制过电压，保证间隙完成介质恢复且保护系统设备免受损坏。

3. DC/AC逆变器

直流微电网通常与交流电网联合运行，因此从设计层面就应考虑直流微电网通过DC/AG逆变器与交流电网连接。对于较大区域的微电网，这种逆变器可能不只一台。设计这种逆变器应考虑下述因素：①在直流微电网并网方式下为微电网提供必需的能量及电压支撑。②直流微电网并网方式下与DC/DC变换器的协调控制。③直流微电网的孤网与并网运行方式的平稳转换。④直流微电网通过DC/AC逆变器为敏感交流负载供电。⑤满足交流电网的电能质量要求，包括电压波动、不平衡度和谐波等。

4. 直流电缆与交流电缆

直流电缆与交流电缆相比，有以下特点：①所用系统不同。直流电缆用于直流输电系统，交流电缆常用于工频电力系统。②与交流电缆相比，直流电缆在传输过程中电能损耗较小。直流电缆的电能损耗主要是导体直流电阻损耗，绝缘损耗部分较小（大小与整流后电流波动大小有关）。而低压交流电缆的交流电阻比直流电阻稍大，高压交流电缆则更加明显。原因主要是邻近效应和趋肤效应的存在，导致绝缘电阻的损耗占比较大。③输送效率高，线路损失小。④调节电流和改变功率传送方向方便。⑤虽然逆变设备价格比变压器要高，但直流电缆使用成本要比交流电缆低得多。直流电缆为正负两极，结构简单，交流电缆为三相四线制或五线制，绝缘安全要求高，结构较复杂，电缆成本是直流电缆的3倍多。⑥直流电缆使用安全系数高。⑦直流电缆的安装、维护简单，而且费用较低。

为了区分直流电与交流电，直流插座可以有专门的设计，如插孔的形状不同于交流插座的插孔，以方便用户使用。不同的插孔形状表示不同等级的直流电压。为了提高用电安全性，直流插座的绝缘性能应该予以特别考虑。

5. 直流负载

直流负载是直流微电网的主要组成部分，构建直流微电网的主要目的就是为各式各样的直流负载供电。直流微电网中的负载特性对直流微电网的控制至关重要。直流网络不存在频率问题，负载不会出现部分交流负载那样因频率响应所呈现的动态特性。通常可以依据负载的构成及特性描述为定电阻、定电流及定功率负载。直流微电网结构设计和控制运行可依据负载的上述特性进行。

（七）直流微电网的控制与运行

直流微电网的控制包括单个设备的控制、设备间的协调控制及微电网系统层的控制。单个设备的控制主要针对基于储能的DC/DC变换器的控制及用于连接交流电网的DC/AC逆变器的控制。设备间的协调控制实现不同换流器之间的协调与切换。微电网系统层的控制主要实现整个微网系统的监控、优化及能量管理。

1. DC/DC变换器控制策略

直流微电网中通常设置一台或多台DC/DC变换器，实现对直流微电网运行的支撑作用。

直流微电网与交流电网并网状态下，DC/DC变换器的控制目标为实现储能状态管理，参与网络整体能量优化。变换器工作在定电流控制模式，在孤网状态下，储能电池应能起到稳定直流母线电压的作用。

DC/DC 变换器可以通过检测本地电压来调节输出电流，从而实现并网及孤网状态下的控制功能。由于变换器之间不需要相互通信，所以控制灵活、可靠，并且降低了系统成本。该控制方法可使直流微电网储能单元具备“即插即用”的特性。

2. DC/AC 逆变器控制策略

DC/AC 逆变器是直流微电网连接交流电网的基本设备，其控制性能对直流微电网和交流电网的稳定运行及电能质量都有极大的影响。直流微电网可运行于孤网和并网两种模式。当直流微电网运行于孤网模式时，交流电网停电，DC/AC 逆变器的控制目标是为局部交流敏感负载供电，采用定交流电压、定频率控制。控制策略一般为采用 PI 控制器的交流电压外环、交流电流内环的双环控制，当交流负载中含有大量的非线性负载时，为保证交流电压的电能质量，采用重复控制策略。当直流微电网运行于并网模式时，UC/AC 逆变器的控制目标是维持直流微电网电压稳定，为直流微电网内的负载提供稳定可靠的供电，采用定直流电压、定交流电压（定交流侧无功）控制。交流侧三相电压不平衡时，为实现直流微电网与交流电网的有功功率交换可控且不含二倍频分量，保证直流微电网电压稳定，可采用基于正负序（d，q）旋转坐标系下电流环控制策略；为实现直流微电网与交流电网的有功功率和无功功率均可控且不含二倍频分量，可采用基于 α,β 坐标系下瞬时功率的重复控制策略。

国内外学者对于新型控制技术在 DC/AC 逆变器的应用有较多研究，并取得了一定成果；虚拟同步发电机控制技术的应用使得直流微电网可以参与交流电网的调压调频；滑模控制可以保证逆变器在参数不确定、外界存在干扰时仍能获得较好的稳态和动态性能；无差拍控制、模型预测控制动态性能好，波形畸变小，在 DC/AC 逆变器中也有较多应用。

3. 多代理控制

当系统中有多台储能设备时，各换流器能够根据本地信息调节输出电流，使直流微电网在孤网和并网状态下都能稳定运行。但是，换流器的效率和输出电流的大小有关，而单一的下垂控制无法合理分配各换流器输出电流。为了实现全局优化，各储能设备需要获得全局的电流信息并进行重新分配，从而提高储能设备的运行效率。

传统的主从控制方案可以实现对系统全局电流的感知，进而合理分配各个换流器的输出电流。但是单一的决策中心增加了系统的风险，并且当某一单元通信发生故障时，其优化过程将无法进行，可靠性和灵活性较差。与此相比，基于自律分散系统的多代理控制策略能够很好地解决这些问题。在多代理（Multi-agent）系统中，各相邻 agent 能够彼此通信以交换信息，并能够根据接收的信息决策自身的行为，从而实现控制目标。直流微电网中每套储能设备都可以视为单个 agent，各储能换流器结合自身及相邻 agent 的电流信息进行迭代计算，最终获得全局电流信息，实现全局优化。这种方式为微电网能量管理与运行提供了可靠的信息平台，灵活性也显著提高。

4. 直流微电网的能量管理

直流微电网的能量管理系统用于实现分布式电源、储能设备、负载及交流主电源间的能量优化与协调。其中，依据不同运行方式和电池荷电状态（SOC）对电池进行充放电管理成为能量管理的重要内容。直流微电网的能量管理系统通常采用两种方式：集中方式和分散方式。集中方式采用中心控制单位收集所有节点信息，统一分析和决策，这类系统具有设备安装简单、控制能力强的优点，但存在一个节点失效、整个系统崩溃，系统扩展困难等问题。分散方式的每个单元都具有自律性，通过与相邻节点的信息交流得到全局信息，自主作出分析和决策，这类系统具有不易出现系统性瓦解、易于扩展等优点。

能量管理系统应在电能质量得到保障的前提下，使风电、光伏实现最大出力。管理系统应使电池处于合理的荷电状态，不同电池组、不同储能方式间应实现协调控制。换流器并联出力的分配与系统的效率密切相关。能量管理也包括对并联运行的功率分配的控制，多代理方式已被用来实现这一控制。

（八）直流微电网的故障行为与保护方式

直流微电网的故障检测与保护以及人身与设备安全，与接地方式密切相关。直流微电网接地电阻包括不接地、高阻接地和低阻接地，接地方式有双极方式接地和单极接地。双极方式接地电流大，易于检测与保护，故障及停运不影响正常极；单极接地（通常正极通过高阻接地，减小电蚀作用），接地电流小，电压波动小，对负载的影响小，但故障不易检测，发生停运故障时，所有负载停运。

对于低压直流系统，已开发出多种装置切除故障电流，包括熔断器、机械断路器和电力电子断路器等。由于直流电流无自然过零点，故装置必须具备足够的灭弧能力。虽然基于晶闸管、IGBT 的电力电子开关具有开断迅速、灭弧容易的特点，但存在正常运行过程中损耗大的问题。结合机械式与电力电子式开关各自特点的混合式低压直流断路器已经开发成功。

（九）直流微电网的应用展望

在强调绿色环保的当今社会，电力生产的格局正在发生巨大变化，分布式、可再生能源发电逐渐成为重要发电方式。电力负荷的形态也在发生显著的变化，包括变频驱动、LED 照明、办公与家庭 IT 电源等的大多数负荷正在经历电力电子化的变革，特别是电动汽车的发展，无论在用电量方面还是供电方式方面，都对电网提出了新的要求。直流微电网的提出和推广应用，为上述问题的解决提供了可行方案。

（十）光伏发电技术与直流微电网的应用

随着电动汽车的快速发展，灵活便捷的无线充电方式将获得广泛应用。电动汽车规模的快速增加，电网升级换代的压力将急剧增加，其充电的随机性也会增加电网运行的不确定性。此外，快速充电可能会给电网带来冲击。微电网是将可再生分布式电源、负载和储能装置结合在一起的小型发配电系统，建设微电网为电动汽车充电，可有效解决上述电动汽车充电给电网运行带来的问题。对于独立系统，采用直流微电网供电，由于其能量转换装置少、结构简单、系统稳定性高而更具优势，故直流微电网在海岛、偏远地区等获得更多应用。

二、光伏发电技术与交流微电

微电网能够最大化接纳分布式电源，解决了分布式电源的接入问题，克服了单独分布式电源并网的缺点，减少了单个分布式电源可能给电网造成的影响，并可以实现不同分布式电源的优势互补，有助于分布式电源的优化利用，提高能效。对于电网来说，微电网的构建可以减少发电备用需求，起到对电网削峰填谷的作用，节能降耗。另外，微电网可与中小型热电联产相结合，满足用户供电、供热、制冷和生活用水等多种需求，从而显著提高能源利用效率，优化能源结构，减少污染排放，实现节能降耗的目标。

（一）交流微电网的特点

交流微电网不改变原有电网结构，适用于将原有电网改造为微电网网架结构。交流微电网是微电网的主要形式，不同类型的交流微电网的基本结构相似，大多采用辐射状网架，分布式电源、储能系统以及负载等直接或经换流装置接入系统。微电网通过 PCC 与外网连接，使其具有并网和孤岛两种稳态运行方式，且可在稳态运行方式间进行双向切换。

（二）交流微电网的发展与现状

一些发达国家已经完成了交流微电网理论层次的研究工作，而且建立了微电网的数学模型，开发了计算机仿真工具，验证了微电网的基本控制策略（如下垂控制），并在一些分布式资源丰富的地方建立了示范工程。而未来微电网的研究热点是，交流微电网中各分布式微源的协调控制策略，更加先进的控制算法；整合多个微电网系统与配电管理系统的相互作用，进行标准化设计，并制定相关规范；微电网对集中式电力系统运行和规划的影响的评估等。

（三）交流微电网的结构

交流微电网在目前国内外所采用的微电网中仍为主流。正常情况下，微电网与大电网并联运行，当主网出现故障时，静态开关断开，微电网成独立运行的系统；当电网恢复正常以后，微电网又可与主网重连，恢复并网运行。

微电网通过 PCC 与大电网相连，考虑微电网本身的能量自平衡要求，并网点处允许微电网与外部电网进行电量交换。

交流微电网的网架基本是辐射状网架，但也取决于负载的电能质量要求和微电源容量。根据容量，微电网通常分为系统级、工商业区级和偏远乡村级三级。

1. 系统级微电网

系统级微电网主要由呈辐射状的母线以及多条馈线组成。图中，微电网包含两条母线以及四条馈线，每条馈线上都有分布式电源；母线上是小型传统发电系统。故障时，PCC 跳开，微电网孤岛运行；恢复正常后，PCC 闭合，微电网并网运行。

系统级微电网有以下优点：①减小了新电源出力不稳定时对电网的影响。②减小了火电机组支撑负载的必要性，更加环保。③分散的电源与微电网范围内的负载构成小型微网系统，减少了电网阻塞。④微电网切换方式自由，提升了供电可靠性。⑤微电网可作为直接启动电源。

2. 工商业区级微电网

工商业区级微电网冗余性结构高，能够确保其重要及敏感负载有多类型电源供给电能。光伏、电池储能、三联供（CCHP）以及配电网均对负载供电。当配电网故障时，PCC1 动作，微电网以孤岛模式运行；当情况更为严重时，如微电网以孤岛模式运行时母线 A 出现永久性故障，此时 PCC2 跳开，但系统仍可确保一类负载的正常用电。因此，此结构的微电网能够确保重要负载的供电可靠性。

3. 偏远乡村级微电网

偏远乡村级微电网通常处于孤岛状态，为串并联形式网架结构。负载与分布式电源首先构成供用电系统，然后并联接入馈线。乡村级微电网负载的重要性相对不高，串并联网架结构简明清晰，运行维护难度比较容易把控。

（四）微电网的控制技术

微电源并网逆变器是连接分布式电源与微电网系统的关键部件之一，通过对逆变器的控制，将分布式电源发出的直流电逆变成并网标准所要求的交流电，并且在运行过程中可以根据微电网的运行状态自行切换控制方式，以满足微电网不同运行模式的需求。另外，可控微电源逆变器还应承担调节微电网系统中有功功率和无功功率平衡的任务，保证微电网系统安全可靠地运行，因此，逆变器的控制技术是微电网技术中值得深入研究的一个重要问题。除了对单个逆变器控制策略进行研究之外，还应该考虑多个微电源逆变器互连时的功率分配和协调控制问题。

1. 微电源逆变器的控制方法

（1）*U*/*f* 控制

U/*f* 控制的目标是维持微电网系统的电压和频率稳定，当微电网孤岛运行时，采用 *U*/*f* 控制的逆变器可以为采用其他控制方式的逆变器提供频率和电压参考。该方法采用了与传统发电机相类似的下垂特性，当微电网中的负载或者微电源输出功率发生变化时，采用该控制策略的逆变器可依据下垂特性对逆变器输出的有功功率和无功功率进行控制，使微电网中的功率保持平衡，从而稳定系统的电压和频率。

（2）PQ 控制

PQ 控制的目标是使微电源逆变器按照设定的参考值输出恒定有功功率和无功功率。采用该控制方法的逆变器不受负载或者其他微电源输出功率变化的影响，因此特别适用于光伏发电系统和风力发电系统等新能源发电技术中。当有功功率设定为最大功率跟踪值时,可以最大限度地利用新能源进行发电,保证了可再生能源的最大利用率。但该方法需要电网或者其他采用 PQ 控制的微电源为其提供恒定电压和频率参考，因此这种方法在微电网并网运行时应用较多，而在微电网孤岛运行时则需要与其他控制方法配合使用。

2. 微电网综合控制方法

当微电网的运行模式发生改变，以及在孤岛模式下微电网中的负载或者微电源输出功率发生变化时，需要对微电网中的各个微电源进行有效的协调控制，以保证微电网在任何时刻都能为负载提供充足的电力供应，保证微电网安全可靠运行。微电网应该能够通过对微电网运行过程中的各种信息的检测作出自主反应，例如，当电力系统发生电压跌落或者短路故障时，能够实现从并网模式到孤岛模式的自动切换，同时及时协调微电网中各微电源的有功功率和无功功率的分配。

（1）主从控制

微电网通常包含多个微电源，这些微电源大都通过逆变器并入微电网，而每个逆变器又根据不同微电源的特性有着不同的控制方法和控制目标。主从控制就是在这些逆变器控制系统中选定一个逆变器作为主控制器，而其他逆变器为从控制器。主、从控制器之间要相互配合，并采用联络线进行通信，一旦通信失败，微电网将无法正常运行。一般情况下，作为主控制器的微电源都由可控微电源担任。主控制器可以有一种或者多种控制方式，能够根据微电网的不同运行模式进行快速无缝切换，在孤岛运行时，能够调节自身的输出功率，保持微电网中的功率平衡。

（2）对等控制

对等控制就是每个逆变器控制系统的地位相等，这种控制方法实现了微电网即插即用的功能。所谓即插即用，是指在能量可以保持平衡的条件下，微电网中的任何一个微电源接入或者断开，不影响其他微电源的正常工作，也不需要改变其他单元的设置。所以，采用对等控制策略的微电网，需要利用各微电源本地的变量对其逆变器进行控制，各微电源之间不需要通信联系，具有简单、可靠的特点。

（3）基于多代理技术的微电网控制

基于多代理技术的微电网控制是将多代理技术应用于微电网的综合控制系统中，通过微电网控制中心实现微电源之间的经济调度和功率协调分配。多代理系统的层次结构和相对自治性正好满足微电源逆变器位置分散而又彼此相互协调的特性需要，从而能使微电网系统协调管理各个微电源的功率输出及负载的功率需求，保证了微电网的经济优化运行。但是多代理技术多集中于对微电网的频率和电压进行控制，而对协调微电源的能量管理方面还有待深入研究。

（五）交流微电网的总结与展望

首先，未来微电网的发展趋势会表现在微电网的结构形式上，高频交流微电网、直流微电网和混合微电网。例如在光伏、燃料电池、储能环节相对集中，直流负载和基于逆变器的交流电机负载聚集的地方，可以配置直流微电网；而在微电源和负载相对分散处，配置交流微电网；并在适当的地方安装耦合变换器，连接交流微电网和直流微电网，形成混合微电网。而该混合微电网一方面可以发挥直流微电网和交流微电网各自的优势，另一方面，还可充分利用耦合变换器的协调作用，从而提高微电网效率，改善电能质量，增强微电网的鲁棒性。

在微电网中，许多负载通过逆变器或其他变换器与负载相连，在稳定运行状态下，该类负载普遍表现出恒功率负载行为。众所周知，恒功率负载呈负阻抗特性，而且一些大扰动所引起的频率和电压失稳较为常见，严重降低了系统的可靠性。因此，对微电网稳定性问题的分析和稳定化方法的构造，也将是微电网中非常重要的研究方向。

微电网系统的拓扑结构、分布式微电源类型和分布状况、与公共连接点的静态开关位置、混合微电网中耦合变换器的位置和容量、储能装置容量和分配以及系统运行方法均会影响微电网的可靠性、灵活性、鲁棒性、效率以及综合收益。

总之，微电网的优化配置和能量管理问题，也将成为未来微电网的研究热点之一。

最后，随着智能化概念的普及，未来电网系统的发展也应更加智能。信息技术、控制技术与电网设施有机结合，柔性交直流输电、智能调度、电力储备等技术的广泛使用，为未来电网的智能化发展奠定基础。微电网作为大电网的一种有益补充，也必将朝着智能化发展，成为世界电力工业的重要发展方向。

三、光伏发电技术与交直流混合微电网

（一）交直流混合微电网的概念

交直流混合微电网是指由分布式电源、储能装置、能量变换装置、相关负载和监控、保护装置汇集而成的小型发配电系统，是一个能够实现自我控制、保护和管理的自治系统。电网通过微电网内分布式电源输出功率的协调控制，可保证微电网稳定运行；微电网能量管理系统可以有效地维持能量在微电网内的优化分配与平衡，保证微电网经济运行。微电网一般具有能源利用率高、供能可靠性高、污染物排放少、运行经济性好等优点。

（二）交直流混合微电网的背景

能源是人类社会生存和发展的基石，电力作为最直接且便利的应用形式，成为国民经济发展的动力之源。当前我国能源发展面临传统能源资源约束趋紧、能源利用效率低下、环境生态压力加大、能源安全形势严峻、应对气候变化责任加重等问题，大力发展分布式发电供能技术，一方面能有效提高传统能源的利用效率，同时又能充分利用当地的各种可再生能源，已成为世界各国保障自身能源安全、加强环境保护、应对气候变化的重要措施。分布式发电供能技术通常是指利用本地存在的分布式能源，包括可再生能源（太阳能、生物质能、风能等）和本地可方便获取的传统能源（天然气、柴油等）进行发电供能的技术。尽管采用分布式发电供能技术能有效利用各地丰富的清洁和可再生能源，但随着分布式电源并网发电渗透率的日益增加，其对传统大电网的运行管理也带来了新的挑战。而将本地分布式发电供能系统与负载等组织成微电网，作为一个可控单元接入本地电网，能更大程度地发挥分布式电源的效益，也能避免间歇式电源影响本地的电能质量，有助于当电网发生故障或遭遇灾变时向微电网内的重要负载持续供电。

（三）交直流混合微电网的研究现状

随着环境危机的加剧与传统能源的日益短缺，分布式新能源的发展与整体入网调配日益受到重视。在能源互联网视角下，分布式新能源即为用户终端，不仅能够实现局域内部的电能输送调配，而且能够与集中式大电网进行能源互通，从而为中央能源供应系统提供支持和补充，也是未来能源互联网架构中的关键组成部分。而微电网是目前分布式新能源与新型用户的主要供电模式，符合节能减排、环境治理与产业升级转型三大主题概念。依据我国的文件精神，应积极促进分布式能源的发展、持续推动微电网技术创新、支撑能源消费革命，从基础研究、重大共性关键技术研究到典型应

用示范全链条布局，实现微电网技术的快速发展。

交直流混合微电网在交流微电网的基础上，结合了直流微电网的优点，具有如下突出优势：①直流母线与交流母线的存在满足了交流或直流分布式发电与负载的需求，减少了 AC/DC 或 DC/AC 变流环节，缩减了电力电子器件的使用，从而抑制了谐波。②交直流混合微电网可以在交流微电网与直流微电网独立控制的同时又互为备用，提高了系统的可靠性。③交直流混合微电网有更好的延展性，应用更加广泛。在交直流混合微电网中，交流 DG（分布式电源）或者负载直接接入交流母线，直流 DG 或负载直接接入直流母线，交流母线与直流母线之间通过一个双向变换器实现功率流的平衡。交直流混合微电网由于具有更好的经济性、安全性、可靠性，受到国内外的广泛关注。

（四）交直流混合微电网的拓扑结构

微电网从交流母线和直流母线的配置角度，可分为交流微电网、直流微电网和交直流混合微电网。交直流混合微电网因其兼备交流微电网与直流微电网的优势，能更好地促进 DG 的消纳，同时也可以提高经济效益，是微电网发展的趋势。交直流混合微电网的典型结构包括各自独立连接运行的直流微电网子系统和交流微电网子系统以及双向变流器。本质上，交直流混合微电网是在交流微电网的基础上发展而来，其核心为交流微电网系统中的交流母线，承担整个系统的连接反馈作用。而直流微电网子系统可视为逆变器作用下的特殊 DG，其重点是维持直流母线电压稳定，以确保供电可靠。

考虑到传统交流与直流微电网的网架结构，交直流混合微电网可以设计为辐射型、双端供电型、分段联络型、环形等拓扑结构。辐射型微电网结构简单，对控制保护要求低，但供电可靠性较低。两端供电型与辐射型微电网相比，当一侧电源发生故障时，可以通过操作联络开关，由另一侧电源供电，实现负载转供，提高整体可靠性。环形微电网相比两端供电型微电网，可实现故障快速定位、隔离，其余部分电网可向两端供电型运行，供电可靠性更高。构建交直流混合微电网网架时，根据供电可靠性与经济性的不同要求，选择最合适的网架结构。

交直流混合微电网运行方式相比单一系统的微电网而言，更加灵活，可以最大程度地满足就地消纳资源、响应负载需求等微电网规划设计的个性化需要，但同时对于技术要求偏高。现阶段而言，要将混合微电网模式大面积应用于实际电网市场，还需要很长的过程。

（五）交直流混合微电网的电源管理系统

交直流混合微电网的运行控制相比单一直流微电网或交流微电网而言，除了复杂的发电单元、储能单元和交 / 直流负载单元的控制方法外，直流母线与交流母线之间双向变换器的功率流动也是研究重点。

1. 单元控制方法

单元控制方法主要是指交直流混合微电网中的DG、储能装备和负载的控制运行方式。DG主要有光伏电池、风机等不确定性源和燃料电池、小燃气轮机等稳定性源，电源的控制方式按照交直流混合微电网设计的理念，有提高可再生能源利用率的最大功率点跟踪控制，维持系统某一参数（如电压、频率）的*U/f*控制、PQ控制，自主分配、自主管理能实现即插即用的Droop控制等方法。储能设备主要有电池、飞轮等，储能设备的控制方法往往与系统的能量管理方法相结合，以辅助其他DG协同工作。在交直流混合微电网现有研究中，电池储能是常用的手段，其控制方法需考虑蓄电池的充放电状态、电池的寿命等要素。现阶段对负载单元的控制研究比较少，主要集中在插入式电动汽车和电动飞机、负载特性、需求响应等方面，同时为提高可再生能源的利用率，主动负载响应的控制方法应运而生。

2. 电源管理系统

DG间的协调控制策略是交直流混合微电网在并网模式与孤岛模式下良好运行的关键。在交直流混合微电网中，协调控制策略主要有能量管理和电源管理两种。两种管理方式在控制任务与时间长度上有所区别：前者是长期的电能输出以最优的方式满足需求；而后者则侧重于短期的电源、储能与负载之间的协调工作，实现电源之间的实时调度。

（六）交直流混合微电网分布式电源容量配置

交直流混合微电网的拓扑结构是微电网设计之初考虑的问题，当微电网结构设计合理完备后，还需解决交直流混合微电网的容量配置问题。相比传统大电网，交直流混合微电网由于DG与储能装置的存在，容量配置问题更加复杂；DG的随机性、波动性受地理环境影响较大；蓄电池的寿命增加了容量配置的约束条件。

交直流混合微电网的容量配置主要分为四部分：资源、负载、地理环境的调研与微电网网络结构的确定；设备型号与设备数量的选择；容量配置最优化模型的建立；容量配置最优化模型的求解。

容量配置最优化模型的建立主要分为目标函数的选取与约束条件的确定：目标函数主要分为可靠性指标与经济性指标两类；约束条件主要考虑系统运行约束、备用容量、蓄电池充放电约束等。容量配置最优化模型的求解方法主要有解析法和智能算法，智能算法具有计算简单、鲁棒性强、约束限制较少等优点，故被广泛采用，典型代表算法有遗传算法、粒子群优化算法和模拟退火算法。

国内外针对微电网容量优化配置的研究主要集中在孤立微电网容量配置方面，重点研究容量配置优化模型的建立和智能算法的改进。同时，国外还开发了可用于研究微电网（太阳能/风能微电网）容量优化配置的软件，例如 Hybrid2 软件和 HOMER 软件。但是，近年来关于并网微电网的容量配置研究比较少，同时微电网容量配置问题的研究主要针对具体的情况，目标函数与约束条件纷繁错杂，未能形成统一的标准，因而缺少对交直流混合微电网整体的研究。

（七）新能源接入交直流混合微电网的性能评估

1. 稳定性

电力系统的稳定性是指特定运行条件下的电力系统，在受到扰动后，重新恢复运行平衡状态的能力，根据性质不同主要分为功角稳定、电压稳定和频率稳定。相比传统电网，交直流混合微电网增加了直流子微网的稳定性问题，主要是电压稳定问题。同时，大量 DG 的不确定性影响和大量电力电子装置导致的低惯量性都导致交直流混合微电网的抗干扰能力减弱，系统稳定性问题更加复杂。

交直流混合微电网的稳定性问题可对并网运行模式和孤岛运行模式分别进行分析；并网模式下，由于大电网的支撑作用，主要考虑直流子微电网母线电压稳定问题，通过对应控制方法实现电压稳定；孤岛模式下，既要考虑直流子微电网的电压稳定问题，又要考虑交流子微电网的电压、频率、功角稳定问题。目前国内外对交直流微电网稳定性的综合研究较少，主要涉及微电网的小信号干扰稳定、暂态稳定，主要保持电压和频率的稳定。但是，国内外研究主要采用简化的 UG 和负载模型，忽略 TDG 的多样性和波动性以及非线性负载和感应电动负载的影响，缺少对交直流混合微电网稳定性判据的建立。

2. 可靠性

电力系统的可靠性评估分为发电系统可靠性评估、输电系统可靠性评估和配电系统可靠性评估。与传统的电力系统相比，交直流混合微电网由于接入大量的 DG，其可靠性评估相比传统电力系统更加复杂，主要集中在发电系统可靠性评估和配电系统可靠性评估，以及可靠性评估指标等方面。

目前，国内外对交直流微电网的可靠性研究还处于起步阶段，主要集中在 DG 可靠性模型的建立，包括含 DG 微电网的可靠性评估、含 DG 的配电网可靠性评估以及新的可靠性指标的提出等。研究内容侧重于微电网中的 DG 和负载，缺少对微电网内部结构和大量复杂源、储、负载的考虑。同时，对于交直流混合微电网，交流子微电网和直流子微电网两个系统的互联也使可靠性的分析难度增大，国内外研究也相对较少。

3. 安全性

电力系统的安全性是指电力系统突然发生扰动（例如突然短路或非计划失去电力

系统元件）时不间断地向用户提供电力和电量的能力。与传统电网相比，交直流混合微电网因其环境的复杂性、DG 出力的不确定性、负载的随机性等因素，安全性评估在安全性影响因素的分析、评价指标（内部网架结构、容量、电压、频率，DG 的出力等）的选择方面更加困难。

目前，国内外对于交直流混合微电网安全性研究的文章相当缺乏，少数涉及综合评价体系与独立微电网安全性分析。独立微电网的综合评价方法主要有主观赋权评价法（层次分析法、模糊综合评价法、德尔菲法等）、客观赋权法（熵权法、灰色关联度分析法、TOPSIS 评价法、神经网络等）和组合方法。

交直流混合微电网的安全性研究是交直流混合微电网实现的必要条件，因此安全性评估仍需要大量的研究工作。

4. 经济性

交直流混合微电网除了要考虑稳定性、可靠性和安全性外，还需要分析经济性指标。经济性评估主要分为三方面：微电网规划设计阶段的经济性评估、微电网运行时的最优化管理和微电网优化调度。微电网规划设计阶段的经济性评估主要通过投入产出法、全生命周期和区间分析法来考虑成本指标和效益指标。微电网运行时的最优化管理主要通过目标函数和约束函数的建立，来管理系统的功率潮流。微电网的优化调度除了需要考虑发电成本，还需要考虑大电网的实时电价、DG 的出力不稳定性和机组组合的环境效益，增加了电网调度的难度。

目前，国内外对微电网规划设计阶段的经济评估研究比较少，主要采用全生命周期分析法分析其规划效益；而交直流混合微电网优化管理与优化调度的研究相对比较丰富。优化调度主要涉及交直流混合微电网孤岛运行模式的经济调度、多目标问题的处理和约束条件的线性化、负载角度的优化等方面的研究，但其内容侧重于算法的改进与模型的搭建，所设计的网络结构也较为单一，未考虑交流微电网与直流微电网的互连等问题。

根据不同的性能要求，设置合理的稳定性、可靠性、安全性与经济性权重因子，来构建满足电力需求的交直流微电网。

（八）交直流混合微电网存在的问题与展望

随着 DG、储能装置和直流负载的逐步渗透以及现有交流系统的广泛存在，交直流混合微电网将是今后发展的必然趋势。

第一，现有的交直流混合微电网研究主要针对典型的交直流混合微电网结构，未来的交直流混合微电网中将包含多条不同等级的交流母线和直流母线，多条母线之间的协调控制与功率管理将是今后研究的热点问题。

第二，在未来的交直流混合微电网中，连接 DG 的电力电子装置、储能装置以及非线性负载等导致的电能质量问题将是一个重要课题。目前，谐波、三相不平衡和电压的凹陷/膨胀等问题在配电网中备受关注，不久的将来电能质量问题将更加严峻。因此，辅助装置（如无功补偿、电压不平衡补偿、谐波补偿、功率因数校正等）在交直流混合微电网中的应用研究将是未来研究的新方向。

第三，经济性能是交直流混合微电网设计与运行的重要指标，虽然相比传统电网，微电网在某些地区由于成本更高、用电需求多变等因素，经济性欠佳，但是随着大电网的支持作用与辅助装置成本的降低，交直流混合微电网具有更大的发展前景。不过，经济风险仍是大规模微电网渗透所需解决的必要问题。

第四，电源管理系统与单元控制策略需要确保交直流混合微电网在并网、孤岛与瞬时切换三种状态下都能稳定运行，尤其是并网和孤岛运行模式之间的过渡应该无缝且光滑。其次，需求侧响应与大电网的多时段电价等市场条件都会对交直流混合微电网的运行产生不同的影响。目前的研究主要针对某一方面，实际的微电网运行是一个长期的综合过程，因此未来的研究应充分考虑多种因素。

第五，交直流混合微电网的自治管理离不开相应的通信系统。目前，已有的交直流混合微电网都采用简单的集中通信或分布式通信系统，但对其通信系统未深入探讨。通信系统的可靠性、安全性、鲁棒性和经济性是选择通信技术和设计通信拓扑时需进一步考虑与研究的课题。

第六，交直流混合微电网的应用离不开保护装置的成熟应用，然而现阶段交直流混合微电网的保护技术研究处于起步阶段，开发具有灵活可靠的直流断路器成为未来研究的重点。

第六章　新能源发电成本与市场

第一节　新能源发电成本趋势与展望

一、新能源发电成本变化趋势

经过近10年来的高速发展，我国已成为全球新能源发电装机第一大国。新能源发电的快速发展对推动我国能源变革、践行应对气候变化承诺发挥了重要作用。我国新能源发电装机在全网总装机中的占比已经达到21.8%，在电力系统中的地位已然改变，正在向电能增量主力供应者过渡。在未来相当长时期内，我国新能源发电装机仍将保持大规模增长，需要将新能源发展放到整个能源电力行业发展的框架内进行统筹考虑，科学研判未来发展趋势，深入研究科学发展关键问题，提出政策和措施建议，促进高比例新能源和电力系统协调发展。

随着风光发电成本的持续下降，“平价时代”“可与常规电源竞价”等提法成为热门词汇。而现实系统中，风光发电的平价上网并不等于风光电量的平价利用，未来需要更加关注风光发电的利用成本。

新能源发电成本，主要包括以下几个部分：电厂项目投资、运行和维护成本以及财务成本。电站项目投资成本包括电站建设期间的投资成本。运行维护成本是发电厂在使用寿命期间的维护成本，为了保证了电站的正常运行。财务成本包括项目生命期内营运资金贷款的长期贷款和利息。

新能源发电形式，如光伏发电厂，风力发电和其他电源相比优势在于，传统的火电厂的运行成本较高。但是虽然新能源发电形式成本较低，但是新能源发电存在着最大的缺陷就是出力受环境的影响较大，随机性的电源接入电网会对电网的稳定性造成严重的冲击，为了应对这种冲击，就要增加一定的电源备用。

（一）财务成本

新能源发电项目的财务成本主要包括利率和短期贷款利率两部分。利息按照实际情况，累计利息按照总额与本息，利用复利计算。

（二）运行维护成本

新能源发电机组的运行维护成本主要包括购置机组备件、备品的费用、常规检修的费用、机组在故障后维修的费用、电厂的保险费用与管理的费用五个组成部分。

综合上述的一系列研究，可以发现对新能源的发电成本造成冲击最大的是新能源机组本身的建设制造价格、新能源机组使用的寿命周期、新能源的资源运行费用和维护费用四个方面。

二、新能源发电上网电价定价的建议

（一）政府层面

我国目前的新能源上网电价主要由政府管制，尤其面对我国新能源发电产业所处落后环境而言，这种方式有利于统筹兼顾，规范市场秩序，促进新能源电力产业的良性发展。

随着新能源电力产业的不断发展，政府应逐步退出定价机制，通过发挥财政补贴与税收的作用等手段，逐步完善新能源上网电价的法律体系、引入市场竞争机制、弱化常规能源的成本优势、促进新能源电力产业的长远发展。

1. 完善新能源上网电价的法律体系

新能源发电的可持续发展应该以健全的和完善的法律体系为基础对于新能源的上网定价，关键的内容是如何运用法律手段整治竞价上网过程中的恶性竞争现象，发挥群众监督，完善项目审批，促进发电企业信息上报公开透明化。

2. 逐步引入市场化竞争机制

新能源发电产业的电价机制应该以以下方式过渡，第一阶段，固定电价制度（以价格为基础），第二阶段，市场配额制度（以数量为基础），第三阶段，招投标制度（以竞争为导向）逐步实现市场化，政府在其中起引导与支持作用。

3. 发挥财政补贴与税收的作用，降低新能源上网电价。

政府通过对新能源发电企业制定、执行补贴标准，产生正面激励作用和正面引导作用。尤其要针对那些符合补贴的标准，经营业绩较好新能源发电企业进行补贴。在税务上以新能源发电企业的实际发电量为基数进行税款征收，同时对于在环境保护和资源节约方面做得比较好的电力企业，减免一些税款。

4. 增加常规能源成本，鼓励新能源发电。

常规能源的一个难以忽略的短板是，更容易造成不可逆的资源浪费和环境污染问题。对常规能源发电企业，要加强其环境污染征收税费，使其成本增加，从而弱化传统能源的低成本优势，间接激励新能源产业的进步与发展。

（二）新能源发电企业层面

新能源发电企业在我国起步晚，处于初级阶段，规模小，致使新能源产业整体上不是很成熟，不同新能源发电产业之间也就无法展开良性的竞争。新能源发电企业应通过降低发电成本，扩大产业规模，开拓国内市场，提高技术研发力度，形成技术品牌几个方面产业的整体发展。

（三）电网公司层面

电网公司是国家能源产业链的重要环节，在新能源发电上网电价的最终确定中起着十分重要的作用。主要应通过调整用户分类和差价，按用户电压等级和用户负荷对供电成本的影响进行分类，对新能源发电企业的资源进行优化配置。

三、新能源未来发展前景与展望

随着全球对环保和可持续发展的关注不断增加，新能源市场正迅速崛起，并成为全球经济发展的重要领域。

首先，从能源转型的角度来看，新能源市场具有广阔的发展潜力。传统化石燃料资源的日益枯竭，以及其产生的环境问题逐渐凸显，迫切需要转向更加清洁、可再生的能源形式。新能源如太阳能、风能、地热能等资源丰富，且几乎不会对环境造成污染。因此，新能源市场在能源转型的背景下，有望获得更广泛的政策支持和市场需求。

其次，技术进步将为新能源市场带来更多机遇。随着科技的不断发展，新能源技术也在不断革新与提升。例如，太阳能光伏发电效率的提高、风力发电机组的升级、电池储能技术的突破等，都为新能源市场注入了新的活力。这些技术突破不仅提高了新能源的产能和可靠性，还降低了成本，进一步推动了新能源的普及与应用。

再者，全球环保政策的推动也将成为新能源市场发展的强大助力。为了实现减缓气候变化和降低环境污染的目标，各国一系列环保政策和法规，以鼓励和支持新能源行业的发展。例如，提出的新能源“双碳”目标、欧盟的绿色新政等，都将对新能源市场产生深远的影响。

此外，新能源在经济层面也具备巨大的潜力。随着新能源技术的成熟和应用的普及，相关产业链不断丰富，将为经济发展带来新的增长点。新能源市场的崛起将吸引更多的资金和投资，为就业创造更多机会，同时也为企业创造了更多商机。

然而，值得注意的是，新能源市场的发展还面临一些挑战。技术上的突破需要大量的研发投入和时间积累，政策环境的稳定性也需要进一步加强，以确保市场的可持续稳定发展。此外，新能源市场在与传统能源竞争时仍面临一定的成本压力，需要进一步提升技术和降低成本。同时，新能源市场的发展也需要建立更加健全的法律法规体系和监管机制，以规范市场秩序和保护投资者利益。

综上所述，新能源市场在能源转型、技术进步、环保政策推动和经济潜力等多方面因素的支持下，具备广阔的发展前景。作为全球经济的新引擎，新能源市场有望成为推动经济可持续发展的重要力量，并为人类创造更加清洁、绿色的生活环境。

第二节　平价利用新能源

一、太阳能发电成本

（一）光伏发电成本

在多晶硅环节，由于产能供需失衡，价格一度跌破成本线。多晶硅生产全投资成本降至 60 元 /kg 以下，领先企业降至 50 元 /kg 以下。对于多晶硅生产企业，虽然单品用多晶硅致密料价格保持平稳，但多晶用多晶硅料价格非常低；新线成本较低，但旧线成本较高，综合来看，多晶硅企业盈利能力不容乐观。

在硅片环节，2019 年单晶硅片供不应求，全年价格相对坚挺，盈利能力在制造环节中属于首位。

在电池片环节，经历了 PEKC 电供过于求导致的价格滑坡后，盈利能力出现下滑，随着四季度需求的回升，领先企业的盈利能力基本恢复。

在组件环节，多晶组件受益于海外市场和国内扶贫、户用市场的拉动，前三季度表现较好，价格未出现大幅下滑。但进入第四季度，随着单晶组件价格的持续下滑，部分多晶订单开始转向单晶，导致多晶组件需求减弱，价格重新开始下跌；而单晶组件因为国内的需求启动较晚，价格下滑幅度较大，但同时池片价格的快速下滑，使得下半年的盈利能力持续走高。企业单晶 PERC 组件成本降至 1.31 元 /W 左右。

从项目系统成本来看，光伏发电系统初始全投资成本降至 4.2 美元 /W 左右，度电

成本降至0.28 ~ 0.5元（kW·h）

（二）太阳能热发电成本

光热产业处于发展初期，发电项目装机规模较小、数量有限，对设备和组件的有效需求不足。受限于市场容量，上游设备制造企业未形成规模化产能，聚光镜、集热管和追踪器等关键组件的生产成本居高不下。槽式、塔式光热的单位造价达到晶硅光伏的3 ~ 5倍，就成本效益而言，其竞争力相对较弱。

二、新能源的平价利用

新能源发电总体上即将进入平价上网时代，自身度电成本低于火电成本，但从终端用户来说，平价上网的新能源传导至用户需额外增加一项成本，即接入送出产生的输配电成本以及为保障系统安全增加的系统成本（包括平衡成本和容量成本），平价上网不等于平价利用。换言之，平价利用不但包含向身发电成本，还需要考量带来的利用成本。

但是，考虑到我国为大陆季风性气候、风电保证处理相比欧美要低、新能源发电预测精度尚有差距及煤电比重高等因素，我国新能源并网带来的系统成本比欧美更高，达到平价利用的省份实际上还要少一些。

三、新能源发电进入平价发展新阶段

新一轮电力体制改革以来，我国电力市场建设稳步有序推进，取得显著成效，电力现货市场建设稳步进行，风、光新能源进入平价发展新阶段，主体多元、竞争有序的电力交易市场体系初步形成。

电力体制改革是我国经济体制改革的重要组成部分，我国一直高度重视，电力市场化改革持续向纵深推进，经历了“从无到有”的历程。“双碳”目标的提出开启电力市场化改革新篇章。2022年，《关于加快建设全国统一电力市场体系的指导意见》的印发，标志着电力市场化改革新篇章开启。

（一）市场化改革不断深化

新一轮电力体制改革以来，按照“先试验、后总结、再推广”的原则，我国电力市场化改革不断深化，逐步构建了以中长期交易为“压舱石”、辅助服务市场为“调节器”、现货试点为“试验田”的电力市场体系。

2022年是落实“十四五”规划以及“双碳”目标的关键之年，电力市场要向“从有到优”升级，发挥对能源清洁低碳转型的支撑作用。

首先，加快构建全国统一电力市场体系。进一步规范各层次电力市场秩序，健全中长期、现货交易和辅助服务交易有机衔接的电力市场体系；深化市场机制，降低市场主体制度性交易成本，打破省间壁垒，提高大范围资源配置效率；加快电力市场标准化建设进程，建立完善的标准体系框架，统一与市场相关的名词概念、数据口径和技术标准。

其次，进一步完善电力市场功能。持续推动电力中长期交易，发挥其平衡长期供需、稳定市场预期的基础作用；积极稳妥推进电力现货市场建设，让现货市场更好发现电力实时价格，准确反映电能供需关系；完善深化电力辅助服务市场，丰富交易品种，健全价格形成机制，更好体现灵活调节性资源的市场价值；培育多元竞争的市场主体，推动工商业用户全部进入市场，有序推动新能源参与市场交易。

再次，加强市场交易秩序监管。督促市场成员严格执行国家相关政策，遵守市场交易规则，完善交易组织流程，规范电网企业代理购电行为；夯实市场运营机构主体责任，加强对市场运营情况的监控分析，做好电力电量平衡和信息披露工作。

（二）电力现货市场建设成效显著

自国家发展改革委、国家能源局发布第一批电力现货交易市场试点以来，我国电力现货市场建设稳步推进。具体来看，广东、山西、山东、四川、甘肃 5 个试点地区已启动现货不间断试运行，并持续运行至今，期间结合试运行情况对规则进行了更新迭代；浙江和蒙西近期更新了现货市场相关规则，浙江将在新规则确定后开展现货市场模拟与调度试运行；福建启动长周期结算试运行以来，一直以发电侧单边参与方式开展，近期正修订市场交易规则，待通过后推动模拟与结算试运行。

我国电力现货市场建设成效显著。其一，充分体现了现货市场对电力资源的价格发现作用。在现货市场机制下，市场主体提前申报供给与需求投标，并由市场运营机构统一出清，形成分时段市场出清价格，体现了电力能源不同的时间价值属性；在系统网络传输线路出现阻塞时，每个区域与节点会产生不同的电价，体现了电力能源不同的空间价值属性。在不同时间与空间价格信号影响下，市场主体被引导更科学地用能。其二，多元市场主体有序参与并享受市场机制释放的社会福利。许多试点地区已实现发电、用电双侧参与，通过双侧主体报量报价形式，共同参与资源优化配置。其三，实现了中长期合约与现货市场交易有效衔接。一般而言，市场 80% 以上的交易电量在中长期交易中锁定，以规避风险。但是很多中长期交易合约只确定了电量与价格，未就详细电力结算曲线达成一致，与现货市场衔接存在难题。部分试点省区已提出现货市场标准化结算曲线等解决方案，实现了中长期交易与现货市场高效衔接。

（三）新能源进入平价发展阶段

一直以来，我国对新能源主要采用“保量保价”的保障消纳政策，有力促进新能源发展的同时，也为实现能源转型和“双碳”目标打下了良好基础。

从全国总量来看，集中式新能源电站参与市场交易比例相对较高。未来以新能源为主体的新型电力系统构建中，新能源参与电力市场成为必然趋势。

从各区域来看，新能源占比低的地区以“保量保价”的保障性收购为主，新能源上网电量执行批复电价，不参与市场化交易。新能源占比较高的地区，如华北、西北、东北等多数省份以“保障性消纳 + 市场化交易”方式消纳新能源，“保量竞价”电量参与电力市场，新能源自主参与各类市场化交易，由市场形成价格。部分省份新能源可自行选择是否进入市场，根据电网季节性消纳能力变化选择是否通过市场交易减少弃电量。

从参与程度来看，各省新能源参与市场交易程度不同。以西北为例，部分省份下达的保障性利用小时数较高，如陕西仅有 15% 的新能源电量参与市场，青海则已全部参与，其他省份新能源市场化上网电量比例在 15% 至 65% 不等。

从市场范围和形态来看，跨区跨省和省内等市场都进行了一系列探索。跨区跨省市场有新能源与火电打捆参与中长期交易、跨省区可再生能源现货交易以及跨省调峰辅助服务市场；省内市场包括中长期市场、现货市场、辅助服务市场等，交易品种有电力直接交易、自备电厂替代交易、发电权交易、合同转让交易、绿电交易等。

第三节　电力市场中的电力储能

一、电力储能类型

（一）直接储能

直接储能是指以电场、磁场形式储能能量的形式，主要有以下两种：①超导磁储能（SMES）。这一装置充分利用了超导体电阻为零的特性，储能时间长，能量返回率高达 80% 至 95%，且能量释放速度快；②超级电容器。装置中的电极、电解质由特殊材料制成，具有显著高于常规电容器的电常数储能容量及耐压能力，且功率密度极高，对于维持电网稳定抑制电压波动有着显著成效。

（二）间接储能

间接储能是一种将电能转化为化学能和机械能储存的形式，其装置类型包括：①抽水蓄能（PHS）。这是在电力系统中广泛应用的一种大容量储能技术，可获得削峰填谷带来的静态效益；②压缩空气储能（CAES）。这是一种单体容量大的高效储能技术，可长期高效储存电能，损耗率小，而且经济性强于抽水蓄能电站，可模块化组建；③飞轮储能（FESS）。这是一种通过调节飞轮转速实现与电网能量交换的装置，具有使用年限让、瞬时功率大、生态环保的特点，可替代传统不间断电源；④电化学储能。这是一种可灵活配置的储能技术装置，发展前景广阔，在电力系统分散式的小容量场合中得到广泛应用。

二、储能技术在电力系统中的应用

（一）能量管理

近年来，电力使用存在明显的负荷峰谷差，这使得电力生产及输配送管理难度越来越大，建设成本管控难度增加，这时候，削峰填谷显得越发重要。为了满足用电高峰期的供电需求，可大规模应用高效储能系统，提升电力设备和电力能源利用率，减小用电负荷峰谷差，通过低储高发优化电力产业效益。

（二）提高系统稳定性

电力系统运行稳定，是提升电力供应服务品质的关键，而在系统运行过程中，会受到雷电、设备故障等多方要素的干扰，造成功角振荡、电压失稳等不稳定事件。应用储能技术，能够有效解决上述问题，通过储能充电时间及交换功率的控制，快速平抑系统的振荡，通过阻尼系统振荡，切实提升系统运行稳定性。

（三）提高电网对新能源的接纳能力

为了满足电力能源的生产需求，现阶段太阳能发电及风力发电等不稳定的发电形式被纳入电力系统中，使得电力能源生产平稳性受到影响。为了提升新能源供电的可靠性，可增加储能装置，高效储存电力能源，借此缓冲新能源对电网运行平稳性造成的冲击，让电力系统中能够接纳更多的大容量风电场及光伏电站，有效降低分布式发电及微电网的管控、调度难度，促进电力生产的多样化发展，使得可再生能源的可利用性增加。

（四）提供调频服务

储能技术可为电网运行提供调频等辅助服务，优化电力生产效益。在现代化电力框架中，储能技术由于快速响应特性被应用于电力调频领域，有效提升了这项工作的效率及精准度，在这一过程中，储能技术发挥了平抑电源、负荷波动的作用。

三、调峰辅助服务市场中的电力储能

调峰辅助服务市场是我国特有的市场品种，是一种电能量市场，在国外归为平衡市场或现货市场。我国调峰辅助服务市场以消纳新能源为目标，主要目的是调动电机组压降出力为新能源腾出发电空间，仅进行向下调峰补偿。我国已有十多个地区和省市出台了调峰辅助服务市场运营规则，除山东省外均允许储能以独立主体身份参与市场。与电机组日前竞价参与调峰市场不同，储能主要与新能源通过双边交易或内部协商的方式开展交易。

电源侧、用户侧储能在调峰辅助服务市场中难以盈利。电源侧储能调峰以协商方式确定价格，富余储能容量可在电网需要时由电网调用，并给予固定价格补偿。随着补贴退坡、平价上网日趋临近，每次储能 0.6 ~ 0.7 元 /（kW·h）的置换成本不具有经济性，同时考虑已有调峰辅助服务市场给予电化学储能的调峰价格普遍不高，实际利用小时数偏低，随着弃风、弃光逐步得到改善，采用该模式难以独立支撑储能商业化运行。用户侧储能与新能源发电企业以双边交易的形式开展调峰，交易价格限制在 0.1 ~ 0.2 元 /（kWh）。用户侧储能参与市场首先应达到一定容量，其次接入调度、交易系统的成本较高，在补偿方面与火电机组深度调峰 0.4 ~ 1 元 /（kW·h）的价格相比，电化学储能调峰缺乏竞争力。

电网侧储能参与调峰辅助服务市场的相关规则尚不明确。电网侧储能参与调峰的相关规则尚未出台或称另行制定。大连液流电池储能凋峰电站、甘肃网域大规模储能电站作为国家示范项目将在调峰方面进行探索，其中大连项目将参考抽水蓄能执行两部制电价，甘肃项目还在积极争取政策支持。除补偿价格外，利用小时数也直接决定储能能否盈利，调峰通常是季节性的，利用小时数难以得到有效保障，这为储能带来收益上的风险。电网侧储能调峰补偿收益与充放电套利存在价值重叠，储能低充高放是一种套利兼调峰的行为，这也是调峰市场与现货市场不宜同时存在的原因。有观，点认为，调峰辅助服务是电力市场改革过渡期的中间品种，随着我国现货市场的推进，最终将可能被现货市场所取代。未来一段时间调峰辅助服务市场仍以服务新能源消纳和缓解供暖地区火电机组“以热定电”矛盾的特殊手段，储能能否在调峰市场上盈利将由价格和利用小时数共同决定。

四、调频辅助服务市场中的电力储能

储能参与调频辅助服务市场主要包括储能联合火电机组调频以及独立储能电站调频。储能联合火电机组调频是我国现行辅助服务考核机制下的特有形式，市场容量有限。

对于调节性能差、分摊费用多的机组，通过配置储能可较好地提高机组调频性能，并在调频辅助服务市场中获取收益，大部分调节性能较好的机组没有配置储能的需求。同时，调频市场的容量有限且基本固定，若越来越多的机组配置储能，虽然优化了系统的频率，降低了火电机组频繁调节带来的损失，但从调频市场来看，最终的结果是利益的再分配。

当前我国独立储能电站参与调频尚不具备条件，也无迫切需求。山西、福建允许储能电站作为独立主体参与调频辅助服务市场，但尚未有实际成功的案例。一方面，当前我国电力市场机制以及系统配置尚不具备条件。为适应不同调频需求并体现不同调频资源的价值，一般将调频市场分为快速调频以及其他常规调频市场，快速调频资源内部竞争并独立出清。快速调频市场在调度运行、市场交易方面配合一整套快速优化、出清结算的信息系统。当前我国电力市场机制以及调度、交易系统配置尚不具备条件。另一方面，我国电力系统对快速调频资源的需求不迫切。调频需求与负荷波动以及新能源渗透率相关，快速调频主要适用于一次调频或二次调频的高频分量调节，我国新能源装机虽然在总量上位居全球第一，但占总装机比重还较低，传统机组可基本满足系统调频需求，同时我国已形成了世界上规模最大的同步电网，各系统之间互济能力显著增强，大大提高了频率稳定性。

我国调频辅助服务市场规则以火电、水电为主要设计对象，独立储能电站虽然在响应速度和调节精度上具有显著优势，但跟踪 AGC 指令时需要具备持续的输出能力。若没有火电机组在后期能量上的支撑，独立储能电站调频需要配置较大功率和容量的电池，成本快速上升。在相同的补偿机制下，与储能联合火电机组调频相比，独立储能电站调频经济性较差。

五、电量市场中电力储能分析

电量市场是电力市场的主要组成部分。国家发展改革委发布《关于全面放开经营性电力用户发用电计划的通知》，量价放开正在加速推进，充分发挥市场在资源配置中的决定性作用，还原能源商品属性，在市场中发现价格。价格由供需决定，能够在瞬息万变的市场中快速响应并付诸行动，储能无论从响应速度还是能量时移方面均有着其他电源无可比拟的优势。

目前，国家尚未出台储能参与电量市场的相关政策，储能电站通过市场机制进行购销价差盈利无政策依据，这里的购销价差模式是指储能通过购买新能源弃电量、低价煤电和低谷电，然后向用户或者电网出售。一类是向电网出售，储能作为电源或负荷的身份未明确，国家尚未出台储能并入公网的上网电价政策，可按当地燃煤标杆电价收购，购销差价甚微，甚至出现购销价格倒置，不具有经济性。另一类是向用户出售，此模式同样没有政策支撑。与客户侧储能利用峰谷电价差套利不同，独立储能电站向用户售电需要支付电网公司过网费，在相同利用小时数下，经济性要低于客户侧储能。我国部分大工业用户以市场化电价结算，绝大部分电力用户执行目录电价，电网侧储能在用电高峰时段放电虽然起到了缓解供电压力的作用，但在收益方面仅仅是电量市场内部利益的转移，也规避了承担交叉补贴的责任，并非政策鼓励方向。但在增量配电试点项目中，增量配电业主在其经营区域内投资建设储能，并通过充放电价差获取收益是可行的，这类似于客户侧储能。

六、需求侧管理下的电力储能

客户侧储能作为可变动负荷参与需求侧响应。应对电源结构调整以及负荷特性的变化，系统需要更加灵活地调节资源，保障电网安全稳定运行和可靠供电。国家发展和改革委员会等六部委联合发布《电力需求侧管理办法（修订版）》，提出积极发展储能和电能替代等关键技术，促进供应侧与用户侧大规模友好互动。随后，江苏、山东等多个省市出台或修改需求响应规则，允许储能设施参与需求响应，同时根据调用和响应情况定分级补偿标准。有偿调压、容量备用和启动尚未形成市场化经营规则。部分储能作为容量备用得到一定补偿，但仅通过容量备用其收益难以覆盖全部成本。储能仅通过一种市场盈利难以保障固定的利用率，而储能具有多重价值的技术特点应该赋予其在多种市场的主体身份，以市场的开放程度尚不能支撑独立储能电站商业化运营。

七、需求侧资源整合调控的实施障碍及应对措施

（一）政策方面应对措施

1. 制定提升居民用户需求侧资源的价值电价策略

在我国政府提出加快转变经济发展方式，建设资源节约型、环境友好型社会的背景下，有关部门根据居民用户的能源利用特点，制定电价策略，可以利用价格杠杆的市场调节机制，促进资源有效配置，引导广大居民树立节能减排意识、整合住宅需求侧资源。在制定相应电价策略的过程中，要针对不同区域住宅需求侧资源和气候的特点，考虑居民可支配收入水平和用电价格变化对于用电量变化的影响，建立了居民用户生活用电需求模型，同时，也要将居民用户用电市场进行细分，按照低、中低、中等、

中高、高收入不同用户群体对居民生活用电需求模型进行了细化。继而基于电价政策理论、电力企业供电成本、典型居民用户负荷测算等要素，对不同区域居民电价作出策略调整，使居民需求侧资源的价值实现最大化。

2. 落实需求侧资源整合调控的扶持政策

加大对住宅用户需求侧资源整合调控项目的政策扶持力度，积极探索改善需求侧资源利用方式的合同能源管理运作模式，如融资租赁模式、金融机构持股模式、政府设立专业融资担保机构等模式；同时，完善能源管理合同，防范法律风险，国家相关管理部门联合法律服务机构根据不同的需求侧资源整合调控模式制定专门的合同范本，加强行业管理，出台行业规范；对各级主管部门制定科学合理的政策，扶持深入住宅用户的需求侧资源整合调控项目的发展，组织实施家庭合同能源管理示范项目，发挥引导和带动作用；加强对节能服务产业发展规律的研究，积极借鉴国外的先进经验，协调解决产业发展中的困难和问题，探索符合我国现状的需求侧资源整合调控运作模式，推进产业持续健康发展。

（二）技术方面应对措施

电网智能化建设对电网的运行管理提出了更高的要求，也为需求侧资源整合调控提供了适宜的实施平台，能够进一步实现电力需求侧资源的整合调控。因此，在技术突破方面，需完成以下几方面的改进：

1. 加强电网与用户的互动

应加强双向互动技术的引入，使智能电网实现通过电子终端将用户之间、用户和电网公司之间形成网络互动和即时连接，实现电力数据实时、高速、双向传输。用户根据当时的实时电价、实时负荷、供电等电网运行情况，选择在电价较低的低负荷时段用电，选择适合自己的电源，达到减少尖峰负荷、降低电费支出的作用。大用户如果有较大的用电负荷需求可以提前向电网公司报告，电网公司作出调度发电量的准备，及时应对尖峰负荷的出现，提高整个电网的可靠性、可用性和综合效率。

2. 提升分布式电源上网接纳能力

风能和太阳能等可再生新能源发电不稳定、可调度性低、接入电网技术性能差，只有具有足够接纳能力和功率调整能力的智能电网才能为各种分布式绿色能源提供自由接入的动态平台，因此，应尽快加强该方面技术的改革和提升，使风能、太阳能、余热发电等电源机构能够根据自己的实际情况选择自我消化发电容量还是在电网用电高峰时发电上网，发挥调峰作用，提高发电效率，平稳电网负荷，减少火电机组发电量和燃料消耗，同时，也进一步实现了电力需求侧资源的整合调控。总之，电网智能化、现代化建设应加快完成后续建设并实现针对性技术提升，加强对电力需求侧资源整合调控的支持和促进，实现我国需求侧资源整合调控工作的持续、深入有序开展，进一步推进我国的能源革命和能源互联网建设工作。

3. 加强有关标准和协议的制定

法律框架和监督、市场设计以及管理改革，都是电网智能化、能源互联化发展可以成功实施并且获取应得效益的基本保障，需要国家层面密切与持续的关注，也需要社会学家（包括律师等）与科技专家密切合作。需求侧资源整合调控相关标准的开发需要以具体项目实施为载体，标准体系是否完备需要通过具体项目检验和修订，同时，相关环节具体项目的顺利实施也有赖于标准体系的约束和规范。建议从各项示范工程项目入手实施，在项目实施过程中检验标准是否完备、符合实际情况，在发现问题后才可以根据具体情况进行修订、调整，制定出标准和协议。

4. 完善电力调度系统

对调度系统进行完善，争取通过智能监控工作，实现对电网运行状态的自动化监控，加强与住宅用户的进一步联系，并对各电气设备运行数据进行综合分析，判断设备下一周期运行效果，对存在安全隐患的可以及时采取措施处理，减少运行故障的发生。另外，还应积极引进各项先进设备，全面掌握整个系统运行数据，及时对故障点定位，并绘制故障点位置图，给出详细诊断报告，便于技术人员与维修人员确定抢救措施，缩短故障处理时间，进而达到提高电网运行效率的效果。通过电力调度系统的完善，提高用户对电力系统的了解与沟通，应用信息化平台帮助用户更全面地掌握系统运行状态，进一步加强需求侧资源整合调控的自发意识。

（三）经济方面应对措施

1. 建立和完善电力资本市场

资本市场是指期限在一年以上的各种资金融通活动（或资金交易关系）的总和，其最基本的职能是优化社会资源的配置，将资本应用于有成长性、能为社会带来回报的优质企业。建立和完善电力资本市场为保障需求侧资源整合调控的长效发展提供了非常重要的方法和契机，主要途径有两个：一是资产证券化，二是组建需求侧资源整合调控的投资基金，将大众手里的零散资金集中起来，委托专家对需求侧资源整合调控项目进行投资。通过上述资本运营方式，可以整合不同类型的电力资产，实现电力工业结构和布局的调整，吸纳、整合社会闲散资本，将社会资金有效转化为电力工业发展的长期投资，既提高了融资效率，也利于提高大众需求响应的意识，保证需求侧资源整合调控的顺利进行，同时是有关机构完成了产权制度改革，提高了企业整体素质和在市场竞争中的优势地位，从而进一步促进居民用户需求侧资源整合调控的深入开展和实施。

2. 进一步改善利用金融服务

鼓励银行等金融机构根据居民用户需求侧资源整合调控项目的融资需求特点，创新信贷产品，拓宽担保品范围，简化申请和审批手续，为相关部门提供项目融资、保理等金融服务；积极利用国外的优惠贷款和赠款加大对有关部门需求侧资源整合项目的支持，积极参与国际组织机构的各种投融资论坛，争取国际投资公司和碳融资；与国外的基金投资公司以及能源服务公司合作，争取国外股本资金支持，拓宽融资渠道。全面改善并利用金融服务，促进居民用户需求侧资源整合调控措施的实施，提高电力资源利用效率，降低资源消耗，提高电力系统经济运行水平。

第四节　电力储能的发展趋势

一、电力储能的发展

通过电力市场获益是储能商业化应用的基本趋势。《关于促进储能技术与产业发展的指导意见》明确了“市场主导、改革推进”的发展原则，并提出加快电力市场建设，鼓励储能直接参与市场交易，通过市场机制实现盈利。储能在调峰、调频、新能源消纳和需求侧响应多个领域得到应用，但与其配套的市场机制仍需完善。一方面，不同应用领域下储能参与能量、容量以及辅助服务市场的主体地位尚不明确，储能参与市场过程中缺乏明确的充放电价格政策；另一方面，在当前的市场环境下储能还难以与其他常规替代措施相竞争，储能的多重价值还难以通过功能复用在不同电力市场中得到回报。

储能具有调峰、调频和电网故障应急响应等多方面价值，对新能源发展具有积极的支持作用，通过电力场获益将成为储能商业化应用的基本趋势。在电力市场过渡期，储能可参与的市场类型有限，应允许在需求迫切的场景下给予储能设施一定的政策支持，以此在商业模式、技术路线方面进行探索和创新，保持一定的投资强度，促进储能产业的持续健康发展。

电力市场过渡期，储能可参与的市场类型有限。主要包括以消纳新能源为主要目标的调峰辅助服务市场、调频辅助服务市场以及需求侧响应，储能参与其他细分市场特别是电量市场的身份还未得到允许。价格机制尚不完善，储能充放电价格机制缺失。此阶段上网侧标杆电价与市场竞价共存、用电侧目录电价与市场交易电价共存，储能扮演电源与用户双重角色，在现货市场运行之前，明确储能充放电价格机制非常必要。

储能与其他市场主体同台竞争的公平性尚未得到保证。储能仍然被视为非常规的电力设施，调峰、电量直接交易等方面与传统火电机组存在差异，同价不同功，同质不同价。

电力市场改革过渡期，应允许在调峰辅助服务等需求迫切的场景下给予储能设施一定的政策支持，以此在商业模式、技术路线方面进行探索和创新，同时保持一定的投资度，促进储能产业的持续健康发展。给予储能公平参与多个细分市场的主体身份，充分发挥储能的多重功能以提高自身利用效率，配套建立储能多重价值的补偿机制。随着新能源大规模并网以及传统电源被替代所带来的系统调节问题，根据系统需要适时建立快速调频、备用和容量等市场，充分发挥储能在响应速度和能量时移方面的重要价值。

二、电力储能技术的发展趋势

（一）锂离子电池技术的持续优化

近年来，锂离子电池在电动汽车、储能设备等领域得到了广泛应用。随着技术的不断进步，锂离子电池的能量密度将进一步提高，成本将逐步降低。此外，固态锂电池等新型锂离子电池技术也在研发中，预计将在未来几年逐步投入商业应用。

（二）绿色氢能储存技术的崛起

绿色氢能储存技术作为一种清洁、高效的储能手段，正逐渐成为储能市场的新兴力量。通过电解水制氢、储存氢气、燃料电池等技术，绿色氢能将发挥其在能源储存、输送、利用等环节的优势。

（三）新型储能技术的探索与发展

除了锂离子电池和绿色氢能，其他储能技术如液流电池、钠硫电池、超级电容器、压缩空气储能等也在不断研发和完善，以满足不同场景和需求的储能需求。

三、电力储能技术的应用前景

（一）可再生能源的储能与调度

电力储能技术在可再生能源领域具有巨大应用潜力。通过储能系统，可以有效解决风能、太阳能等可再生能源的间歇性问题，提高电力系统的稳定性和可靠性。

（二）微电网与分布式能源系统

电力储能技术在微电网和分布式能源系统中发挥着关键作用。通过储能设备，可以实现电力系统的优化调度，降低能源消耗，提高能源利用效率。

（三）智能电网建设与电力市场

电力储能技术在智能电网建设和电力市场中也将发挥重要作用。储能系统可以提高电网调频、负荷平衡及优化调度等方面的能力。此外，电力储能可以促进跨区域、跨时段的电力交易，为电力市场带来更多的灵活性和竞争力。

（四）电动汽车与储能设备的整合应用

随着电动汽车市场的快速发展，车载电池储能技术将在电力系统中发挥更大作用。通过车联网技术，电动汽车可以实现与电网的互动，实现充放电的智能调度，提高电池使用效率。此外，废弃电动汽车电池也可作为二次利用储能设备，进一步延长其使用寿命。

（五）应急电源与峰谷调节

电力储能设备可作为应急电源，确保关键设施在突发事件中维持正常运行。同时，储能系统可以实现峰谷电价的调节，降低电力成本，提高用户体验。

四、能源互联网背景下电力储能技术的应用和发展

（一）能源互联网背景下电力储能技术的作用

1. 有助于提高可再生能源的发电效率

能源互联网系统中可再生能源的使用途径有许多，通过应用可再生能源可以满足家庭供暖、水力发电和制氢等各种需求。可再生能源的应用在世界范围内呈现迅速增长的趋势，但由于可再生能源发电存在间歇性和系统震荡性，增加了用电风险，也使得用电系统不稳性增加。基于此，必须加强对我国电力储能技术的研究，结合可再生能源发电，使发电随机性大大减小，从而增加电力可调性，尽可能地提高能源使用效率，还可以增加可再生能源发电技术的市场适应性。

2. 有助于能源交易自由化

在能源互联网背景下可创新原有的能源交易方式，推动能源生产者和能源用户双方加入能源互联网，并加强二者在能源交易中的主体地位。在能源交易中通过生产者

和用户身份的交叉转换，可进一步改善能源资金在局部领域的配置，从而提高能源利用效果。另外，在能源互联网背景下应用电力储能技术，也能够进一步提高区域间的能源配置有效性，从而合理调度电能资源。

3. 有助于强化多元能源系统的管理效果

通过局域性多元能源系统，可以在能量的生成、交换、储存、消费等各阶段都按照实际情况合理调度能源，可以降低系统运营过程中的成本和费用，从而提升电力系统的安全性和可靠性。在系统运营管理中应用电力储能技术，可进一步强化系统对储能资源的释能控制，为统一运营管理创造更有利条件。可以根据储能系统的动态变化优化调整储能容量和储能方式，实现系统内部的供需均衡。需要充分利用储能系统各个转换部件，提高系统运转效能，给电力企业创造更大的效益。

（二）能源互联网背景下电力储能技术的应用模式

1. 广域能源网应用模式

广域能源网为电力系统电力供给和控制创造了有效的能量缓冲区，有利于进行系统广域能量调节，并均衡系统的电力供给。在广域能源网应用模式下，大容量储能的主体都可以直接参与所有能源交易过程，在能源购入和卖出价格方面，可以根据能源实际情况进行选择，从而提升服务质量。

2. 局域能源网应用模式

局域能源网中信息系统的有效运作离不开储能和资源转换设备间的密切配合。必须根据储能状况和供给预期数据决策局域网中的资源生产与耗费，以确保能源产量和消耗决策的合理性，全面了解能源交易市场的买入状况和能源出售状况。在虚拟资源站中，要预测各个分散生产商的行动比较困难，会直接增加汽车、分布式电源系统等的集合管理难度，在虚拟能源站集中管理工作中引入电力储能技术，可以提升虚拟能源站的管理运作效率。

（三）能源互联网背景下常用的电力储能技术

1. 储热技术

储热技术主要包括显热储能技术、潜热储能技术、化学热储能技术等。其中，显热储能技术的根本原理是通过不断提高介质温度达到热能储存的目的。潜热储能技术实质上属于相变储存技术，在具体使用过程中，需要利用物质的转变吸收或者释放热能，实现固——液的相变过程。潜热储能技术和显热储能技术相比，温度改变的速度相对稳定，电能的密度变化也更大。化学热储能技术的重要特点是可以通过一定的物理化学反应方法储存能源，能源的容积也是最大的，基本是显热储能技术和潜热储能技术的10倍。

2. 物理储能技术

在物理储能领域，最先进的储能技术可以分为压缩空气储能技术、飞轮储能技术、超导储能技术、超级电容储能技术。其中，压缩空气储能技术使用的是加压气体，比不稳定的太阳能、风能、波浪能等能量更平稳、便捷，对自然环境更友善，而且安全性系数也高。不过，目前的压缩空气储能技术地质条件要求较高，储能系统的建设成本高昂。飞轮储能技术在提高电力安全性、稳定性、灵活性，在提升可再生能源消纳水平等方面都具有一定优势，但目前国内已经成熟运行的产品很少，总体还需进一步改进。超导储能技术和超级电容储能技术都是采用电磁原理的储能技术，在理论上具有低成本、响应速度快的优势，不过由于材料和工艺技术的限制，在国内正处在研究探索的阶段。

3. 电化学储能技术

电化学储能技术的响应速度较快，在我国电网中已经担负了一定的功率服务和能量服务。技术人员使用电化学储能技术可对供电设备实施调频，并结合分布式电源进一步增强供电工作的安全性，从而提升管理工作的效率。目前，电化学储能技术在我国还处在进一步发展和完善的过程中，其使用范围还会不断拓展。

4. 氢储能技术

氢气的利用过程主要包括制氢、储氢、输氢、放氢四个主要组成部分。天然气制氢和煤制氢是氢气生产的主要形式，近年来，利用电解水制氢的工艺在我国新能源发电领域已经得到了应用，出现了一些小规模的示范工程。电解水制氢是低耗能制氢方法，每立方米氢材料耗量只有4.5 ~ 5.5kW · h，在电网负荷低谷阶段应用新能源发电制氢方法，是提升新能源发电效益的主要途径之一。

碱式电解槽和固态聚合物电解水制氢技术对新能源的波动性具有良好的适应能力。用光催化方式直接裂解水也是比较理想的利用新能源制氢的方式，其关键问题是半导体光催化剂材料的应用，光的捕获效率和制氢效率都还无法达到商业化要求，因此该技术尚处在探索中。标准情况下氢气的能量密度约为8.4MJ，通常可以通过高压或低温完全液化的方式贮存，但存在能量大、稳定性低的难点。

（四）能源互联网背景下电力储能技术的发展展望

1. 储能容量化

在能源互联网的构建过程中，电网需要针对可再生能源实现集中式的发电、输送和消纳，以提高储能系统的可靠性，扩大其经济效益。在统筹规划大规模储能系统中的可再生能源时，需要综合考虑电力资源，实施整体规划与调配。规划重点包括储能选址、容量分配和选型等多个方面。储能调配主要指传统能源和新能源之间的综合匹配，在具体设计时，需要通过储能选择、设计、容量分配等手段，有效统筹利用发输电资源，提升资源的利用效率。

2. 能源流优化

在多能源耦合局域网中，输入和输出的能量配置变化很大，因此必须利用外界供给的电力，通过 CHP 途径将电能转换为热能。一方面，能源的路径选择和配置问题增加了能源互联网管理设计过程的复杂度和难度，另一方面，这也成为完善能源互联网耦合系统和推动能源流优化的根本动力。

在一定时间内，设计人员需要根据设备实际运行状况调整相应元件的功率，建立优化模型，再根据不同状况进行能源配置，并通过软件停机合并模式来解决实际运行时的能源配置问题，从而形成储能、释能、闲置三种运行状态。

3. 交易市场化

在能源互联网中，电力储能技术的使用价值不断增加，所有参与者都以利益最大化为目的进行市场竞争，这也增加了市场交易的无序性和自发性，给能源互联网的管理带来很大的压力。在能源局域网系统中，如果能源价格有涨幅，其系统的边际价值会相应变动，造成整个系统的能源分配发生变化。因此，为了控制系统能源变化，企业管理人员要在储能行业中应用价格控制手段。

（五）能源互联网背景下需要重点发展的电力储能技术

1. 基于储能的能量流优化和能量调度技术

能源输入、输出路径选择和分配等会提高多功率耦合局域网的复杂度，这时必须借助外部能源供给，确保电能可以直接向热能转化，还能直接获取热能。在能源互联网系统中，如果设备出现故障会引起网络系统重建，进而导致电能流路径改变，因此必须引入更加科学的能量流优化和能量调度技术，加强整体架构设计和具体执行工作。通过对各种资源调度系统的优化管理，可以解决能源互联网设计和运行过程中出现的各种问题。

2. 大容量储能和可再生能源发电协同调度技术

在发电网络中应用电力储能技术是提升新能源发电稳定性、经济性和安全性的关键。采用电力储能技术可以高效处理多种情况，通过对大容量储能设备的合理设计，选择合适的高效储能设备，对储能设计和容量配置等方面进行整体优化，在数种电力资源相互配合的情况下，可以全面提高可再生能源效益。

在实际使用过程中，相关人员要引进智能化技术设备，并通过信息化技术、计算机技术和智能化控制技术等，使智能化技术设备和新能源储能技术相结合，使运行控制系统的性能更加丰富。在电力网络系统开发中，可以应用 CAD 可视化技术取代过去的人工控制模式，以减少电力储能运营管理的难度，整体改善电力储能运营管理水平，提高电力储能运营管理精度，提升新能源供电的稳定性和安全性。电力储能技术系统的智能化、网络化发展成为当前电力储能技术的发展重点。

3. 储能和能量转换装置的集成设计和协调配置技术

在能源互联网背景下发展电力储能技术，需要在建立能源互联网时做好储能和能量转换之间的集成设计和协调配置工作。这就需要专业技术人员做好如下内容：进一步优化电网能源系统的技术评估指标，包括损耗指标、经济指标等，并以重要经济指标为重心；在电能的实际供给管理工作中，应该科学、合理地把控电力能源管理系统的频次和电压。

参考文献

[1] 王长贵，崔容强 . 新能源发电技术 [M]. 北京：中国电力出版社，2023.01.

[2] 冯飞 . 新能源技术与应用概论第 2 版 [M]. 北京：化学工业出版社，2023.03.

[3] 周博文，涂序彦 . 智能科学技术著作丛书人工智能与电力系统 [M]. 北京：科学出版社，2023.02.

[4] 张俊勃，刘云，黄钦雄，谢志刚 . 电力系统稳定性 [M]. 北京：科学出版社，2023.03.

[5] 孙秋野 . 电力系统分析 [M]. 北京：机械工业出版社，2022.06.

[6] 顾丹珍，黄海涛，李晓露 . 现代电力系统分析 [M]. 北京：机械工业出版社，2022.05.

[7] 刘洪臣，纪玉亮，吴凤江 . 新能源先进技术研究与应用系列新能源供电系统中高增益电力变换器理论及应用技术 [M]. 哈尔滨：哈尔滨工业大学出版社，2022.05.

[8] 万灿，宋永华 . 新能源电力系统概率预测理论与方法 [M]. 北京：科学出版社，2022.03.

[9] 孙美玲，喻文浩，张彩婷 . 电力系统运行理论与应用实践 [M]. 长春：吉林科学技术出版社，2022.04.

[10] 张保会，尹项根 . 电力系统继电保护 [M]. 北京：中国电力出版社，2022.10.

[11] 王信杰，朱永胜 . 电力系统调度控制技术 [M]. 北京：北京邮电大学出版社，2022.01.

[12] 程晶，李志会 . 电力工程技术与新能源利用 [M]. 汕头：汕头大学出版社，2022.04.

[13] 贺春 . 电力系统网源协调技术 [M]. 上海：上海科学技术出版社，2022.03.

[14] 匡洪海，曾进辉 . 现代电力系统分析 [M]. 武汉：华中科技大学出版社，2021.08.

[15] 张恒旭，王葵 . 电力系统自动化 [M]. 北京：机械工业出版社，2021.10.

[16] 张述铭，王璇 . 电力系统与储能技术 [M]. 长春：吉林科学技术出版社，2021.06.

[17] 穆钢 . 电力系统分析 [M]. 北京：机械工业出版社，2021.07.

[18] 滕福生，周步祥 . 电力系统调度自动化和能量管理系统 2 版 [M]. 成都：四川大学出版社，2021.06.

[19] 周仿荣，马仪，文刚 . 卫星技术及其在电力系统中的应用 [M]. 成都：西南交通大学出版社，2021.06.

[20] 岳涵，赵明 . 电力系统工程与智能电网技术 [M]. 北京：中国原子能出版传媒有限公司，2021.09.

[21] 韦钢 . 电力系统分析基础第 2 版 [M]. 北京：中国电力出版社，2021.08.

[22] 雷云凯，刘洋 . 电力系统备用可控能量描述与需求分析 [M]. 广州：华南理工大学出版社，2021.08.

[23] 林今，宋永华 . 新能源电力系统随机过程分析与控制 [M]. 北京：科学出版社，2020.06.

[24] 刘天琪，李华强 . 电力系统安全稳定分析与控制 [M]. 成都：四川大学出版社，2020.03.

[25] 徐晓琦，刘艳花 . 现代电力系统综合实验 [M]. 武汉：华中科技大学出版社，2020.08.

[26] 周长锁，史德明，孙庆楠 . 电力系统继电保护 [M]. 北京：化学工业出版社，2020.07.

[27] 王俊 . 电力系统分析第 2 版 [M]. 北京：中国电力出版社，2020.06.

[28] 霍慧芝，赵菁 . 电力系统自动装置 [M]. 重庆：重庆大学出版社，2019.11.

[29] 王耀斐，高长友，申红波 . 电力系统与自动化控制 [M]. 长春：吉林科学技术出版社，2019.05.

[30] 陈生贵，袁旭峰，卢继平 . 电力系统继电保护 [M]. 重庆：重庆大学出版社，2019.04.

[31] 杨明 . 电力系统运行调度的有效静态安全域法 [M]. 北京：机械工业出版社，2019.07.

[32] 张家安 . 电力系统分析 [M]. 北京：机械工业出版社，2019.09.

[33] 孙丽华 . 电力系统分析 [M]. 北京：机械工业出版社，2019.01.

[34] 郭新华 . 电力系统基础 [M]. 成都：电子科技大学出版社，2019.06.

[35] 杜志强，徐庆坤 . 新能源与电力系统研究 [M]. 北京：北京工业大学出版社，2018.05.

[36] 杨一平，穆亚辉，薛海峰 . 电力系统安装与调试 [M]. 哈尔滨：哈尔滨工程大

学出版社，2018.12.

[37] 刘小保 . 电气工程与电力系统自动控制 [M]. 延吉：延边大学出版社，2018.06.

[38] 李媛媛，曾国辉 . 电力电子系统与控制 [M]. 北京：中国铁道出版社，2018.05.

[39] 朱一纶 . 电力系统分析 [M]. 北京：机械工业出版社，2018.04.

[40] 杨剑锋 . 电力系统自动化 [M]. 杭州：浙江大学出版社，2018.06.

[41] 毕大强，陈永亭 . 现代电力系统模拟技术 [M]. 北京：清华大学出版社，2018.01.

[42] 宋云亭，丁剑，吉平 . 电力系统新技术应用 [M]. 北京：中国电力出版社，2018.03.